U0947119

中国人为人、处世、治学的必读书。

◎彩图全解◎

四书五经

思履　编著

图书在版编目（CIP）数据

彩图全解四书五经 / 思履编著 . -- 长春 : 吉林文史出版社 , 2018.6

ISBN 978-7-5472-4876-8

Ⅰ. ①彩… Ⅱ. ①思… Ⅲ. ①四书－通俗读物②五经－通俗读物 Ⅳ. ①B222.1-49②Z126.1-49

中国版本图书馆 CIP 数据核字（2018）第 023531 号

彩图全解四书五经

CAITU QUANJIE SISHU WUJING

编　　著　思　履

出 版 人　孙建军

责任编辑　陈春燕　崔月新

封面设计　子　时

图片提供　www.ICpress.cn

出版发行　吉林文史出版社有限责任公司

地　　址　长春市人民大街4646号

电　　话　0431-86037509

网　　址　www.jlws.com.cn

印　　刷　北京中振源印务有限公司

开　　本　720mm × 1020mm　1/16

印　　张　20

字　　数　430千

版　　次　2018年6月第1版　2018年6月第1次印刷

定　　价　69.00元

书　　号　978-7-5472-4876-8

前言

四书五经是“四书”和“五经”的合称，它是儒家思想文化的重要核心载体，是中华民族最为宝贵的精神财富。古代上至帝王将相、下至黎民百姓，他们修身、齐家、治国、立德都以四书五经为根本依据。现代人要想真正了解中华国学传统文化经典，就必须阅读四书五经。

四书五经之名始见于南宋，南宋著名理学家朱熹将“四书”“五经”进行编校整理后合称四书五经。所谓四书，是指《大学》《论语》《孟子》《中庸》这四本书，它们为儒家传道、授业的基本教材；所谓“五经”，是《周易》《尚书》《诗经》《礼记》和《春秋》这五本书的合称，经朱熹编定之后广为流传。四书五经自南宋定名后一直延续至今，影响极为深远。

四书五经内容博大精深，蕴含着丰富的文化内涵，阅读时必须仔细琢磨品味。南宋理学家朱熹在阅读“四书”时曾说，要“先读《大学》，以定其规模；次读《论语》，以定其根本；次读《孟子》，以观其发越；次读《中庸》，以求古人之微妙处”。按照这个由浅入深的次序，我们将逐一介绍“四书”，以便对“四书”的大致内容有个基本的把握。

《大学》原本是《礼记》中的一篇，相传经由孔子的学生曾参整理成文，是孔子讲授“初学入德之门”的要籍。主要讲述“修身”“齐家”“治国”“平天下”的重要思想，这也成为儒家传统思想中知识分子尊崇的信条和最高的理想。

《论语》由孔子的弟子及其再传弟子编撰而成，是儒家学派的经典著作之一，集中体现了孔子的政治主张、伦理思想、道德观念及教育原则等。

《孟子》由孟子和他的弟子记录并整理而成，是孟子言论的汇编，记录了孟子的治国思想、政治观点（仁政、王霸之辨、民本、格君心之非，民为贵社稷次之君为轻）和政治行动，成书大约在战国中期，属儒家经典著作。

《中庸》也是《礼记》中的重要一篇，相传是“孔门传授心法”的著作，是孔子的孙子子思“笔之子书，以授孟子”的。中庸是儒家的一种主张，意思是“执两用中”。中庸也是完美之意，即在处理问题时不要走极端，而是要找到处理问题最适合的方法，使人生变得完美。

《大学》《论语》《孟子》和《中庸》这“四书”一起表达了儒学的基本思想体系，是研治儒学的最重要文献。与“四书”相比，“五经”则是儒家学子最为重要的五本基础研究书籍。

《周易》被誉为“群经之首，大道之源”，是我国最古老且最深邃的哲学经典。《周易》在内容上特别强调宇宙变化生生不已的性质，提出了“天地之大德曰生”“生生之谓易”的主张；又提出通变观念，“穷则变，变则通，通则久”，发挥了“物极必反”的思想，强调“居安思危”的忧患意识；还肯定了变革的重要意义。

《尚书》是我国现存最早的官方史书，是上古历史文献的汇编。该书分为《虞书》《夏书》《商书》和《周书》四个部分，主要记录虞夏、商、周各代一部分帝王的言行。其最引人注目的思想倾向，是以天命观念解释历史兴亡，以便为现实提供借鉴。

《诗经》是我国第一部诗歌总集，收录西周初年至春秋中叶三百余首诗歌，根据音乐不同划分为“风”“雅”“颂”三部分，全面反映了先秦时期社会生活的方方面面，同时诗中广泛运用赋、比、兴的写作手法，并开创了我国传统诗歌的现实主义之先河。

《礼记》是一部儒家思想的资料汇编，里面包含的儒家思想史料相当丰富。它的思想理论性内容深厚而丰富，它以礼乐为核心，内容主要是记载和论述先秦的礼制、礼仪，记录孔子和其弟子等的问答，记述修身做人的准则等，涉及政治、伦理、哲学、美学、教育、宗教、文化等各方面的思想学说。

《春秋》是中国现存最早的一部编年体史书，据传是由孔子修订的。记载了从鲁隐公元年（公元前 722 年）到鲁哀公十四年（公元前 481 年）的历史，内容包括诸侯国间的聘问、会盟、征伐、婚丧、篡弑等。书中几乎每个句子都暗含褒贬之意，这种“微言大义”的写法被后人称为“春秋笔法”。

四书五经是中国历史悠久、地位崇高的文化典籍，这些经典中蕴含了华夏先哲的智慧，记述了儒家学说的核心思想，内容涉及历史、政治、哲学、文学等诸多方面。自西汉“独尊儒术”后，这些经典就一直备受推崇。阅读四书五经，既可修身养性，又可增智广识，还可立德励志。然而，传统国学经典对我们多数人来说可能存在着某些阅读障碍，因此我们在编辑本书时，增加注音、注释、译文等辅助性项目，为读者扫除了字、词、句等阅读障碍，使几千年前的经典浅显易解。同时，为帮助读者更为直观地理解和领会古代先贤的思想与精神，本书选取了与正文相契合的精美插图示意，原汁原味地再现了当时历史背景、社会生活和人物的情感、精神风貌，诠释圣贤的思想和言论。对于文章中难于理解的部分，更做详细图解，让人一目了然。图文配合，意境悠远，与经典古籍相得益彰，为读者的阅读增添了不少趣味，使阅读变为一种赏心悦目的视觉享受。

目录

大学

中庸

论语

孟子

诗经

·尚书·

·易经·

春秋

礼记

大学

大学

《大学》虽然只有2000多字，但却讲了齐家、治国、平天下的大道理。孙中山先生称之为中国最有系统的政治哲学。

《大学》

作者 曾参

曾子，姓曾，名参，字子舆。他出身没落的贵族家庭，性格豪放，勤奋好学，是儒学的积极推广者，是孔子之后具有承上启下作用的重要人物。

时代 春秋末年

西戎、犬戎与申侯伐周，杀周幽王于骊山，镐京大乱，周平王东迁洛邑。周室衰微，诸侯兼并相篡弑，诸侯领地动辄百里，王畿仅数里。礼崩乐坏，时局动荡，战祸不息，历时数百年。

内容 初学入德之门

朱熹自《礼记》中取出《大学》一篇，分经一章，传十章，并且做了注。

【原文】

大学之道①，在明明德②，在亲民③，在止于至善④。

知止而后有定⑤，定而后能静，静而后能安，安而后能虑，虑而后能得⑥。

物有本末⑦，事有终始。知所先后，则近道矣。

古之欲明明德于天下者，先治其国；欲治其国者，先齐其家；欲齐其家者，先修其身；欲修其身者，先正其心；欲正其心者，先诚其意；欲诚其意者，先致其知；致知在格物⑧。

物格而后知至，知至而后意诚，意诚而后心正，心正而后身修，身修而后家齐，家齐而后国治，国治而后天下平。

自天子以至于庶人，壹是皆以修身为本⑨。

其本乱⑩，而末治者否矣。其所厚者薄，而其所薄者厚，未之有也。

【注解】

①道：指一定的人生观、世界观、政治主张和思想体系。②明明德：前一个“明”为动词，使……明显。明德，就是美德，光明的德行。③亲民：亲，当作“新”，动词，使……革旧更新。民，天下的人。④止：达到。至善：指善的最高境界。至，极。⑤止：所到达的地方，指上文所说的“止于至善”。⑥得：获得。⑦本：树的根本。末：树梢。⑧致知：致，达到，求得。知，知识。格物：推究事物的原理。⑨壹是：一切。⑩乱：紊乱。这里指破坏的意思。

【译文】

大学的主旨，在于使美德得以显明，在于鼓励人革除自己身上的旧习，在于使人们达到善的最高境界。

知道所应达到的境界是“至善”，而后才能有确定的志向，有了确定的志向，而后才能心静不乱，心静不乱而后才能安稳泰然，安稳泰然而后才能行事思虑精详，行事思虑精详而后才能达到善的最高境界。

世上万物都有本有末，万事都有了结和开始，明确了它们的先后次序，那么就与道接近了。

在古代，想要使美德显明于天下的人，首先要治理好他的国家；想要治理好自己国家的人，首先要整治好他的家庭；想要整治好自己家庭的人，首先要努力提高自身的品德修养；想要提高自身品德修养的人，首先要使他心正不邪；想要心正不邪，首先要他自己意念诚实；想要意念诚实，首先要获得一定的知识；而获得知识的方法就在于穷究事物的原理。

只有将事物的原理一一推究到极处，而后才能彻底地了解事物，只有彻底地了解事物，而后才能意念诚实，只有意念诚实，而后才能心正不邪，只有心正不邪，而后才能提高自身的品德修养，只有提高了自身的品德修养，而后才能整治家庭，只有整治好家庭，而后才能治理好国家，只有治理好国家，而后才能使天下太平。

从天子到老百姓，都要以提高自身品德修养作为根本。

自身的品德修养这个根本被破坏了，却要家齐、国治、天下平，那是不可能的。正如我所厚待的人反而疏远我，我所疏远的人反而厚待我，这样的事情是没有的。

【原文】

《康诰》曰①：“克明德②。”

《太甲》曰③：“顾諟天之明命④。”

《帝典》曰⑤：“克明峻德⑥。”皆自明也。

【注解】

①《康诰》：是《尚书・周书》中的篇名。周公在平定三监（管叔、蔡叔、霍叔）武庚所发动的叛乱后，便封康叔于殷地。这个诰就是康叔上任之前，周公对他所作的训辞。②克：能够。明：崇尚。③《太甲》：是《尚书・商书》中的篇名。④顾諟天之明命：这是伊尹告诫太甲的话。顾，回顾，

这里指想念。諟，是，此。明命，即明德，古人认为是天所赋予的，故称为明命。⑤《帝典》：即《尧典》，《尚书·虞书》中的篇名，主要记述尧、舜二帝的事迹。⑥峻：大。

【译文】

《康诰》中说："能够崇尚美德。"

《太甲》中说："经常想念上天赋予的美德。"

《尧典》中说："使大德能够显明。"这些都是说要使自己的美德得以发扬。

【原文】

汤之《盘铭》曰[①]："苟日新[②]，日日新，又日新。"

《康诰》曰："作新民。"

《诗》曰[③]："周虽旧邦[④]，其命维新[⑤]。"

是故君子无所不用其极[⑥]。

【注解】

①汤：即商汤，商朝的建立者。盘：青铜制的盥洗器具。铭：是镂刻在器皿上用以称颂功德或申鉴戒的文字，后来成为一种文体。②苟：假如，如果。③《诗》：指《诗经》，我国第一部诗歌总集。这里所引的两句诗，出自《诗经·大雅·文王》，这是一首歌颂周文王的诗。④周：指周国。邦：古代诸侯封国之称。⑤命：天命。⑥君子：这里指统治者。极：尽头，顶点。

【译文】

商汤在盘器上镂刻警辞说："如果能在一天内洗净身上的污垢，那么就应当天天清洗，每日不间断。"

《康诰》中说："振作商的遗民，使他们悔过自新。"

《诗经》中说："周国虽是一个旧的诸侯国，但由于文王初守天命除旧布新，所以它的生命力还是旺盛的。"

所以，那些执政者在新民方面，没有一处不用尽心力，达到善的最高境界。

【原文】

《诗》云："邦畿千里[①]，维民所止[②]。"

《诗》云："缗蛮黄鸟[③]，止于丘隅[④]。"子曰："于止，知其所止，可以人而不如鸟乎[⑤]？"

邦畿千里，维民所止。

《诗》云："穆穆文王，

於缉熙敬止[⑥]！”为人君，止于仁；为人臣，止于敬；为人子，止于孝；为人父，止于慈；与国人交，止于信。

《诗》云：“瞻彼淇澳[⑦]，菉竹猗猗[⑧]。有斐君子[⑨]，如切如磋[⑩]，如琢如磨[⑪]。瑟兮僩兮[⑫]，赫兮咺兮[⑬]。有斐君子，终不可諠兮[⑭]！”“如切如磋”者，道学也；“如琢如磨”者，自修也；“瑟兮僩兮”者，恂栗[⑮]也；“赫兮喧兮”者，威仪也；“有斐君子，终不可諠兮”者，道盛德至善，民之不能忘也。

《诗》云：“於戏[⑯]！前王不忘。”君子贤其贤而亲其亲，小人乐其乐而利其利，此以没世不忘也[⑰]。

【注解】

①邦畿（jī），古代指直属于天子的疆域。即京都附郭地区，以后多指京城管辖地区。千里：方圆千里②维：犹“为”。止，居住。③缗（mín）蛮：鸟鸣声。缗。原诗为“绵”字。黄鸟：即麻雀。④止：栖息。丘：多树的土山。隅：原诗为“阿（ē）”字，即较大的丘陵。这两句诗引自《诗经·小雅·绵蛮》篇。⑤“子曰”一句：孔子这段话的意思是，鸟都知道在应该栖息的地方栖息，那么人更应当努力达到善的最高境界。⑥於（wū）：乌的古字，叹词。缉熙：光明的样子。止：语气词。这两句诗引自《诗经·大雅·文王》篇。⑦淇：淇水，在今河南省北部。澳（yù）：水弯曲的地方。⑧猗猗：优美茂盛的样子。⑨斐：有文采的样子。君子：指卫武公。⑩如切如磋：切，用刀切断。磋，用锉锉平。指治学应如切锉骨器那样严谨。⑪如琢如磨：琢，用刀雕刻。磨，用沙磨光。指修身应如琢磨玉器那样精细。⑫瑟：庄重。僩（xiàn）：威严。⑬赫：光明。咺（xuān）：有威仪貌。⑭諠：忘记。⑮恂：惶恐。栗：恐惧。恂栗，即谦恭谨慎的样子。⑯於戏：音义同“呜呼”，叹词，相当于现代汉语的“哎呀”。⑰没世：终身，一辈子。

【译文】

《诗经》中说：“方圆千里的京都，那里都为许多百姓所居住。”

《诗经》中说：“缗蛮叫着的黄鸟，栖息在山丘多树的地方。”孔子说：“黄鸟在栖息的时候，都知道栖息在它所应当栖息的处所，难道人反而不如鸟吗？”

《诗经》中说：“端庄美好的周文王啊，为人光明磊落，做事始终庄重谨慎。”做君主的要尽力施行仁政，做臣子的要尽力恭敬君主，做儿女的就要尽力孝顺父母；做父亲的就要尽力做到对儿女慈爱，与他人交往，要尽力做到诚实守信。

《诗经》中说：“看那淇水弯曲的岸边，绿竹优美茂盛。那富有文采的卫武公，研究学问如切磋骨器，修炼自身如琢磨美玉，认真精细。他的仪表庄重威严，他的品德光明显赫。这样的一位文采斐然的卫武公，真是令人难忘啊！”“如切如磋”，是说他研求学问的功夫；“如琢如磨”，是说他省察克治的功夫；“瑟兮僩兮”是说他戒慎恐惧的态度；“赫兮喧兮”，是说他令人敬畏的仪表；“有斐君子，终不可諠兮”，是说他盛大德行臻于至善的地步，人民所以不能忘记他啊。

《诗经》上说：“呜呼！前代贤王的德行我们不能忘记啊！”后世的贤人和君主，仰赖前代贤王的教化，尊敬他们所尊敬的贤人，亲近他们所亲近的亲人；

后世的人民，也仰赖前代贤王的教化，享受他们赐予的安乐和福利。所以在他们没世以后永久也不会被人们忘记啊！

【原文】

子曰："听讼，吾犹人也，必也使无讼乎[①]！"无情者不得尽其辞[②]。大畏民志[③]，此谓知本。

听讼，吾犹人也，必也使无讼。

【注解】

①"子曰"一句：引自《论语·颜渊》。听：处理，判断。讼：诉讼，争讼。②无情：情况不真实。辞：此处指虚诞之辩。③畏：作动词，让……敬服。意谓在上者之明德既明，自然能使人民的心志为之畏服。

【译文】

孔子说："听诉讼审理案子，我也和别人一样，最要紧的，在于使诉讼不再发生。"使隐瞒真实情况的人不敢陈说虚诞的言辞来控告别人，自然没有争讼。让人民敬服圣德，没有争讼，这才叫知道根本。

【原文】

此谓知本[①]。此谓知之至也[②]。

【注解】

①此谓知本：这一句和上一章的末句相同，程子以为是"衍文"，就是多余的一句，应该删去。②此谓知之至也：朱子以为这一句的上面有阙文，这是阙文结尾的一句。

【译文】

这才叫知道听讼的根本。这才叫了解得彻底。

【原文】

所谓诚其意者，毋自欺也[①]。如恶恶臭[②]，如好好色[③]，此之谓自谦[④]。故君子必慎其独也[⑤]。

小人闲居为不善[⑥]，无所不至。见君子而后厌然[⑦]，揜其不善[⑧]，而著其善[⑨]。人之视己，如见其肺肝然，则何益矣！此谓诚于中，形于外，故君子必慎其独也。

曾子曰："十目所视，十手所指，其严乎[10]！"

富润屋，德润身[11]，心广体胖[12]，故君子必诚其意。

【注解】

①自欺：自己欺骗自己。②恶（wù）恶（è）：前一个"恶"字，动词，憎也。后一个"恶"字，形容词，不善也。③好（hào）好（hǎo）：前一个"好"字，动词，爱也。后一个"好"字，形容词，美也。④谦：同"慊（qiè）"，快也，足也。⑤独：独处也。⑥闲居：即独处。⑦厌然：闭藏貌。就是藏藏躲躲见不得人的样子。⑧揜（yǎn）：覆蔽也，就是遮掩的意思。⑨著：显明。⑩其严乎：严，敬畏也。其严乎，是说敬畏之甚也。⑪润身：谓润益其身，荣泽见于外也。可引申为修养身心之意。润，益也，泽也。⑫心广体胖（pán）：广，宽大之意。胖，舒坦。

【译文】

经文中所说"诚其意"的意思，是说不要自己欺骗自己。要使厌恶不好的事物如同厌恶腐坏的气味一样，喜爱善良如同喜爱美色一样，这就是求得满足，没有丝毫矫饰的意思。所以君子致力于自修，特别慎重在一个人独处，所行所为没有别人知道的时候。

小人在他一个人独处的时候做坏事，无所不为，见到君子便藏藏躲躲地掩盖他的坏处，彰显他的善良。可是别人看来，看到他的坏处如同看见他的肺腑一样清清楚楚，这样掩饰，又有什么益处呢？这就是说，一个人内心的真实，一定会表现于外。所以君子致力于自修，特别慎重在一个人独处，所行所为没有别人知道的时候。

曾子说："在一个人独处的时候，就像有十只眼睛在注视着自己，十只手在指着自己，这是多么严峻而可畏啊！"

财富可以修饰房屋，道德可以修饰人身，使心胸宽广而身体舒泰安康。所以，品德高尚的人一定要使自己的意念真诚。

【原文】

所谓修身，在正其心者。身有所忿懥[1]，则不得其正；有所恐惧，则不得其正；有所好乐，则不得其正；有所忧患，则不得其正。

心不在焉，视而不见，听而不闻，食而不知其味。

此谓修身，在正其心。

【注解】

①身：程颐认为应为"心"。忿懥（zhì）：愤怒。

【译文】

经文中所说"修身在正其心"的意思，是说心里有了愤怒，于是心就不得端正；有了恐惧，于是心就不得端正；有了贪图，于是心就不得端正；有了愁虑，心就不得端正。

如果心不专注，心中有了愤怒、恐惧、贪图、愁虑而不知检察，为它们所支配。那么，眼睛看着东西却像没有看到，耳朵听着声音却像没有听到，口里吃着东西也不知道是什么滋味了。

所以说修身在于端正自己的心。

【原文】

所谓齐其家在修其身者，人之其所亲爱而辟焉①，之其所贱恶而辟焉，之其所畏敬而辟焉，之其所哀矜而辟焉②，之其所敖惰而辟焉③。故好而知其恶，恶而知其美者，天下鲜矣！

故谚有之曰："人莫知其子之恶，莫知其苗之硕④。"

此谓身不修不可以齐其家。

【注解】

①之：同"于"，对于。辟：偏向。②哀矜：同情，怜悯。《诗经·小雅·鸿雁》："爰及矜人，哀此鳏寡。"③敖：倨慢。惰：怠慢，不敬。④硕：本谓头大，引申为大，这里是茂盛的意思。

【译文】

经文中所说"齐其家在修其身"的意思，是说一般人对于自己所亲近爱护的人往往有过分亲近的偏向；对于自己所轻蔑厌恶的人往往有过分轻蔑厌恶的偏向；对于自己所畏服敬重的人往往有过分敬畏尊重的偏向；对于自己所哀怜悯恤的人往往有过分爱怜悯恤的偏向；对于自己所鄙视怠慢的人往往有过分鄙视怠慢的偏向。所以，喜爱一个人而又能了解他的坏处，厌恶一个人而又能了解他的好处，这种人真是天下少有了。

因此谚语有说："人都不知道自己儿子的缺点，不满足自己禾苗的茁壮。"

这就叫作不提高自身的品德修养，就不能整治好家庭。

【原文】

所谓治国必先齐其家者，其家不可教而能教人者，无之。故君子不出家而成教于国。孝者，所以事君也；弟者，所以事长也；慈者，所以使众也。

《康诰》曰："如保赤子①。"心诚求之，虽不中，不远矣，未有学养子而后嫁者也。

一家仁，一国兴仁；一家让，一国兴让；一人贪戾，一国作乱；其机如此。此谓一言偾事②，一人定国。

尧、舜帅天下以仁而民从之③。桀、纣帅天下以暴而民从之，其所令，反

欲治其国先齐其家。

其所好，而民不从。是故，君子有诸己而后求诸人④；无诸己而后非诸人，所藏乎身不恕，而能喻诸人者，未之有也。

故治国，在齐其家。

《诗》云："桃之夭夭，其叶蓁蓁。之子于归，宜其家人⑤。"宜其家人，而后可以教国人。

《诗》云："宜兄宜弟⑥。"宜兄宜弟，而后可以教国人。

《诗》云："其仪不忒，正是四国⑦。"其为父子兄弟足法，而后民法之也。

此谓治国，在齐其家。

【注解】

①赤子：初生的婴儿。孔颖达疏："子生赤色，故言赤子。"《尚书·周书·康诰》原文作"若保赤子。"②偾（fèn）事：犹言败事。偾，覆盖。③帅：同"率"，率领，统帅。④有诸己：为自己所有的。这里指自己有了善的品德。诸，"之于"的合音。⑤"桃之"四句：这四句诗引自《诗经·周南·桃夭》的最后一段。《桃夭》这首诗是祝贺女子出嫁时所唱的歌。夭夭：草木茂盛的样子。诗以桃树喻少女。蓁蓁（zhēn）：树叶茂盛的样子。之子：那个少女，指待嫁少女。于归：出嫁。⑥宜兄宜弟：这句诗引自《诗经·小雅·蓼萧》。《蓼萧》是一首感恩祝福的诗歌。宜兄宜弟意为使家中兄弟互相友爱。⑦"其仪"两句：这两句诗引自《诗经·曹风·鸤鸠》。仪：指礼仪。忒：差错。正是：亦作"是正""整正"的意思。

【译文】

所谓治理国家，必须首先治好家庭，意思是说，如果连自己的家人都不能教育好而能教育好一国人民的人，那是没有的。所以君子能够不出家门，就把他的教化推广及于全国。在家里孝顺父母，就是能侍奉君主的；在家里恭顺兄长，就是能侍奉尊辈长上的；在家里慈爱子女，就是能善于使用属下和民众的。

《康诰》中说："（爱护百姓）如同爱护婴儿一样。"这就要求做父母的以诚恳之心去忖度婴儿的心情。虽然不能完全中意，但是也不会差得很远。爱子之心出于天性，人人都有。谁也没有见过女子先学会抚养孩子的方法而后再出嫁的。

国君的一家能够践行仁爱，仁爱就会在一个国家里盛行起来；国君的一家能够践行礼让，礼让就会在一个国家里盛行起来；要是国君自己贪婪暴戾，那么一国的人也会跟着起来作乱了。国君所作所为的关键作用竟是这么重要。这就叫作一句话可以败坏事业，一个人的行为可以安定国家。

尧、舜用仁政统率天下，于是人民就跟随着仁爱；桀、纣以暴政统率治天下，那么人民也就跟他们不讲仁爱。他们要人民从善的政令，与他们喜好暴虐的本性是相违背的，于是人民不服从他们的政令。所以说，国君自己有了善的品德而后才能要求别人为善，自己身上没有恶习而后才能去批评别人，使人改恶从善。如果自己不讲恕道，却去开导别人要讲恕道，那是办不到的事。

所以君主要治理好国家，首先要治好他的家庭。

《诗经》中说："桃花是那么娇嫩美好，叶子又是那么茂盛，像花一样美好的这个女子，嫁到夫家，一定会和他的家人和睦相处。"君主只有使一家人和睦相亲，而后才能教育全国的人民。

《诗经》中说："家中兄弟和睦友爱。"君主只有使自家兄弟和睦相处，互相友爱，而后才能教育全国的人民。

《诗经》中说："他的行为规范仪容端庄没有差错，才能整正好各国。"国君要使自己家中的人，做父亲的讲慈爱，做儿子的讲孝顺，做兄长的讲友爱，做弟弟的讲恭敬，只有使他们的言行足以成为全国人民的标准，然后全国人民才会效法。

这些都说明，国君要治理好国家，首先要整治好他的家庭。

【原文】

所谓平天下，在治其国者，上老老而民兴孝[①]，上长长而民兴弟[②]，上恤孤而民不倍[③]，是以君子有絜矩之道也[④]。

所恶于上，毋以使下；所恶于下，毋以事上；所恶于前，毋以先后；所恶于后，毋以从前；所恶于右，毋以交于左；所恶于左，毋以交于右，此之谓絜矩之道。

《诗》云："乐只君子[⑤]，民之父母。"民之所好好之，民之所恶恶之。此之谓民之父母。

《诗》云："节彼南山，维石岩岩。赫赫师尹，民具尔瞻。"有国者不可以不慎，辟则为天下僇矣[⑥]。

《诗》云："殷之未丧师，克配上帝。仪监于殷，峻命不易[⑦]。"道得众，则得国；失众，则失国。

是故君子先慎乎德[⑧]。有德此有人，有人此有土，有土此有财，有财此有用。

德者，本也；财者，末也。

外本内末，争民施夺[⑨]。

是故财聚则民散，财散则民聚。

是故言悖而出者，亦悖而入；货悖而入者，亦悖而出。

《康诰》曰："惟命不于常[⑩]。"道善则得之；不善则失之矣。

外本内末，争民施夺。

《楚书》曰："楚国无以为宝，惟善以为宝。"

舅犯曰："亡人无以为宝，仁亲以为宝[11]。"

《秦誓》曰："若有一个臣，断断兮无他技[12]。其心休休焉[13]，其如有容焉。人之有技，若已有之。人之彦圣，其心好之，不啻若自其口出[14]。寔能容之[15]。以能保我子孙黎民，尚亦有利哉。人之有技，媢疾以恶之[16]。人之彦圣，而违之俾不通[17]。寔不能容，以不能保我子孙黎民，亦曰殆哉！"

唯仁人放流之，迸诸四夷[18]，不与同中国[19]。此谓"唯仁人为能爱人，能恶人。"

见贤而不能举，举而不能先，命也[20]。见不善而不能退[21]，退而不能远，过也。

好人之所恶，恶人之所好，是谓拂人之性，菑必逮夫身[22]。

是故君子有大道，必忠信以得之，骄泰以失之。

生财有大道，生之者众，食之者寡，为之者疾，用之者舒[23]，则财恒足矣！

仁者以财发身，不仁者以身发财。

未有上好仁，而下不好义者也；未有好义，其事不终者也[24]；未有府库财，非其财者也。

孟献子曰[25]："畜马乘[26]，不察于鸡豚[27]；伐冰之家[28]，不畜牛羊；百乘之家[29]，不畜聚敛之臣，与其有聚敛之臣，宁有盗臣。"此谓国不以利为利，以义为利也。

长国家而务财用者，必自小人矣。彼为善之[30]，小人之使为国家，菑害并至，虽有善者，亦无如之何矣。此谓国不以利为利，以义为利也。

【注解】

①老老：尊敬老人。②长长（zhǎng）：尊重长上。③恤：体恤，怜爱。倍：同"背"，违背。④絜（xié）：量度。矩：制作方形的工具。⑤只：犹"哉"，语气词。⑥节：高峻，雄伟的样子。维：发语词。岩岩：高峻的山崖。赫赫：显赫。师尹：太师尹氏的简称。师，太师，周王朝执政大臣之一。具：通"俱"。瞻：望。这里是"注视"的意思。僇（lù）：通"戮"，杀戮。⑦丧：丧失。师：众人。

克：能。配：符合。仪监于殷：是说应以失败的殷商为借鉴。峻命：指天命。峻，大。⑧乎：在。⑨争民：使人民争斗。施夺：进行抢夺。⑩惟：只。命：指天命。不于常：没有一定常规。⑪亡人：流亡在外的人。⑫断断：诚恳的样子。⑬休休：平易宽容的样子。⑭不啻（chì）：不仅，不但。⑮寔："实"的异体字。《尚书》为"是"，可以通用。是，"这"的意思。⑯娼（mào）疾：嫉妒。"娼"，《尚书》为"冒"。⑰俾：使。不通：即不达于君。通，《尚书》为"达"。⑱迸：通"屏"，驱除。四夷：古代泛指我国边境的少数民族。东夷、西戎、南蛮、北狄，谓之四夷。⑲中国：汉族多建都于黄河南北，故称其地为"中国"。⑳先：尽早地使用。命：当作"慢"字，是怠慢的意思。㉑退：离去。引申为摈斥。㉒菑："灾"的异体字，灾祸。逮：及，到。㉓舒：舒缓，适当。㉔终：完成。㉕孟献子：鲁国的大夫。姓仲孙名蔑。㉖乘（shèng）：古时一车四马为一乘。㉗察：细看。引申为计较。㉘伐：凿。㉙百乘之家：指诸侯之下的大夫，有封邑，可出兵车百辆。㉚彼为善之：朱注："此句上下，疑有阙文误字。"

【译文】

所谓要使天下太平在于治理好国家，是因为国君尊敬老人，便会使孝敬之风在全国人民中兴起，国君尊敬长上，便会使敬长之风在全国人民中兴起，国君怜爱孤幼，便会使全国人民照样去做。所以，做国君应当做到推己及人，在道德上起示范的作用。

我憎恶上面的人以无礼待我，我就不能以无礼对待我下面的人；我憎恶下面的人以不忠诚待我，我就不能以不忠诚来侍奉我上面的人；我憎恨前面的人以不善待我，我就不能把不善加在我后面人的身上；我憎恶后面的人以不善待我，我就不能以不善施于我前面的人；我憎恶右边的人以不善待我，我就不能以不善施于我左边的人；我憎恨我左边的人对我不善，我就不能以不善对待我右边的人。这就是所说的道德上的示范作用。

《诗经》中说："快乐啊国君，你是全国人民的父母。"国君应当喜爱人民所喜爱的东西，憎恶人民所憎恶的东西。这才能称为人民的父母。

《诗经》中说："雄伟高峻那南山，石崖高峻不可攀。权势显赫尹太师，人民目光把你瞻。"掌握了国家大权的人不可以不慎重，如有偏差，就会被天下人民所不容。

《诗经》中说："殷代没有丧失众人拥护的时候，还能与上天的旨意相配合。今天我们周朝应以殷商的失败为借鉴，因为天命是不容易获得的。"国君能在道德上起模范作用，就会得到众人的拥护，也就会得到国家；否则，就会失去众人的拥护，也就会失去国家。

所以，国君首先要在道德修养上慎重从事，有了道德就会有人；有了人就会有国土；有了国土就会有财富；有了财富国家就好派用场。

道德好似树的根本，财富好似树的枝梢。

如果国君把道德和财富本末倒置，就会使人民相互争斗、抢夺。

所以，国君使财富聚集在自己手中，就会使人民离散；国君把财富散发给人民，就会使人民归聚在他的周围。

所以，用违背情理的言语出口去责备别人，别人也将以违背情理的言语来回敬；用违背道理的手段聚敛来的财富，最终也会被别人用违背道理的手段掠夺去。

《康诰》中说："只有天命的去留没有常规。"好的道德就能得到天命，没有好的道德就会失去天命。

《楚书》说："楚国没有什么可以当作宝贝的，只有把'善'当作宝贝。"

（晋献公之丧，秦穆公使人吊公子重耳）重耳的舅舅子犯教晋文公回答说："逃亡在外的人没有什么可以当作宝贝，只有把热爱父亲当作宝贝。"

《秦誓》中说："假如我有这样一个臣子，忠诚老实而没有其他本领，但是他品德高尚，胸怀宽广，能够容人，别人有才能，就像他自己有才能一样；别人具有美德，他打从内心喜爱，不只是像从他口中说出来的那样，这种胸怀宽广的人如果加以重用，那是完全可以保住我子孙后代和人民的幸福的，是完全可以为我子孙后代和人民谋利益的。如果别人有才能，便嫉妒和憎恨他；别人有美德，便对人家进行压抑，使别人的美德不能被国君所了解，这种心胸狭窄的人如果加以任用，那是不能够保住我子孙后代和人民的幸福的，这种人也是太危险了啊！

只有有仁德的人，才能把这种避贤忌才的人给予流放，驱逐他到边远蛮荒的地方，不许他们与贤能的人同留在中原地区。这就是说"只有有仁德的人，才懂得爱什么人，恨什么人。"

见到贤才而不能荐举，或是虽然推举却又不能先于己而重用，这是以怠慢的态度对待贤才；见到坏人而不能予以黜退，或是已予黜退却有不能驱之远离，这是政治上的失误。

如果你喜爱大家所厌恶的坏人，厌恶大家所喜爱的好人，这叫作违背了人的本性，灾祸必然会降临到你的身上。

所以国君要有在道德上起示范作用的大道理，必须以忠诚老实的态度才能获得它，如果傲恣放纵，那就会失掉它。

创造财富有个重要方法，这就是让众多的人投入到生产中去，减少消费的人数，并且要使生产加快，使用资财留有余地。这样才能使国家财富经常充足。

若有一个臣，断断兮无他技。其心休休焉，其如有容焉。

有仁德的国君会

用散财使自身兴起，没有仁德的国君会用尽心机专门聚敛财富。

从来没有在上的国君爱行仁政，而在下的臣民不以忠义事君的事情；从来没有臣民都爱好仁义，而有什么事情做不成功的道理；没有听说过人民爱好忠义，而不能把国家府库中的财富当成自家财富那样给予保护的道理。

鲁国的贤大夫孟献子曾说："有四匹马拉车的大夫之家，不应该去计较那些饲养鸡豚的微利；能够凿冰丧祭的卿大夫之家，不应该饲养牛羊以图利；有兵车百乘并有封地的卿大夫之家，不应该蓄养只懂得聚敛民财的家臣。与其有这种敛财的家臣，还不如有盗窃府库的家臣。"这就是说，一个国家不应该以财货为利，而应该以仁义为利。

治理国家的君主专门致力于财富的聚敛，这一定是受了来自小人好利心理的影响。那些小人想以此投其所好，以获得国君的喜爱。如果国君重用那些小人来治理国家，那么天灾人祸就会同时到来。到那时，虽然有善人贤才，也是无可奈何，挽救不了的。这说明治理国家的人不能以自己的私利为利益，而应当以仁义为利益。

中庸

中庸

宋代朱熹说，《中庸》是“孔门”传授心法。《中庸》的内容，论述了人性、社会、政治、哲学，提出了具有普遍意义的中庸之道。

《中庸》

作者 子思

子思是孔子的孙子，子思的父亲早在孔子在世时就死了，但子思却获得了经常与孔子交流的机会。孔子死后，子思又拜曾子为师，成为儒家八派中的一个代表，他将他所得真传传给了孟子，便是《中庸》。我们现在经常说孔孟之道，要知道在孔子和孟子之间，还有曾子和子思为儒家作出的贡献。

时代 战国初年

战国始于公元前475年，或者从韩、赵、魏三家分晋（公元前403年）算起，至公元前221年秦并六国。战国时期，齐、楚、燕、韩、赵、魏、秦这七个诸侯强国连年征战，在军事、政治、外交各方面的斗争十分激烈。由于秦国的商鞅变法发挥了富国强兵的重要作用，秦国终于后来居上，逐一灭掉了其他六国，完成了“秦王扫六合”的统一大业。

内容 孔门心法

不偏不倚　过犹不及　忠恕之道

中庸，其实是一种处世方法，这种方式融入人的行为方式，就自然成为一种道德素养；融入国家管理，则成为政治管理原则。这里所讲的，就是这种处世方法的理论和运用。

【原文】

天命之谓性①，率性之谓道②，修道之谓教③。

道也者，不可须臾离也；可离，非道也。是故君子戒慎乎其所不睹，恐惧乎其所不闻。莫见乎隐④，莫显乎微⑤。故君子慎其独也。

喜怒哀乐之未发，谓之中⑥；发而皆中节⑦，谓之和。中也者，天下之大本也；和也者，天下之达道也。致中和，天地位焉，万物育焉。

【注解】

①天命之谓性：人的本性是上天所赐予的。命，令也。性，指天赋予人的本性。②率：循，遵循。道：是指事物运动变化所应遵循的普遍规律。③教：教化，政教。④见：通“现”，表现。隐：隐蔽，暗处。⑤微：细事。⑥中：指不偏不倚，过与不及之间。⑦发：表露。中（zhòng）：合乎，符合。节：法度。

【译文】

天所赋予人的就是本性，遵循着本性行事就是道，把道加以修明并推广于众就是教化。

道，是不可以片刻离开的，如果可以离开，那就不是道了。所以，君子就算是在没有人看见的地方也应该保持行为谨慎，就算是在没有人听见的地方也应该保持戒惧。要知道，最隐暗的地方，也是最容易发现的。最微细得看不见的事物也是最容易显露的。因此，君子要特别谨慎一个人独居的时候。

人的喜怒哀乐没有表露出来的时候无所偏向，叫作中；表现出来以后符合法度，叫作和。中，是天下万事万物的根本；和，是天下共行的普遍标准。达到“中和”的境界，那么，天地一切都各安其所，万物也都各遂其生了。

【原文】

仲尼曰：“君子中庸①，小人反中庸，君子之中庸也，君子而时中②。小人之反中庸也，小人而无忌惮也。”

【注解】

①中庸：不偏不倚，无过不及。②时中：做事恰到好处。

【译文】

孔子说：“君子的言行都符合中庸的标准不偏不倚，小人的言行违背了中庸的标准，君子之所以能够达到中庸的标准，是因为他们的言行处处符合中道。小人之所以处处违背中庸的标准，是因为他们无所顾忌和没有畏惧之心！”

【原文】

子曰：“中庸其至矣乎！民鲜能久矣①。”

【注解】

①鲜：少。

【译文】

孔子说：“中庸是最高的道德标准了吧！可是人民已经太长时间不能做到了。”

【原文】

子曰："道之不行也[1]，我知之矣：知者过之[2]，愚者不及也。道之不明也，我知之矣：贤者过之，不肖者不及也[3]。人莫不饮食也，鲜能知味也。"

子曰：人莫不饮食也，鲜能知味也。

【注解】

①道：中庸之道。②知者：指智慧超群的人。知，通"智"，智慧，聪明。③不肖者：柔懦的庸人，与贤者相对。

【译文】

孔子说："中庸之道不能在天下实行，我知道原因了：聪明的人自以为是，实行的时候超过了它的标准，而愚蠢的人智力不及，不能达到它的标准。中庸之道不能为人所明了，我也知道原因了：有德行的人要求过高，因而把它神秘化了，没有德行的人要求又太低，因而把它庸俗化了。这正像没有人能不吃不喝，但却很少有人能够真正品尝滋味。"

【原文】

子曰："道其不行矣夫[1]！"

【注解】

①其：助词，表示推测。矣夫：感叹语，意犹未尽的意思。

【译文】

孔子说："中庸之道恐怕不能在天下实行了啊！"

【原文】

子曰："舜其大知也与！舜好问而好察迩言[1]，隐恶而扬善，执其两端，用其中于民。其斯以为舜乎！"

【注解】

①迩言：浅近的话。《诗经·小雅·小旻》："维迩言是听，维迩言是争。"

【译文】

孔子说："舜帝可真是一个拥有大智慧的人呀！他乐于向别人请教，而且喜欢仔细审察那些浅近的话。他包容缺点而表扬优点，他度量人们认识上“过”与“不及”两个极端的偏向，用中庸之道去引导人们。这就是舜之所以成为舜的原因吧！”

【原文】

子曰：“人皆曰‘予知’，驱而纳诸罟擭陷阱之中①，而莫之知辟也。人皆曰‘予知’，择乎中庸，而不能期月守也②。”

【注解】

①罟（gǔ）：网的总称。擭（huò）：装有机关的捕兽木笼。罟擭陷阱，这里比喻利的圈套。②期（jī）月：一整月。

【译文】

孔子说：“人人都说：‘我是明智的’，但是在利欲的驱使下，他们却都像禽兽那样落入捕网木笼的陷阱中，连躲避都不知道。人人都说：‘我是明智的’，但是选择了中庸之道却连一个月也不能坚持下去。”

【原文】

子曰：“回之为人也①，择乎中庸。得一善，则拳拳服膺②，而弗失之矣。”

【注解】

①回：即颜回，字子渊，鲁国人，孔子最得意的门生。②拳拳：奉持之貌，牢握不舍的意思。服膺：谨记在心。

【译文】

孔子说：“颜回的为人，选择了中庸之道。他得到了这一善道，就牢牢地把它记在心中，丝毫不敢忘却。”

【原文】

子曰：“天下国家可均也①，爵禄可辞也②，白刃可蹈也③，中庸不可能也。”

【注解】

①均：平治。②爵禄：爵位俸禄。辞：辞掉。③蹈：踩踏。

【译文】

孔子说：“天下国家是可以平治的，官爵俸禄是可以辞掉的，利刃是可以践踏上去的，只有中庸之道是不容易做到的。”

【原文】

子路问强。子曰："南方之强与？北方之强与？抑而强与[①]？宽柔以教，不报无道[②]，南方之强也，君子居之。衽金革[③]，死而不厌[④]，北方之强也，而强者居之[⑤]。故君子和而不流[⑥]，强哉矫[⑦]！中立而不倚，强哉矫！国有道，不变塞焉[⑧]，强哉矫！国无道，至死不变，强哉矫！"

【注解】

①抑：抑或，表示选择。而：同"尔""汝"，指子路。②报：报复。无道：横暴无礼。③衽金革：枕着武器、盔甲睡觉。衽，卧席，这里作动词用。金，指刀枪剑戟之类。革，指盔甲之类。④厌：悔恨。⑤居之：属这一类。⑥流：随波逐流，无原则地迁就。⑦矫：强盛的样子。⑧不变塞：不改变穷困时的操守。塞，原指堵塞，这里指穷困。

【译文】

子路问孔子要怎样才算得刚强。孔子回答说："你问的是南方人的刚强呢，还是北方人的刚强呢，还是像你这样的刚强呢？用宽容温和的态度去教化别人，即便别人对我蛮横无理也不加以报复，这是南方人的刚强，君子就属于这一类。经常枕着刀枪、穿着盔甲睡觉，在战场上拼杀，战死而不悔，这是北方人的刚强，性格强悍的人属于这一类。所以，君子善于与人协调，又决不无原则地迁就别人，这才是真正的刚强啊！君子真正独立，不偏不倚，这才是真正的刚强啊！国家太平、政治清明时，君子不改变穷苦时的操守，这才是真正的刚强啊！国家混乱，政治黑暗时，君子到死坚持操守，这才是真正的刚强啊！"

【原文】

子曰："素隐行怪[①]，后世有述焉，吾弗为之矣。君子遵道而行，半途而废，吾弗能已矣。君子依乎中庸，遁世不见知而不悔[②]，唯圣者能之。"

【注解】

①素：据《汉书》，应为"索"，寻求。②遁世：避世。

【译文】

孔子说："世上有些人总爱去追求那些隐僻的道理，去做那些怪异荒诞的事情，虽然后代有人称道他们，但是我绝不会做这样的事。有些君子遵循中庸之道行事，却往往半途而废，但我是不会中途停止的。有些君子依着中庸之道行事，虽然避世隐居不为人们所了解，他也不悔恨，这只有圣人才能做到。"

【原文】

君子之道，费而隐。

夫妇之愚可以与知焉[①]，及其至也[②]，虽圣人亦有所不能焉。夫妇之不肖，可以能行焉，及其至也，虽圣人亦有所不能焉。天地之大也，人犹有所憾[③]。故君子语大，天下莫能载焉；语小，天下莫能破焉。

《诗》云："鸢飞戾天，鱼跃于渊[④]。"言其上下察也。

君子之道，造端乎夫妇[⑤]，及其至也，察乎天地。

君子之道，造端乎夫妇。

【注解】

①夫妇：非指夫妻之夫妇，而是指匹夫匹妇。②至：最，指最精微之处。③撼：不满意。④"鸢飞"两句：这两句诗引自《诗经·大雅·旱麓》。《旱麓》是一首赞扬有道德修养的人，求福得福，能培养人才的诗。戾：到达。⑤造端：开始。

【译文】

君子所持的中庸之道，作用非常广泛而且本体非常精微。

匹夫匹妇虽然愚昧，但是对于日常的道理他们也是可以知道的，若要论及这些道理的精微之处，那即使是圣人也会有不知道的奥秘。匹夫匹妇虽然不贤。但是对于日常的道理他们也是能够实行的，若是达到这些道理的最高标准，那即使是圣人也有不能达到的地方。天地可以说是十分辽阔广大的了，但仍然不能使人一切都感到满意。因此，君子所持的道，就大处来讲，天下没有什么能承载得了的；就小处来讲，天下没有谁能剖析得了的。

《诗经》中说："老鹰高飞上青天，鱼儿跳跃在深渊。"这两句诗是比喻持中庸之道的人能够对上对下进行详细审察。

君子所持的中庸之道，开始于匹夫匹妇之间，达到最高境界，便彰明于天地之间，到处存在。

【原文】

子曰："道不远人。人之为道而远人，不可以为道。

"《诗》云：'伐柯伐柯，其则不远[①]。'执柯以伐柯，睨而视之[②]，犹以为远。故君子以人治人，改而止。

"忠恕违道不远[③]，施诸己而不愿，亦勿施于人。

"君子之道四[④]，丘未能一焉[⑤]。所求乎子以事父，未能也；所求乎臣以事君，未能也；所求乎弟以事兄，未能也；所求乎朋友先施之，未能也。庸德之行[6]，庸言之谨，有所不足，不敢不勉，有余不敢尽。言顾行，行顾言，君子胡不慥慥尔[7]！”

【注解】

①“伐柯”两句：这两句诗引自《诗经·豳风·伐柯》。《伐柯》是一首描写关于婚姻的诗。伐：砍。柯：斧柄。②睨：斜视。③忠恕：儒家伦理思想。尽己之心为“忠”；推己及人为“恕”。④君子之道四：即孝、悌、忠、信。⑤丘：孔子自称其名。⑥庸德：平常的道德。⑦胡：何。慥慥（zào）：笃厚真实的样子。

【译文】

孔子说：“中庸之道并不是远离人们的，假若有的人在行道时使它远离人们，那就不可以叫作中庸之道了。

“《诗经》中说：‘砍斧柄啊砍斧柄，斧柄的样子在眼前。’拿着斧柄做样子来砍制斧柄，斜着眼睛瞧瞧就看得见，但对砍制斧柄的人来说，还算是离得远的。所以，君子以其人之道还治其人之身，直到他们改了为止。

“能够做到忠和恕，那就离中庸之道不远了。何为忠恕？心中不乐意别人加给自己的东西，也施加给别人。

“君子之道有四种，我孔丘一种也做不到。做儿子的道在于孝，我常要求做儿子的必须孝顺父母，但我却不能完全做到这一点；做臣子的道在于忠，我常要求臣子必须忠于国君，但我自己却做不到对国君尽忠；做弟弟的道在于尊敬兄长，我常要求做弟弟的这样做，但我自己往往不能完全做到这一点；做朋友的道在讲信用，我常要求别人这样做，但我自己往往不能首先这样做。在平常道德的实行上，在日常语言的谨慎上，我有许多做得不够的地方，这使我不敢不努力去加以弥补，有做得较好的地方，也不敢把话全部说尽。言语要照顾到行动，行动也要照顾到言语。如果能这样做，那么君子的心中还有什么不笃实的呢！”

【原文】

君子素其位而行[1]，不愿乎其外[2]。素富贵，行乎富贵；素贫贱，行乎贫贱；素夷狄，行乎夷狄；素患难，行乎患难；君子无入而不自得焉。

在上位，不陵下[3]。在下位，不援上[4]。正己而不求于人则无怨。上不怨天，下不尤人。故君子居易以俟命[5]，小人行险以徼幸[6]。

子曰：“射有似乎君子[7]，失诸正鹄[8]，反求诸其身。”

【注解】

①素：现在。位：地位。②愿：倾慕，羡慕。其外：指本位之外的东西。③陵：同“凌”，凌虐，

欺压。④援：攀附，巴结。⑤居易：处在平易而不危险的境地。俟：等候。命：天命。⑥行险：即冒险。儌："侥"的异形字。⑦射有似乎君子：这句是以射箭的道理来比喻君子"正己而不求于人"的道理。⑧失诸正鹄：指未射中靶子。失，这里指没有射中。正鹄，箭靶。

【译文】

君子在自己所处的低位上行使自己所奉行的道理，从来不会倾慕本位之外的东西。处于富贵的地位上，就做富贵地位上所应该做的事情；处于贫贱的地位上，就做在贫贱地位上所应该做的事情；处在夷狄的地位上，就做在夷狄地位上所应该做的事情；处于患难中，就做处在患难中应该做的事情。君子无论处于什么地位，都不会感到不安适的。

君子高居上位，不会去凌虐居于下位的人。君子居于下位，也不会去巴结居于上位的人。自己正直就不会去乞求别人，这样，就无所怨恨，对上不怨恨天命，对下不归咎别人。所以，君子按照自己现时所处的地位来等候天命的到来，而小人则企图以冒险的行为来求得偶然成功或意外地免除不幸。

孔子说："射箭的道理与君子'正己而不求于人'的道理有相似之处。比如没有射中靶子，应该回过头来从自己身上去找原因。"

【原文】

君子之道[①]，辟如行远，必自迩；辟如登高，必自卑。

《诗》曰："妻子好合，如鼓瑟琴。兄弟既翕，和乐且耽。宜尔室家，乐尔妻帑[②]。"子曰："父母其顺矣乎！"

妻子好合，如鼓瑟琴。

【注解】

①君子之道：指求取君子之道的方法。②"妻子"六句：这几句诗引自《诗经·小雅·棠棣》。《棠棣》是一首称述家庭和睦、兄弟友爱的诗。鼓：弹奏。琴瑟：是古代两种拨弦乐器的名称，比喻夫妻感情和谐。翕：聚合。耽：久。原诗为"湛"字。妻帑：妻子儿女的统称。帑，儿子。

【译文】

求取君子之道的方法，就像走远路一样，一定要从近处开始；就像登高处一样，一定要从低处开始。

《诗经》中说："你和妻子很和好，就像琴瑟声调妙；兄弟相处极和睦。团聚快乐实在好。组织一个好家庭，你和妻儿感情深。”孔子赞叹说：“像这样，父母就能安乐无忧，心情舒畅啊！”

【原文】

子曰：“鬼神之为德[1]，其盛矣乎！视之而弗见，听之而弗闻，体物而不可遗。使天下之人，齐明盛服[2]，以承祭祀[3]。洋洋乎！如在其上[4]，如在其左右。

鬼神之为德，其盛矣乎。

“《诗》曰：‘神之格思，不可度思，矧可射思[5]。’夫微之显[6]，诚之不可揜，如此夫！”

【注解】

①鬼：古代迷信者认为人死后精灵不灭，称之为鬼。一般指已死的祖先。神：宗教及古代神话中所幻想的主宰物质世界，超乎自然，具有人格和意识的精灵。②齐明：在祭祀之前必须斋戒沐浴，以示虔诚。齐（zhāi），同“斋”。盛服：衣冠穿戴整齐华美。③承：奉。祭祀：指祭鬼祀神。④洋洋：舒缓漂浮的样子。⑤“神之”五句：这几句诗引自《诗经·大雅·抑》。《抑》主要写的是规劝周朝统治者修德守礼，指责某些执政者的昏庸。格：至，来。思：语助词，无意义。矧（shěn）：况且。射（yì）：厌弃。⑥微：这里指鬼神的事情隐匿虚无。显：指鬼神可将祸福显现于人间，所以又是明显的。

【译文】

孔子说：“鬼神的德行可真是大得很啊！看它也看不见，听它也听不到，但它却体现在万物之中使人无法离开它。天下的人都斋戒净心，穿着庄重整齐的服装去祭祀它，无所不在啊！好像就在你的头上，好像就在你左右。

“《诗经》说：‘神的降临，不可揣测，怎么能够怠慢不敬呢？’从隐微到显著，真实的东西就是这样不可掩盖！”

【原文】

子曰：“舜其大孝也与？德为圣人，尊为天子，富有四海之内。宗庙飨之[1]，子孙保之。故大德必得其位，必得其禄，必得其名，必得其寿。故天之生物，必因其材而笃焉。故栽者培之，倾者覆之。

“《诗》曰：‘嘉乐君子，宪宪令德。宜民宜人，受禄于天。保佑命之，自天申之[2]。’故大德者必受命。”

【注解】

①宗庙飨之：指在宗庙里受祭献。飨，祭献。②“嘉乐”六句：这是《诗经·大雅·假乐》中的第一章。《假乐》是一首为周成王歌功颂德的诗。嘉乐：喜欢，快乐。嘉，原诗为“假”字。宪宪：原诗为“显显”，意同，即盛明的样子。令德：美德。令，善，美。民：泛指庶人。人：不包括庶人的“民”在内，一般指士大夫以上的人，即在位的人。这句意为，周成王既能与在下之民相处得好，又能与在位之人相处得好。

【译文】

孔子说：“舜帝可以说是个大孝子吧！他有圣人的崇高品德，有天子的尊贵地位，普天下都是他的财富，世世代代在宗庙中享受祭献，子子孙孙永保祭祀不断。所以，像舜这样有大德大仁的人，必然会获得天下至尊的地位，必然会获得厚禄，必然会获得美好的名声，而且必然会获得高寿。所以，天生万物，必定要由各自资质的本身来决定是否给予厚施，能够栽培的就一定会去栽培它，而要倾覆的也就只能让它倾覆。

“《诗经》中说：‘欢喜快乐周成王，美德盛明放光芒。善处庶人百官中，获得天赐厚禄长。上帝保佑周成王，使他福禄能长享。’所以说，有崇高道德品质的人，一定会受到上天的命令而成为天下的君主。”

【原文】

子曰：“无忧者其惟文王乎①！以王季为父②，以武王为子③，父作之④，子述之⑤，武王缵大王、王季、文王之绪⑥，壹戎衣而有天下⑦，身不失天下之显名，尊为天子，富有四海之内，宗庙飨之，子孙保之。

“武王末受命，周公成文武之德⑧，追王大王、王季⑨，上祀先公以天子之礼。斯礼也，达乎诸侯大夫，及士庶人。父为大夫，子为士，葬以大夫，祭以士；父为士，子为大夫，葬以士，祭以大夫。期之丧⑩达乎大夫；三年之丧达乎天子；父母之丧，无贵贱，一也。”

【注解】

①文王：指周文王。②王季：名季烈，周太王子，周文王之父。③武王：周武王，西周王朝的建立者。④父作之：指父亲王季为文王开创了基业。作，开创，创始。⑤子述之：指儿子武王继承文王的遗志，完成统一大业。述，循、继承。⑥缵：继承。大王：“大”古读“太”。大王，即王季之父古公亶父。绪：事业，这里指前人未竟的功业。⑦壹戎衣：即歼灭大殷。壹，同“殪”，歼灭。戎，大。衣，“殷”之误读。⑧周公：西周初年的政治家。姓姬名旦，武王之弟，故又称“叔旦”，因采邑周地，又称“周公”。⑨王：第一个“王”为动词，即尊……为王。⑩丧：丧礼。

【译文】

孔子说：“自古帝王中，无忧无虑的大概只有周文王吧！因为他有显明的王季做父亲，有英勇的武王做儿子，父亲王季为他开创了基业，儿子武王继承了他的遗志，完成了他所没有完成的事业。武王继承了太王、王季、文王的未竟功业，灭掉了殷朝，取得了天下。周武王这种以下伐上的行动，不仅没有使他自身失掉显赫天下的美名，反而被天下人尊为天子，普天下都是他的财富，世世代代在宗庙中享受祭献，子子孙孙永保祭祀不断。

"周武王直到晚年才受上天之命而为天子，因此他也有许多没有完成的事业。武王死后，周公辅助成王才完成了文王和武王的功德，追尊太王、王季为王，用天子的礼节来追祭祖先，并且把这种礼节一直用到诸侯、大夫以及士和庶人中间。周公制定的礼节规定：如果父亲是大夫，儿子是士的，当父亲亡故时，那就必须以大夫的礼节来安葬他，在祭祀时儿子只能用士的礼节。父亲是士，儿子是大夫的，当父亲亡故时，那就必须以士的礼节来安葬他，在祭祀时儿子用大夫的礼节。为期一年的丧礼，只能在大夫中使用；为期三年的丧礼，就只有天子才能使用；至于父母的丧礼，没有贵贱之分，天子、庶人都是一样的。"

【原文】

子曰："武王周公其达孝矣乎！夫孝者，善继人之志；善述人之事者也。春秋①，修其祖庙，陈其宗器②，设其裳衣，荐其时食③。

"宗庙之礼，所以序昭穆也④；序爵，所以辨贵贱也；序事，所以辨贤也；旅酬下为上⑤，所以逮贱也⑥；燕毛⑦，所以序齿也⑧。

"践其位，行其礼，奏其乐，敬其所尊，爱其所亲，事死如事生，事亡如事存，孝之至也。

"郊社之礼⑨，所以事上帝也；宗庙之礼，所以祀乎其先也。明乎郊社之礼，禘尝之义⑩，治国其如示诸掌乎⑪！"

【注解】

①春秋：四季的代称。这里指祭祖的时节。②陈：陈列。宗器：古代宗庙祭祀时所用的器物。③荐：进献。时食：指古代祭祀祖先所进献的时鲜食品。④昭穆：是古代一种宗法制度。宗庙的次序是有规定的，始祖庙居中，以下是父子（祖、父）递为昭穆，左为昭，右为穆。昭穆，在这里指祭祀的时候，可以排出父子、长幼、亲疏的次序。⑤旅：众。酬：以酒相劝为酬。⑥逮：及。⑦燕毛：指祭祀完毕，举行宴饮时，以毛发的颜色来区别老少长幼，安排宴会的座次。燕，同"宴"，宴会。毛，头发。⑧序齿：即根据年龄的大小来定宴会的席次或饮酒的次序。齿，年龄。⑨郊社：周代于冬至的时候，在南郊举行祭天的仪式，称为"郊"；夏至的时候，在北郊进行祭地的仪式，称之为"社"。⑩禘尝：在此应为宗庙四时祭祀之一，每年夏季举行。尝，也是四时祭祀之一，在秋季举行。《礼记·王制》："天子诸侯宗庙之祭，春曰礿，夏曰禘，秋曰尝，冬曰烝。"⑪示：同"视"。

【译文】

孔子说："周武王和周公，他们可以算达到孝的最高标准吧！所谓孝的标准，就是要像周武王和周公那样，善于继承前人的遗志；善于完成前人所未完成的事业。在春秋祭祀的时节，及时整修祖宗庙宇；陈列祭祀要用的祭器，摆设先王遗留下来的衣裳；进献时鲜食品。

“按照宗庙的礼节，就能把父子、长幼、亲疏的次序排列出来；把官职爵位的秩序排列出来，就能将贵贱分辨清楚；排列祭祀时各执事的秩序，就能分辨清楚才能的高低；在众人劝酒时，晚辈必须为长辈举杯，这样就能使爱抚之情延伸到地位低下的人身上；以毛发的颜色来决定宴席的座次，就能使老老少少秩序井然。

“站立在先前排定的位置上，行使祭祀的礼节；奏起祭祀的音乐；尊敬那些理应尊敬的人；爱护那些理应亲近的人；侍奉死去的人就像侍奉活着的人一样；侍奉亡故的人就像侍奉生存着的人一样，这才是孝的最高标准。

“制定了祭祀天地的礼节，是用来侍奉上帝；制定了宗庙的礼节，是用来祭祀祖先。明白了郊社的礼节和夏祭秋祭的意义，那么治理天下国家的道理，也就像看着自己手掌上的东西那样明白容易啊！”

【原文】

哀公问政[①]。子曰：“文武之政，布在方策[②]。其人存，则其政举；其人亡，则其政息。人道敏政[③]，地道敏树[④]。夫政也者，蒲卢也[⑤]。

“故为政在人，取人以身，修身以道，修道以仁。仁者，人也[⑥]，亲亲为大[⑦]。义者，宜也，尊贤为大。亲亲之杀[⑧]，尊贤之等，礼所生也[⑨]。

为政在人，取人以身。

“在下位不获乎上，民不可得而治矣[⑩]。故君子不可以不修身；思修身，不可以不事亲；思事亲，不可以不知人；思知人，不可以不知天。

“天下之达道五，所以行之者三。曰君臣也，父子也，夫妇也，昆弟也[⑪]，朋友之交也，五者，天下之达道也。知、仁、勇三者[⑫]，天下之达德也。所以行之者一也[⑬]。

“或生而知之，或学而知之，或困而知之，及其知之一也。或安而行之，或利而行之，或勉强而行之，及其成功一也。”

子曰：“好学近乎知，力行近乎仁，知耻近乎勇。

“知斯三者，则知所以[⑭]修身；知所以修身，则知所以治人；知所以治人，则知所以治天下国家矣。

“凡为天下国家有九经[15]，曰：修身也，尊贤也，亲亲也，敬大臣也，体群臣也，子庶民也[16]，来百工也[17]，柔远人也[18]，怀诸侯也[19]。

“修身则道立，尊贤则不惑，亲亲则诸父昆弟不怨，敬大臣则不眩[20]，体群臣则士之报礼重[21]，子庶民则百姓劝，来百工则财用足，柔远人则四方归之，怀诸侯则天下畏之。

“齐明盛服[22]，非礼不动，所以修身也；去谗远色[23]，贱货而贵德，所以劝贤也；尊其位，重其禄，同其好恶，所以劝亲亲也；官盛任使[24]，所以劝大臣也；忠信重禄，所以劝士也；时使薄敛[25]，所以劝百姓也；日省月试，既禀称事[26]，所以劝百工也；送往迎来，嘉善而矜不能，所以柔远人也；继绝世[27]，举废国，治乱持危，朝聘以时[28]，厚往而薄来，所以怀诸侯也。凡为天下国家有九经，所以行之者一也。

“凡事豫则立，不豫则废。言前定则不跲[29]，事前定则不困，行前定则不疚，道前定则不穷。

“在下位不获乎上，民不可得而治矣。获乎上有道，不信乎朋友，不获乎上矣。信乎朋友有道，不顺乎亲，不信乎朋友矣。顺乎亲有道，反诸身不诚，不顺乎亲矣。诚身有道，不明乎善，不诚乎身矣。

“诚者，天之道也；诚之者，人之道也。诚者，不勉而中，不思而得，从容中道[30]，圣人也。诚之者，择善而固执之者也[31]。

“博学之，审问之，慎思之，明辨之，笃行之。有弗学，学之弗能弗措也；有弗问，问之弗知弗措也；有弗思，思之弗得弗措也；有弗辨，辨之弗明弗措也；有弗行，行之弗笃弗措也。人一能之，己百之；人十能之，己千之。果能此道矣，虽愚必明，虽柔必强。”

【注解】

①哀公：即鲁哀公，名蒋。春秋时鲁国国君，在位二十七年，谥号哀公。②布：陈列。方策：指典籍。方，方版，古时书写用的板。策，同“册”，竹简。③人道：是我国古代哲学中与“天道”相对的概念。这里指以人施政的道理。敏：迅速。④地道：谓以沃土种植的道理。⑤蒲卢：即芦苇。⑥仁者，人也：意思是说，所谓仁就是人民之间相亲相爱。⑦亲亲为大：意思是说，人们虽然相互亲爱，但都是以爱自己的亲属为主要方面。亲亲，前一个“亲”为动词，意为“爱”。后一个“亲”指亲属。⑧杀（shài）：降等。⑨礼所生也：这句是说“亲亲之杀，尊贤之等。”都是从礼仪中产生。礼，泛指奴隶社会或封建社会贵族等级制的社会规范和道德规范。⑩此句疑误印，与下文重复。⑪昆弟：兄弟。昆，兄长。⑫知、仁、勇：这三种是儒家的伦理思想，被誉为通行于天下的美德。⑬一：专一，诚实。⑭所以：怎样。⑮经：常规。⑯子：动词，即爱……如子。庶民：众民，指一般的人民。⑰来：

招来，召集。百工：西周时对工奴的总称，春秋时沿用此称，并作为各种手工业工匠的总称。⑱柔：安抚，怀柔，引申为优待。远人：这里指远方的来客，即外族人。⑲怀：安抚。⑳眩：眼花，引申为迷惑。㉑报：报答。礼：这里是敬意。重：深厚。㉒齐明：这里专指内心虔诚。盛服：衣冠穿戴整齐，这里指外表仪容端庄。㉓去谗：摒弃谗佞小人的坏话。去，摒弃。谗，谗佞小人的坏话。远色：远离女色。㉔官盛：官属众多。任使：听任差使。㉕时使：使用百姓要适时。薄敛：减轻赋税的征收。㉖既禀：与“饩廪”同。饩廪，古代指月给的薪资粮米。称：相称。事：工效。㉗绝世：指卿大夫子孙中已经失去世禄的人。㉘朝聘：古代诸侯定期朝见天子。《礼记·王制》：“诸侯之于天子也，比年一小聘，三年一大聘，五年一朝。”㉙跲（jiá）：窒碍。㉚从容：举止行动。㉛固执：坚守不渝。执，握住。

【译文】

鲁哀公向孔子询问政事。孔子回答说：“周文王和周武王的政治理论都记载在典籍上。如果今天有像周文王和周武王那样的人存在，那么他们的政治理论便能实施；如果今天没有像周文王和周武王那样的人存在，那么他们的政治理论也就废弛了。以人施政的道理在于使政治迅速昌明；以肥沃土地种植树木的道理在于使树木迅速生长。以人施政最容易取得成效，就像种植蒲苇那样容易生长。

或生而知之，或学而知之，或困而知之。

“所以国君处理政事的方法就在于获得贤才，而获得贤才的方法，就在于国君努力提到自身的品德修养，要提高自身的品德修养，就在于使自己的言行符合道德规范；要使自己的言行符合道德规范，就在于树立仁爱之心。所谓仁，就是人与人之间相互亲爱，而以爱自己的亲属最为重要。所谓义，就是说人们相处应该适宜得当，而以尊敬贤人最为重要。爱自己的亲属有等级，尊敬贤人有级别，这些都是从礼仪中产生出来的。

“处在下位的人不能够得到上面的信任和支持，那么他就不可能管理好人民。所以，君子不能不努力提高自身的品德修养；想提高自身的品德修养，就不能不侍奉好自己的亲人；想侍奉好自己的亲人，就不能不知道尊贤爱人；想知道尊贤爱人，就不能不了解和掌握自然的法则。

“天下普遍共行的大道有五种，而实行这些大道的美德有三种。就是说：‘君臣之道，父子之道，夫妇之道，兄弟之道，交朋友之道。’这五种就是天下共行的大道。‘智慧，仁爱，勇敢’这三种，就是天下共行的美德。而实行这些大道和美德的方法只能是诚实专一。

“有的人生来就知道这些道理，有的人通过学习才知道这些道理，有的人是在遇到困难后去学习才知道这些道理。虽然人们掌握这些道理有先有后，但是到了真正知道这些道理，他们又都是一样的了。有的人心安理得去实行这些道理，有的人是看到了它的益处才去实行这些道理，有的人则是勉强去实行这些道理。虽然人们实行这些道理有差别，但是当他们获得了成功的时候，却又都是一样了。”

孔子说：“爱好学习的人接近智，努力行善的人接近仁，知道羞耻的人接近勇。

“知道这三项的人，就知道怎样提高自身的品德修养；知道怎样提高自身的品德修养，就知道怎样治理别人；知道怎样治理别人，就知道怎样去治理天下国家了。

“大凡治理天下国家有九条常规，那就是：努力提高自身的品德修养，尊重贤人，爱护自己的亲人，敬重大臣，体恤众臣，像爱自己的儿子那样去爱人民，召集各种工匠以资国用，优待远方的来客，安抚四方的诸侯。

“能够提高自己的品德修养，就能树立一个良好的道德典范；能够尊重贤人，就不会被事物的假象所迷惑；能够爱自己的亲人，就不会使叔伯、兄弟产生怨恨；能够尊敬大臣，在处理事情时就不会感到迷惑不定；能够体恤众臣，那些为士的人就会重重报答恩德；能够做到爱民如子，百姓们就会更加勤奋努力；能够召集各种工匠，就可以使国家财务充足；能够优待远方的来客，四方的人都会归顺；能够安抚各国诸侯，全天下的人都会自然敬畏。

“必须内心虔诚外表端庄，不符合礼节的事绝不要去干，这才是提高自身品德修养的方法；摒弃那些谗佞小人的坏话，远离那些诱人的女色，轻视钱财货物，珍视道德品质，这才是劝勉贤人最好的方法；加升他们的爵位，重赐他们的俸禄，与他们的喜好厌恶相同，这才是劝勉人们去爱自己亲人的好方法；为大臣多设属官，这才是奖励大臣的好方法；对待士要讲究‘忠’‘信’，并以厚禄供养他们，这才是劝勉士为国效力的好方法；役使百姓要适时，赋税征收要减轻，这才是劝勉百姓努力从事生产的好方法；天天省视工匠的工作情况，月月考查他们的技术本领，发给他们的粮米薪资要与他们的工效相称，这才是劝勉各种工匠努力工作的好方法；对于远方的客人，要盛情相迎，热情相送，对其中有善行的人要给予嘉奖，对其中能力薄弱的人要给予同情，这才是招徕远方来客的好方法；延续已经绝禄的世家，复兴已经废灭的国家，整顿已经混乱的秩序，扶救处于危难之中的国家，让诸侯各自选择适当的时节来朝聘，贡礼薄收，赏赐厚重，这才是安抚四方诸侯的好方法。大凡治理天下国家有九条常规，但是，实行这些常规的方法只是一条，即诚实专一。

“无论做什么事情，如能预先确立一种诚实态度，就一定能成功，不能这样，就不能成功。人们在讲话之前能规定自己必须诚实，讲起话来就会流畅而无障碍；做事以前规定自己必须诚实，做事时就不会感到有什么困难；行动之前规定自己必须诚实，行动之后就不会产生内疚；实行道德之前规定自己必须诚实，实行时就不会有什么行不通的地方。

“处在下位的人不能得到上面的信任和支持，那就不可能治理好人民。要想得到上面的信任和支持，有一定的道理，这就是在交朋友时要讲信用，如果连朋友都不信任自己，那么就不能得到上面的信任和支持；要使朋友信任自己，有一定的道理，这就是要孝顺父母，如果不能孝顺父母，那么就不能得到朋友的信任；要孝顺父母，有一定的道理，这就是要使自己内心诚实，不能使自己内心诚实，就不能孝顺父母；要使自己内心诚实，有一定的道理，这就是要显出自己善的本性来，如果不能使自己善的本性显出来，那么就不能使自己的内心诚实了。

“诚，是上天赋予人们的道理；实行这个‘诚’，那是人为的道理。天生诚实的人，不必勉强，他为人处世自然合理，不必苦苦思索，他言语行动就能得当，他的举止，不偏不倚，符合中庸之道。这种人就是我们所说的‘圣人’，要实行这个诚，就必须选择至善的道德，并且坚守不渝才行。

“要广泛地学习各种知识，详尽细密地探究事物的原理，对自己所学的东西要谨慎思考，辨清是非，当获得了真理之后，就要坚决地去实践它。有的东西不学习也就罢了，学了，就一定要能掌握它，如果还不能掌握，那就不要停止学习；有的东西不问也就罢了，问就得问一个清楚，如果还没有弄清楚，那就不要罢休；有的问题不思考也就罢了，要思考就要有切身体会，如果不能获得什么体会，那就不要停止思考；有的事情不辨别也就罢了，要辨别就一定要把是非辨清，如果不能辨清，那就不要停止辨别；有的措施不实践也就罢了，要实践就一定要做到彻底，如果不彻底，那就不要停止实践。别人一遍能做好的，我做它一百遍也一定能做好；别人十遍能做好的，我做它一千遍也一定能做好。一个人如果能够按照这个道理去做，那么即使是愚蠢的人，也一定会变得聪明；即使是柔弱的人，也一定会变得刚强。”

【原文】

自诚明[1]，谓之性；自明诚，谓之教；诚则明矣，明则诚矣。

【注解】

①自：由于。

【译文】

由于内心诚实而明察事理，这叫作天赋的本性；由于明察事理后达到内心真诚，这叫作后天的教育感化。凡心真诚也就会自然

自诚明，谓之性。

明察事理，而明察事理也就会做到内心诚实。

【原文】

唯天下至诚，为能尽其性[①]；能尽其性，则能尽人之性；能尽人之性，则能尽物之性；能尽物之性，则可以赞大地之化育；可以赞天地之化育，则可以与天地参矣[②]。

【注解】

①尽其性：即尽量发挥自己的天赋本性。②与天地参：与天地并列为三。参，并立。

【译文】

只有天下至诚的圣人，才能尽量发挥自己天赋的本性；能尽量发挥自己天赋的本性，就能尽量发挥天下人的本性；能尽量发挥天下人的本性，就能尽量发挥万物的本性；能尽量发挥万物的本性，就可以帮助天地对万事万物进行演化和发展；能帮助天地对万事万物进行演化和发展，就可以与天地并立为三了。

【原文】

其次致曲[①]，曲能有诚。诚则形，形则著，著则明，明则动，动则变，变则化。唯天下至诚为能化。

【注解】

①致曲：推究出细微事物的道理。致，推致。曲，郑玄注："犹小小之事也。"

【译文】

那些次于圣人的贤人，如果能通过学习而推究一切细微事物的道理，那么由此也能达到诚。内心诚实了就会表现出来，表现出来了就会日益显著，日益显著就会更加光明，更加光明而后能使人心感动，就会使人发生转变，使人发生了转变，就可以化育万物，只有天下至诚之人才能做到化育万物。

【原文】

至诚之道，可以前知。国家将兴，必有祯祥；国家将亡，必有妖孽。见乎蓍龟[①]，动乎四体[②]。祸福将至：善，必先知之；不善，必先知之。故至诚如神。

【注解】

①见乎蓍（shī）龟：从蓍草、龟甲的占卜中发现。蓍龟，即蓍草和龟甲，古代用来占卦。②动乎四体：即从人们的仪表、行动中察觉。四体，四肢。

【译文】

至诚之道，可以前知。

掌握了至诚之道，就可以预知未来的事。国家将要兴旺，一定有吉祥的征兆；国家将要衰亡，必然会有妖孽出来作祟。这些或呈现在蓍草龟甲上，或表现在人的仪表上。祸福即将要来临时，是吉兆，是一定可以预先知道的；是凶兆，也一定可以预先知道。所以说掌握了至诚之道的人就像神灵一样。

【原文】

诚者，自成也；而道，自道也。诚者[①]，物之终始，不诚无物。是故君子诚之为贵。诚者，非自成己而已也，所以成物也。成己，仁也；成物，知也。性之德也，合外内之道也，故时措之宜也。

【注解】

① 诚：此处的诚，是从广义上讲，指的是贯穿于一切事物中的实理，即事物的本质和发展规律。

【译文】

诚，就是完成自身道德修养的要素；道，就是知道自己走向完成品德修养所应该走的道路。诚，是天地自然之力，它贯穿在世界上万事万物之中，而始终不能离开，没有“诚”就没有世界上的万事万物。所以，君子把“诚”看作是一种高贵的品德。所谓诚，并不仅仅是完成自身的品德修养就算到头了，而是要使万物都得到完成。完成自身的品德修养便是“仁”；使万物得到完成便是“智”，“仁”和“智”都是人们天性中所固有的美德，它们内外结合，便是“成己”“成物”的道理，所以经常实行就没有不适宜的地方。

【原文】

故至诚无息，不息则久，久则征[①]，征则悠远，悠远则博厚，博厚则高明。博厚，所以载物也；高明，所以覆物也；悠久，所以成物也。博厚配地，高明配天，悠久无疆。如此者，不见而章，不动而变，无为而成。

天地之道，可一言而尽也：其为物不贰[②]，则其生物不测。天地之道：博也，厚也，高也，明也，悠也，久也。今夫天，斯昭昭之多[③]，及其无穷也，日月星辰系焉[④]，万物覆焉。今夫地，一撮土之多，及其广厚，载华岳而不重[⑤]，振河海而不泄[⑥]，万物载焉。今夫山，一卷石之多[⑦]，及其广大，草木生之，禽兽居之，宝藏兴焉。今夫水，一勺之多[⑧]，及其不测，鼋鼍、蛟龙、鱼鳖生焉，货财殖焉。

《诗》云："维天之命，於穆不已[⑨]。"盖曰天之所以为天也[⑩]。"於乎不显[⑪]，文王之德之纯[⑫]。"盖曰：文王之所以为文也，纯亦不已。

【注解】

①征：验证，证明。②不贰：无二心。③斯昭昭之多：这句是指天由小小的明亮所积累。昭昭，小小的光明。④星辰：星系的总称。系：悬系。⑤华岳：即西岳华山，为五岳之一。⑥振：郑玄注"振，犹收也。"此处引申为"收容"的意思。泄：同"泄"，泄露。⑦一卷石之多：山由小小石堆积累而成。⑧勺：古代舀酒用的器具。⑨"维天"两句：这两句诗引自《诗经·周颂·维天之命》。《维天之命》这首诗是祭祀周文王的乐歌。於（wū）：叹词。穆：庄严，肃穆。不已：不止。⑩盖：推原之词。⑪于乎：与"呜呼"同。显：光明。⑫纯：纯洁无瑕。

【译文】

所以，至诚的道理是从来不会止息的。没有止息就会长久流传，长久流传就会得以验证，得以验证就会悠远，悠远就会广博深厚，广博深厚就会精明高妙。广博深厚，所以能承载天下万物；精明高妙，所以能覆盖天下万物；悠远长久，所以能生成天下万物。广博深厚可以与地相比，精明高妙可以与天相比，悠远长久则是永无止境。像这样，虽然不加以表现，却自然彰明；虽然不去行动，却自然可以感人化物；虽然无所作为，却自然会获得成功。

天地的道理用一句话就可以全部概括：它自身诚一不贰，而化生万物，形形色色，难以测知其中奥秘。天地的道理还在于：广博，深厚，高妙，精明，悠远，长久。现在就拿天来说吧，它只不过是由点点光明所积累，可是论到天的整体，那真是无穷无尽，日月星辰都靠它维系，世界万物都靠它覆盖。现在拿地来说吧，地，不过是由一撮土一撮土聚积起来的，可是论及地的全部，那真是广博深厚，承载像华山那样的崇山峻岭也不觉得重，容纳那众多的江河湖海也不会泄漏，世间万物都由它承载了。再说山吧，不过是由拳头大的石块聚积起来的，可等到它高大无比时，草木在上面生长，禽兽在上面居住，宝藏在上面储藏。再说水吧，不过是一勺一勺聚积起来的，可等到它浩瀚无涯时，蛟龙鱼鳖等都在里面生长，珍珠珊瑚等值价的东西都在里面繁殖。

《诗经》中说，"只有那天命啊，肃穆庄严，运转不停！"这大概就是说的天之所以为天的原因吧。"多么显赫光明啊，文王之德大而且纯！"这大概就是说的文王之所以被称为"文"王的原因吧，就是因为它纯洁无瑕的品德常行不止。

【原文】

大哉圣人之道！洋洋乎！发育万物，峻极于天[①]。优优大哉[②]，礼仪三百[③]，威仪三千[4]。待其人而后行。故曰苟不至德，至道不凝焉。故君子尊德性而道问学，致广大而尽精微，极高明而道中庸，温故而知新，敦厚以崇礼。是故居上不骄，为下不倍[5]。国有道其言足以兴，国无道，其默足以容[6]。《诗》曰："既明且哲，以保其身[7]。"其此之谓与！

君子居上不骄，为下不倍。国有道，其言足以兴；国无道，其默足以容。

【注解】

①峻极：极其高峻。于：至②优优：宽裕充足的样子。③礼仪：经礼，典礼制度。④威仪：曲礼，指礼的细节。⑤倍：同"悖"，违背。⑥其默足以容：谓缄默不语，足以为执政者所容，因而也就可以远避灾祸。⑦"既明"两句：这两句诗引自《诗经·大雅·烝民》。《烝民》是一首歌颂仲山甫（周宣王的臣子）的诗。

【译文】

伟大啊，圣人的道德！充满于天地之间，使万物生长发育，它高及苍天，无所不包。真是充裕而又伟大啊，礼的大纲多到三百天，礼的细节有三千多条。一定要等那有才德的圣人出来才能够实行。所以说，假如不是像伟大的圣人那样具有最高的德行，那么伟大的道理就不会凝聚在他心中。因此君子一定要恭敬奉持天生的德行，广泛学习，探究事理，使学问和天赋德行日臻广大，达到精深高妙的境界，不偏不倚，遵循中庸之道。在学习方面，要做到温习已有的知识从而获得新知识；在道德修养方面，要使专诚之心更加充实，用以崇尚礼仪。所以身居高位不骄傲，身居低位不自弃，国家政治清明时，他的言论足以振兴国家；国家政治黑暗时，他的沉默足以保全自己。《诗经》说："既明智又通达事理，可以保全自身。"大概就是说的这个意思吧！

【原文】

子曰："愚而好自用[1]，贱而好自专[2]，生乎今之世，反古之道[3]。如此者，灾及其身者也。"

非天子，不议礼，不制度[4]，不考文[5]。今天下车同轨[6]，书同文[7]，行同伦[8]。虽有其位，苟无其德，不敢做礼乐焉[9]；虽有其德，苟无其位，亦不敢作礼乐焉。

子曰："吾说夏礼⑩，杞不足征也⑪；吾学殷礼⑫，有宋存焉⑬；吾学周礼，今用之，吾从周。"

【注解】

①自用：只凭自己的主观意图行事。②自专：按自己的主观意志独断专行。③反：同"返"，引申为恢复，④制：制定。度：法度。⑤考：考订。文：指文字的笔画和形体。⑥轨：车子两轮间的距离。古代制车，两轮之间的距离都有定制。⑦书同文：书写的是同样的文字。⑧伦：指伦理道德。⑨乐：音乐。古代天子治理作乐，以治天下。⑩说，解说。一说为"悦"，喜爱。夏礼：夏代的礼法。⑪杞：古国名。⑫殷礼：殷代礼法。⑬宋：古国名，开国君主是商纣的庶兄微子启。

【译文】

孔子说："愚昧的人往往喜欢凭自己的主观意图行事；卑贱的人却常常喜欢独断专行。他们生于现在的时代不遵守当今的法律，却一心想去恢复古代的法律。这样的人，灾祸一定会降到他们的身上。"

不是天子，不敢议论礼制，不敢制订法度，不敢考订文字的笔画形体。现在天下车子的轮距一致，文字的字体统一，实行的伦理道德相同。虽然处在天子的地位，如果没有圣人的德行，是不敢制作礼乐制度的；虽然有圣人的美德，如果没有天子的地位，也是不敢制作礼乐制度的。

孔子说："我解说夏朝的礼制，但是夏的后代已经衰败，现在只有一个杞国存在，所以不足以验证；我学习殷朝的礼制，现在还有它的后代宋国存在；我学习周朝的礼制，它正是当今所使用的，所以我遵从周礼。"

【原文】

王天下有三重焉，其寡过矣乎！上焉者①，虽善无征，无征不信，不信民弗从。下焉者②，虽善不尊③，不尊不信，不信民弗从。故君子之道，本诸身，征诸庶民，考诸三王而不缪④，建诸天地而不悖，质诸鬼神而无疑⑤，百世以俟圣人而不惑。质诸鬼神而无疑，知天也；百世以俟圣人而不惑，知人也。

君王治理天下要做好议订礼仪，制订法度，考订文字规范这三件大事。

是故，君子动而世为天下道，行而世为天下法，言而世为天下则。远之则有望，近之则不厌。

《诗》曰："在彼无恶，在此无射。庶几夙夜，以永终誉⑥。"君子未有不如此而蚤有誉于天下者也[⑦]。

【注解】

①上焉者：指远于当今之世的礼仪制度，如前文所说的夏礼、商礼。②下焉者：指虽为圣人，而地位在下，他主张的礼仪制度虽善却不能实施。③不尊：没有尊贵的地位。④三王：指夏禹、商汤、周文王。缪：通"谬"，错误。⑤质：证实，保证。一说为质问。⑥"在彼"四句：这四句诗引自《诗经·周颂·振鹭》。《振鹭》这首诗是周王设宴招待来朝的诸侯时，在宴席上唱的乐歌。在彼无恶：彼，诸侯所在国。无恶，无人憎恨。这句是说，诸侯勤于政事，本国无人憎恨。在此无射：此，指周王所在地，即朝廷。无射，不厌恨。这句是说，诸侯来到朝廷朝见天子，朝廷里没有人厌恨他。庶几夙夜：庶几，差不多。夙夜，早晚，犹言早起晚睡。这句是说，各诸侯早起晚睡，勤于政事。以永终誉：永，长。终，"众"的假借字。誉，赞誉。这句是说，各诸侯能长受众人的称赞。⑦蚤：通"早"。

【译文】

君王治理天下能够做好议订礼仪、制订法度、考订文字规范这三件重要的事，他的过失就会减少了。离当今社会很远的礼仪制度，虽然好，但由于年代相隔太远，因而得不到验证，得不到验证就不能取信于民，不能取信于民，老百姓就不会听从。身为圣人而身处下位的人，他所主张的礼仪制度虽然好，但由于没有尊贵的地位，也不能取信于民；不能取信于民，老百姓就不会听从。所以君子治理天下的道理，应该以自身的品德修养为根本，并从老百姓那里得到验证和信任，用夏、商、周三代的礼仪制度来考察而没有谬误，建立于天地自然之间而没有违背之处，得到了鬼神的证实而没有疑问，这样就是等到百世以后的圣人来实行也不会有什么疑惑之处了。得到鬼神的证实而没有疑误不明的地方，这是因为了解和掌握了天理；等到百世以后的圣人来实行也不会有什么疑惑之处了，这是因为知道了人的情理。

所以君王的言语行动能世世代代成为天下共行的道理，君王的所作所为能世世代代成为天下遵循的法度，君王言谈话语能世世代代成为天下必守的准则。隔得远的则有仰慕之心，离得近的也不会有厌恶之意。

《诗经》说："诸侯在国没有人憎恶，在朝同样没有人厌烦，早起晚睡政事勤，众人称赞美名存。"君王中没有不这样做而能够早早在天下获得名望的。

【原文】

仲尼祖述尧舜[①]，宪章文武[②]，上律天时[③]，下袭水土[④]。辟如天地之无不持载[⑤]，无不覆帱[⑥]。辟如四时之错行，如日月之代明[⑦]。万物并育而不相害[⑧]，道并行而不相悖[⑨]，小德川流，大德敦化，此天地之所以为大也。

【注解】

①祖述：遵循前任的行为或学说。这句是说孔子遵循尧舜二帝的道统。②宪章文武：宪章，效法。这句是说效法周文王和周武王的典章制度。③上律天时：律，效法。天时，谓自然变化的时序，或言节气、气候或言阴晴寒暑的变化。"天时"在古时用意很广。④袭：合符。水土：犹言地理环境。⑤"辟如"句：这句是说天地广博深厚没有什么不能承载。⑥无不覆帱：没有什么不能覆盖。覆帱，

覆盖的意思。⑦代：交替的意思。⑧并育：即同时生长。相害：互相妨害。⑨道：指天地之道，即四季更迭，日月交替之道。悖：违背。

【译文】

孔子遵循尧舜二帝的道统，效法文王、武王所定制的典范，上依据天时变化规律，下符合地理环境。譬如天地广博深厚，没有什么不能承载，没有什么不能覆盖。又譬如四季的更迭运行，日月的交替照耀。天地间万物同时生长而互不妨害，天地之道同时并行而互不冲突。小的德行如河水一样长流不息，大的德行使万物敦厚淳朴，无穷无尽。这就是天地之所以盛大的原因。

【原文】

唯天下至圣，为能聪明睿知，足以有临也①；宽裕温柔，足以有容也②；发强刚毅，足以有执也③；齐庄中正④，足以有敬也；文理密察⑤，足以有别也⑥。

溥博渊泉⑦，而时出之⑧。溥博如天，渊泉如渊。见而民莫不敬，言而民莫不信，行而民莫不说⑨。

是以声名洋溢乎中国，施及蛮貊⑩；舟车所至，人力所通，天之所覆，地之所载，日月所照，霜露所队⑪，凡有血气者，莫不尊亲⑫，故曰配天。

【注解】

①临：本指高出朝向低处，后引申为上对下之称。②容：包容，容纳。③执：操持决断天下大事。④齐庄：庄重恭敬。中正：不偏不倚。⑤文理：条理。密察：详察细辨。⑥别：分别是是非邪正。⑦溥博渊泉：溥博，普遍广博。溥，普遍。渊泉，深潭。《列子·黄帝》："心如渊泉，形如处女。"后引申为思虑深远。⑧而时出之：出，溢出。这句是说，至圣的人的美德就像渊泉外溢一样，常常表现出来。⑨说：同"悦"，喜悦。⑩施：传播。及：到。蛮貊：谓南蛮北狄等边远少数民族。⑪队：同"坠"，坠落。⑫尊亲：尊重亲近。"尊、亲"二字后面省略了宾语。

【译文】

只有天下最圣明伟大的人，才能做到聪明智慧，足以居上位而临下民；宽博优裕，温和柔顺，足以包容天下的人和事；奋发图强，刚强坚毅。足以操持决断天下大事；庄重恭敬。处事中正，足以获得人民的尊敬；条理清晰，祥辨明察，足以分辨是非邪正。

圣明伟大的人，他们的美德广博而深厚，并常常会表露出来。他们的美德就像天空一样广阔，就像潭水一样幽深。这种美德表现在仪容上，老百姓没有谁不敬佩；表现在言谈中，老百姓没有谁不信服；表现在行动上，老百姓没有谁不喜悦。

因此，他们美好的名声充满了整个中原地区，并且传播到边远少数民族的地方；凡是船只车辆所能到达的，人所能通行的，苍天所能覆盖的，大地所能承载的，天阳和月亮所能照耀着的，霜露所能坠落到的地方，凡是有血气生命的人，没有不尊重和不亲近他们的；所以说圣人的美德可以和天相配。

【原文】

唯天下至诚，为能经纶天下之大经[①]，立天下之大本[②]，知天地之化育。夫焉有所倚？肫肫其仁[③]，渊渊其渊[④]，浩浩其天[⑤]。苟不固聪明圣知[⑥]，达天德者[⑦]，其孰能知之？

【注解】

①经纶：原指整理丝缕，这里引申为创制天下的法规。大经：指常道，法规。②大本：根本大德。③肫肫：诚挚，与“忳忳”同。忳，恳诚貌也。④渊渊其渊：意思是说圣人的思虑如潭水一般幽深。渊渊，水深。⑤浩浩其天：圣人的美德如苍天一般广阔。浩浩，原指水盛大的样子。⑥固：实。⑦达天德者：通达天赋美德的人。

【译文】

只有天下达到诚的最高境界的人，才能创制天下的法规，才能树立天下的根本大德，掌握天地化育万物的道理，这怎么会有偏向呢？他的仁心是那样的真诚，他的思虑像潭水般幽深，他伟大的美德像苍天一样广阔。假如不是具有真正聪明智慧而通达天赋美德的人，谁又能真正了解他呢？

【原文】

《诗》曰：“衣锦尚䌹[①]。”恶其文之著也。故君子之道，暗然而日章[②]；小人之道，的然而日亡[③]。君子之道，淡而不厌，简而文，温而理，知远之近[④]，知风之自[⑤]，知微之显[⑥]，可与入德矣。

《诗》云：“潜虽伏矣，亦孔之昭[⑦]。”故君子内省不疚[⑧]，无恶于志[⑨]。君子之所不可及者，其唯人之所不见乎！

《诗》云：“相在尔室，尚不愧于屋漏[⑩]。”故君子不动而敬，不言而信。

《诗》曰：“奏假无言，时靡有争[⑪]。”是故君子不赏而民劝[⑫]，不怒而民威于𫓧钺[⑬]。

《诗》曰：“丕显惟德，百辟其刑之[⑭]。”是故君子笃恭而天下平。

《诗》云：“予怀明德，不大声以色[⑮]。”子曰，“声色之于以化民，末也。”《诗》曰：“德輶如毛[⑯]。”毛犹有伦[⑰]，“上天之载，无声无臭[⑱]。”至矣。

予怀明德，不大声以色。

【注解】

①“衣锦”句：这句诗引自《诗经·卫风·硕人》。《硕人》写的是庄姜初嫁庄公为妻时的场景。衣：动作词，穿。锦：这里指色彩华美的丝绸服装。尚：加在上面。䌹：用麻纱制作的单罩衣。尚䌹：即加上麻纱罩衣。②暗然，暗淡的样子。“暗”的异体字，原文作“闇”。日章：日渐彰明。章，同“彰”。③的然：鲜艳的样子。的，鲜艳，显著。④知远之近：意思是要往远去必从近开始。⑤知风之自：风，谓教化。这句是说，教化别人必须从自己做起。⑥知微之显：微，隐蔽之处。这句是说，隐蔽之处对明显之处也有一定的影响。⑦“潜虽”两句：这两句诗引自《诗经·小雅·正月》。《正月》是一首揭露现实的诗。潜：潜藏。伏：隐匿。孔：很，甚。昭：明。⑧内省（xǐng）：经常在内心省察自己。疚：原意为久病。引申为忧虑不安。⑨无恶：引申为“无愧”。志：心。⑩“相在”两句：这两句诗引自《诗经·大雅·抑》。相：看。在尔室：你独自一个人在室。尚：当。不愧于屋漏：意指心地光明，不再暗中做坏事或者起坏念头，屋漏，指古代室内西北角阴暗处。⑪“奏假”两句：这两句诗引自《诗经·商颂·烈祖》。《烈祖》是商的后代宋在祭祀祖先时唱的乐歌。奏假：祷告。无言：默默无声。⑫不赏而民劝：不需赏赐就能使人民受到鼓励。⑬鈇钺：古代执行军法时用的斧子，与“斧钺”同。这里引申为刑戮。⑭“丕显”两句：这两句诗引自《诗经·周颂·烈文》。《烈文》是周王在举行封侯仪式上所唱的乐歌。丕显：充分显扬。丕，大。百辟：谓诸侯。刑：同“型”，法则。⑮“予怀”两句：这两句诗引自《诗经·大雅·皇矣》。《皇矣》是一首史诗，叙述周朝祖先开国创业的历史。⑯“德輶”句：这句诗引自《诗经·大雅·烝民》。德：指德的微妙。輶：古时候一种轻便车辆，引申为轻。毛：羽毛。⑰毛犹有伦：这句是说羽毛虽然轻微，但还是有东西可以类比的。⑱“上天”两句：这两句诗引自《诗经·大雅·文王》。载，事。臭（xiù），气味。这句诗的大意是说，上天化育万物的道理，没有声音和气味，世上没有什么东西可以形容它的高妙。

【译文】

《诗经》说：“身穿锦绣衣服，外面罩件套衫。”这是为了避免锦衣花纹太鲜艳。所以，君子为人的道理在于，外表黯然无色而内心美德才日益彰明；小人的为人之道在于，外表色彩鲜艳，但是随着时间的推移便会日渐黯淡。君子为人的道理还在于，外表素淡而不使人厌恶，外表简朴而内含文采，外表温和而内有条理，知道远是从近开始，知道感化别人是从自己做起，知道微小隐蔽的地方会影响到显著的地方，能够掌握以上这些道理的，就可以进到圣人崇高的美德中去了。

《诗经》说：“即使鱼潜藏很深，但仍然会看得明显的。”所以君子经常在内心省察自己，就不会有过失和内疚，就不会有愧心。由此可知，人们之所以不能超越君子的原因，大概就是因为君子在这些不被人看见的地方也严格要求自己。

《诗经》说：“看你独自在室内的时候，应当也无愧于神明。”所以，君子就是在没做什么事的时候也是怀着敬畏谨慎的心理，在没有言语的时候就已经诚信专一了。

《诗经》说：“默默无声暗祈祷，今时不再有争斗。”所以，君子不用赏赐而老百姓也会受到鼓励；不用发怒而老百姓畏惧他就会胜过刑戮的威严。

《诗经》说：“弘扬好的德行，诸侯们便会来效法。”所以，君子笃实恭敬，就能使天下太平。

《诗经》说：“怀念文王光明的美德，从不用厉声厉色。”孔子说：“用厉声厉色去感化老百姓，这是没有抓住根本。”《诗经》说：“美德轻如羽毛。”羽毛虽轻微细小，但还是有东西可以类比。《诗经》中说“化育万物上天道，无声无息真微妙”这才是达到了最高的境界啊。

论语

论语

《论语》是记载孔子和他的弟子们言行的典籍，全书 20 篇 508 章，一万余字。一般认为，《论语》是由孔子弟子所辑录。

《论语》

作者 孔门弟子

《论语》一书真实而生动地记录了孔子的言行和他与弟子们的对话，这应该是孔门弟子在孔子生前就开始了记录。孔子逝世以后，弟子们继续追忆编纂成书。

时代 春秋末期至战国初期

传说孔子有弟子三千人，至于最后由谁来最终编撰在一起的，已经无可考证了。最后编订当在战国初期。今天的《论语》版本，是东汉末年的大学者郑玄根据几个古本作的《论语注》。今注本有杨伯峻的《论语译注》。

内容 孔门言行录

为最早的语录体书籍

现存《论语》共 20 篇，492 章。其中记录孔子跟弟子或其他人谈话的约有 444 章。记录孔门弟子之间相互言论的有 48 章。内容以伦理教育为主，对中国文化影响极为深远。

学而篇第一

【原文】

子曰①：“学而时习之②，不亦说乎③？有朋自远方来，不亦乐乎④？人不知而不愠⑤，不亦君子乎⑥？”

【注解】

①子：中国古代对有学问、有地位的男子的尊称。《论语》中“子曰”的“子”都是指孔子。②习：“习”字的本意是鸟儿练习飞翔，在这里是温习和练习的意思。③说（yuè）：同“悦”，高兴、愉

快的意思。④乐（lè）：快乐。⑤愠（yùn）：怒，怨恨，不满。⑥君子：《论语》中的“君子”指道德修养高的人，即“有德者”；有时又指“有位者”，即职位高的人。这里指“有德者”。

【译文】

孔子说：“学到的东西按时去温习和练习，不也很高兴么？有朋友从很远的地方来，不也很快乐么？别人不了解自己，自己却不生气，不也是一位有修养的君子么？”

【原文】

子曰：“巧言令色[①]，鲜矣仁[②]。”

巧言令色，鲜矣仁。

【注解】

①巧言令色：巧，好。令，善。巧言令色，即满口说着讨人喜欢的话，满脸装出讨人喜欢的脸色。②鲜：少的意思。

【译文】

孔子说：“花言巧语，伪装出一副和善的面孔，这种人是很少仁德的。”

【原文】

曾子曰[①]：“吾日三省吾身[②]。为人谋，而不忠乎？与朋友交，而不信乎？传，不习乎[③]？”

【注解】

①曾子：孔子晚年的学生，名参（shēn），字子舆，比孔子小四十六岁。生于公元前505年，鲁国人，是被鲁国灭亡了的鄫国贵族的后代。曾参是孔子的得意门生，以孝著称，据说《孝经》就是他撰写的。②三省（xǐng）：多次反省。③传：老师讲授的功课。

【译文】

曾参说：“我每天从多方面反省自己：替别人办事是不是尽心竭力了呢？与朋友交往是不是诚实守信了呢？对老师传授的功课，是不是用心复习了呢？”

【原文】

子曰：“弟子入则孝[①]，出则弟[②]，谨而信[③]，泛爱众，而亲仁[④]。行有余力[⑤]，则以学文[⑥]。”

【注解】

①弟子：有二义，一是指年幼之人，弟系对兄而言，子系对父而言，故曰弟子；二是指学生。此处取前义。入：古时父子分别住在不同的居处，学习则在外舍。入是入父宫，指进到父亲住处；或说在家。②出：与“入”相对而言，指外出拜师学习。出则弟，是说要用悌道对待师长，也可泛指年长于自己的人。③谨：寡言少语称之为谨。④仁：指具有仁德的人，即温和、善良的人。此形容词用作名词。⑤行有余力：指有闲暇时间。⑥文：指诗、书、礼、乐等文化知识。

【译文】

孔子说：“小孩子在父母跟前要孝顺，出外要敬爱师长，说话要谨慎，言而有信，和所有人都友爱相处，亲近那些具有仁爱之心的人。做到这些以后，如果还有剩余的精力，就用来学习文化知识。”

【原文】

曾子曰：“慎终追远[①]，民德归厚矣[②]。”

【注解】

①慎终：指对父母之丧要尽其哀。追远：指祭祀祖先要致其敬。②民德：指民心，民风。厚：朴实，淳厚。民德归厚，指民心归向淳厚。

【译文】

曾子说：“谨慎地对待父母的丧事，恭敬地祭祀远代祖先，就能使民心归向淳厚了。”

【原文】

有子曰：“礼之用，和为贵。先王之道[①]，斯为美，小大由之。有所不行，知和而和，不以礼节之，亦不可行也。”

礼之用，和为贵。

【注解】

①先王之道：指的是古代圣王治国之道。

【译文】

有子说：“礼的功用，以遇事做得恰当和顺为可贵。以前的圣明君主治理国家，最可贵的地方就在这里。他们做事，无论事大事小，都按这个原则去做。如遇到行不通的，仍一味地追求和顺，却并不用礼法去节制它，也是行不通的。

【原文】

子曰："君子食无求饱，居无求安，敏于事而慎于言，就有道而正焉①，可谓好学也已。"

【注解】

① 有道：指有道德、有学问的人。正：匡正，端正。

【译文】

孔子说："君子饮食不追求饱足；居住不追求安逸；对工作勤奋敏捷，说话却谨慎；接近有道德有学问的人并向他学习，纠正自己的缺点，就可以称得上是好学了。"

【原文】

子贡曰："贫而无谄，富而无骄，何如？"子曰："可也。未若贫而乐，富而好礼者也。"子贡曰："诗云：'如切如磋，如琢如磨①'，其斯之谓与②？"子曰："赐也③！始可与言诗已矣。告诸往而知来者④。"

【注解】

① 如切如磋，如琢如磨：出自《诗经·卫风·淇奥》篇。意思是：好比加工象牙，切了还得磋，使其更加光滑；好比加工玉石，琢了还要磨，使其更加细腻。② 其：表测度语气，可译为"大概"。③ 赐：子贡的名。孔子对学生一般都称名。④ 来者：未来的事，这里借喻为未知的事。

【译文】

子贡说："贫穷却不巴结奉承，富贵却不骄傲自大，怎么样？"孔子说："可以了，但还是不如虽贫穷却乐于道，虽富贵却谦虚好礼。"子贡说："《诗经》上说：'要像骨、角、象牙、玉石等的加工一样，先开料，再粗锉，细刻，然后磨光'，那就是这样的意思吧？"孔子说："赐呀，现在可以同你讨论《诗经》了。告诉你以往的事，你能因此而知道未来的事。"

【原文】

子曰："不患人之不己知，患不知人也。"

【译文】

孔子说："不要担心别人不了解自己，应该担心的是自己不了解别人。"

为政篇第二

【原文】

子曰："为政以德，譬如北辰，居其所而众星共之[①]。"

【注解】

①北辰：北极星。共（gǒng）：同"拱"，环绕。

【译文】

孔子说："用道德的力量去治理国家，自己就会像北极星那样，安然处在自己的位置上，别的星辰都环绕着它。"

【原文】

子曰："诗三百[①]，一言以蔽之[②]，曰：'思无邪'。"

【注解】

①《诗》三百：《诗经》中共收诗三百零五篇。"三百"是举其整数而言。②蔽：概括。

子曰：《诗》三百，一言以蔽之，思无邪。

【译文】

孔子说："《诗经》三百多篇，用一句话来概括它，就是'思想纯正'。"

【原文】

子曰："吾十有五而志于学[①]，三十而立[②]，四十而不惑，五十而知天命，六十而耳顺[③]，七十而从心所欲不逾矩。"

【注解】

①有（yòu）：同"又"。古文中表数字时常用"有"代替"又"，表示相加的关系。②立：站立，成立。这里指立身处世。③耳顺：对于外界一切相反相异、五花八门的言论，能分辨真伪是非，并听之泰然。

【译文】

孔子说："我十五岁立志学习，三十岁在人生道路上站稳脚跟，四十岁心中不再迷惘，五十岁知道上天给我安排的命运，六十岁听到别人说话就能分辨是非真假，七十岁能随心所欲地说话做事，又不会超越规矩。”

【原文】

子曰：“温故而知新，可以为师矣。”

【译文】

孔子说：“在温习旧的知识时，能有新的收获，就可以当老师了。”

【原文】

子曰：“君子不器。”

【译文】

孔子说：“君子不能像器皿一样（只有一种用途）。”

【原文】

子贡问君子，子曰：“先行其言而后从之。”

【译文】

子贡问怎样才能做一个君子。孔子说：“对于你要说的话，先实行了，然后说出来。”

【原文】

子曰：“君子周而不比①，小人比而不周。”

【注解】

①周：团结多数人。比：勾结。

【译文】

孔子说：“德行高尚的人以正道广泛交友但不互相勾结，品格卑下的人互相勾结却不顾道义。”

【原文】

子曰：“学而不思，则罔①。思而不学，则殆②。”

【注解】

①罔：迷惘，没有收获。②殆：疑惑。

【译文】

孔子说："学习而不思考就会迷惘无所得；思考而不学习就不切于事而疑惑不解。"

【原文】

子曰："人而无信[1]，不知其可也。大车无輗[2]，小车无軏[3]，其何以行之哉？"

【注解】

①而：如果。信：信誉。②大车：指牛车。輗（ní）：大车辕和车辕前横木相接的关键。③小车：指马车。軏（yuè）：马车辕前横木两端的木销。

【译文】

孔子说："一个人如果不讲信誉，真不知他怎么办。就像大车的横木两头没有活键，小车的横木两头少了关扣一样，怎么能行驶呢？"

八佾篇第三

【原文】

孔子谓季氏[1]八佾舞于庭[2]："是可忍也[3]，孰不可忍也？"

【注解】

①季氏：季孙氏，鲁国大夫。②八佾（yì）：古代奏乐舞蹈，每行八人，称为一佾。天子可用八佾，即六十四人；诸侯六佾，四十八人；大夫四佾，三十二人。季氏应该用四佾。③忍：忍心，狠心。

【译文】

孔子谈到季孙氏用天子才能用的八佾在庭院中奏乐舞蹈，说："这样的事都狠心做得出来，还有什么事不能狠心做出来呢？"

【原文】

子曰："人而不仁如礼何[1]？人而不仁如乐何？"

【注解】

①如礼何：怎样对待礼仪制度。

【译文】

孔子说："做人如果没有仁德，怎么对待礼仪制度呢？做人如果没有仁德，怎么对待音乐呢？”

【原文】

子曰：“夷狄之有君[①]，不如诸夏之亡也[②]。”

【注解】

①夷狄：古代中原地区的人对周边地区的贬称，谓之不开化。②诸夏：古代中原地区华夏族的自称。亡（wú）：通“无”。

【译文】

孔子说：“夷狄有君主而不讲礼节，还不如原之地的没有君主而讲礼节哩。”

【原文】

子夏问曰：“‘巧笑倩兮[①]，美目盼兮[②]，素以为绚兮[③]’。何谓也？”子曰：“绘事后素。”曰：“礼后乎？”子曰：“起予者商也[④]！始可与言诗已矣。”

巧笑倩兮，美目盼兮，素以为绚兮。

【注解】

①倩：笑容美好。②盼：眼睛黑白分明。③绚（xuàn）：有文采。这三句诗前两句见《诗·卫风·硕人》，第三句可能是逸诗。④起：阐明。

【译文】

子夏问道：“‘轻盈的笑脸多美呀，黑白分明的眼睛多媚呀，好像在洁白的质地上画着美丽的图案呀。’这几句诗是什么意思呢？”孔子说：“先有白色底子，然后在上面画画。”子夏说：“这么说礼仪是在有了仁德之心之后才产生的了？”孔子说：“能够发挥我的思想的是卜商啊！可以开始和你谈论《诗经》了。”

【原文】

子曰：“夏礼吾能言之，杞不足征也[①]。殷礼吾能言之，宋不足征也[②]。文献不足故也[③]。足，则吾能征之矣。”

【注解】

①杞：国名，杞君是夏禹的后代，周初的故城在今河南杞县，其后迁移。征：证明、验证。②宋：

国名，宋君是商汤的后代，故城在今河南商丘市南。③文：典籍。献：指贤人。

【译文】

孔子说："夏代的礼仪制度，我能说一说，但它的后代杞国不足以作证明；殷代的礼仪制度，我能说一说，但它的后代宋国不足以作证明。这是杞、宋两国的历史资料和知礼人才不足的缘故。如果有足够的历史资料和懂礼的人才，我就可以验证这两代的礼了。"

【原文】

子曰："周监于二代①，郁郁乎文哉②，吾从周。"

【注解】

①监（jiàn）：通"鉴"，借鉴。二代：指夏、商二代。②郁郁：文采盛貌。文：指礼乐制度。

【译文】

孔子说："周代的礼仪制度是参照夏朝和商朝修订的，多么丰富多彩啊！我主张接受周代的。"

【原文】

子入太庙①，每事问。或曰："孰谓鄹人之子知礼乎②？入太庙，每事问。"子闻之，曰："是礼也？"

【注解】

①太庙：开国的君主叫太祖，太祖的庙叫太庙。这里指周公的庙，周公是鲁国最先受封的君主。②鄹（zōu）：鲁国地名，在今山东省曲阜市东南。孔子的父亲做过鄹大夫，所以这里称为鄹人。

【译文】

孔子进入太庙，每遇到一件事都细细地询问。有人说："谁说鄹邑大夫的儿子懂得礼仪呀？他进到太庙里，每件事都要问人。"孔子听到这话，说："这正是礼嘛。"

【原文】

子贡欲去告朔之饩羊①。子曰："赐也！尔爱其羊，我爱其礼。"

【注解】

①去：去掉，废除。告朔之饩（xì）羊：告朔，朔为每月的第一天。周天子于每年秋冬之交向诸侯颁布来年的历书，历书包括指明有无闰月、每月的朔日是哪一天，这就叫"告朔"。诸侯接受历书后，藏于祖庙。每逢初一，便杀一头羊祭于庙。羊杀而不烹叫"饩"（烹熟则叫"飨"）。告

朔饩羊是古代一种祭礼制度。

【译文】

子贡想把每月初一告祭祖庙的羊废去不用。孔子说："赐呀！你爱惜那只羊，我则爱惜那种礼。"

【原文】

子曰："事君尽礼，人以为谄也。"

【译文】

孔子说："按照礼节去侍奉君主，别人却认为这是在讨好君主哩。"

【原文】

子曰："关雎乐而不淫[1]，哀而不伤。"

【注解】

①《关雎（jū）》：《诗经》中的第一篇。

【译文】

孔子说："《关雎》这首诗快乐而不放荡，悲哀而不悲伤。"

【原文】

子曰："管仲之器小哉[1]！"或曰："管仲俭乎？"曰："管氏有三归[2]，官事不摄[3]，焉得俭？""然则管仲知礼乎？"曰："邦君树塞门[4]，管氏亦树塞门。邦君为两君之好，有反坫[5]，管氏亦有反坫。管氏而知礼，孰不知礼？"

子曰：管仲之器小哉！

【注解】

①管仲：名夷吾，齐桓公时的宰相，辅助齐桓公成为诸侯的霸主。②三归：三处豪华的公馆。③摄：兼任。④树：树立。塞门：在大门口筑的一道短墙，以别内外，相当于屏风、照壁等。⑤反坫（diàn）：古代君主招待别国国君时，放置献过酒的空杯子的土台。

【译文】

孔子说："管仲的器量太小啦！"有人问："管仲节俭吗？"孔子说："管

仲有三处豪华的公馆，他手下的人从不兼职，怎么能称得上节俭呢？”“那么管仲懂礼仪吗？”孔子说：“国君在宫门前立了一道影壁，管仲也在自家门口立了影壁；国君设宴招待别国君主、举行友好会见时，在堂上设有放置空酒杯的土台，管仲宴客也就有这样的土台。如果说管仲知礼，那还有谁不知礼呢？”

【原文】

子谓韶①：“尽美矣②，又尽善也③。”谓武④：“尽美矣，未尽善也。”

【注解】

①《韶》：相传是舜时的乐曲名。②美：指乐曲的声音言。③善：指乐曲的内容言。④《武》：相传是周武王时的乐曲名。

【译文】

孔子评论《韶》，说：“乐曲美极了，内容也好极了。”评论《武》，说：“乐曲美极了，内容还不是完全好。”

里仁篇第四

【原文】

子曰：“里仁为美①，择不处仁，焉得知②？”

【注解】

①里：可作名词讲，居住之地；也可以作动词讲，居住。均通。今从第二义。②知：同“智”。

里仁为美。

【译文】

孔子说：“居住在有仁风的地方才好。选择住处，不居住在有仁风的地方，怎能说是明智呢？”

【原文】

子曰：“我未见好仁者、恶不仁者①。好仁者，无以尚之②。恶不仁者，其为仁矣，不使不仁者加乎其身。有能一日用其力于仁矣乎！我未见力不足者。

盖有之矣，我未之见也。”

【注解】

①好、恶：同4.3章解。②尚：通“上”，用作动词，超过的意思。

【译文】

孔子说：“我从未见过喜爱仁德的人和厌恶不仁德的人。喜爱仁德的人，那就没有比这更好的了；厌恶不仁德的人，他实行仁德，只是为了不使不仁德的事物加在自己身上。有谁能在某一天把他的力量都用在仁德方面吗？我没见过力量不够的。或许有这样的人，只是我没有见过罢了。”

【原文】

子曰：“朝闻道[①]，夕死可矣。”

【注解】

①道：道理，指真理。

【译文】

孔子说：“早晨能够得知真理，即使当晚死去，也没有遗憾。”

【原文】

子曰：“放于利而行[①]，多怨。”

【注解】

①放（fǎng）：或译为纵，谓纵心于利也；或释为依据，今从后说。利：这里指个人利益。

【译文】

孔子说：“如果依据个人的利益去做事，会招致很多怨恨。”

【原文】

子曰：“不患无位，患所以立。不患莫己知，求为可知也。”

【译文】

孔子说：“不愁没有职位，只愁没有足以胜任职务的本领。不愁没人知道自己，应该追求能使别人知道自己的本领。”

【原文】

子曰：“君子喻于义[①]，小人喻于利。”

【注解】

①喻：通晓，明白。

【译文】

孔子说："君子懂得大义，小人只懂得小利。"

【原文】

子曰："见贤思齐焉[①]，见不贤而内自省也[②]。"

【注解】

①贤：贤人，有贤德的人。齐：看齐。②省：反省，检查。

【译文】

孔子说："看见贤人就应该想着向他看齐；见到不贤的人，就要反省自己有没有类似的毛病。"

【原文】

子曰："事父母几谏[①]。见志不从，又敬不违，劳而不怨[②]。"

事父母几谏。见志不从，又敬不违。

【注解】

①几（jī）：轻微，婉转。②劳：劳心；担忧。

【译文】

孔子说："侍奉父母，对他们的缺点应该委婉地劝止，如果自己的意见没有被采纳，仍然要对他们恭敬，不加违抗。只在心里忧愁而不怨恨。"

【原文】

子曰："父母在，不远游，游必有方。"

【译文】

孔子说："父母活着的时候，子女不远游外地；即使出远门，也必须要有一定的去处。"

【原文】

子曰："三年无改于父之道，可谓孝矣。"

【译文】

孔子说："如果能够长时间地不改变父亲生前所坚持的准则，就可说做到了孝。"

【原文】

子曰："父母之年，不可不知也。一则以喜，一则以惧。"

【译文】

孔子说："父母的年纪不能不知道，一方面因其长寿而高兴，一方面又因其年迈而有所担忧。"

【原文】

子曰："君子欲讷于言而敏于行[①]。"

【注解】

①讷（nè）：说话迟钝。

【译文】

孔子说："君子说话应该谨慎，而行动要敏捷。"

【原文】

子曰："德不孤，必有邻。"

【译文】

孔子说："品德高尚的人不会孤独，一定有志同道合的人和他做伴。"

公冶长篇第五

【原文】

子贡问曰："赐也何如？"子曰："女，器也。"曰："何器也？"曰："瑚琏也[①]。"

【注解】

①瑚（hú）琏（liǎn）：古代祭祀时盛粮食的器具，很珍贵。

【译文】

子贡问孔子："我这个人怎么样？"孔子说："你好比是一个器具。"子贡又问："是什么器具呢？"孔子说："宗庙里盛黍稷的瑚琏。"

【原文】

子曰："道不行，乘桴浮于海[①]，从我者，其由与！"子路闻之喜。子曰："由也好勇过我，无所取材。"

【注解】

①桴（fú）：用来在水面浮行的木排或竹排，大的叫筏，小的叫桴。

【译文】

孔子说："如果主张的确无法推行了，我想乘着木排漂流海外。但跟随我的，恐怕只有仲由吧？"子路听了这话很高兴。孔子说："仲由这个人好勇的精神大大超过我，但不善于裁夺事理。"

【原文】

子谓子贡曰："女与回也孰愈[①]？"对曰："赐也何敢望回？回也闻一以知十，赐也闻一以知二。"子曰："弗如也，吾与女弗如也[②]。"

子谓子贡曰：女与回也孰愈？

【注解】

①愈：胜过，超过。②与：有两种解释：其一，同意、赞成；其二，和。此处取后一种说法。

【译文】

孔子对子贡说："你和颜回相比，哪个强一些？"子贡回答说："我怎么敢和颜回相比呢？颜回他听到一件事就可以推知十件事；我呢，听到一件事，只能推知两件事。"孔子说："赶不上他，我和你都赶不上他。"

【原文】

孟武伯问："子路仁乎？"子曰："不知也。"又问。子曰："由也，千乘之国，可使治其赋也，不知其仁也。”“求也何如？”子曰：“求也，千室之邑，百乘之家，可使为之宰也[①]，不知其仁也。”“赤也何如[②]？”子曰：“赤也，束带立于朝，可使与宾客言也，不知其仁也。”

【注解】

①宰：古代县、邑一级的行政长官。卿大夫的家臣也叫宰。②赤：公西赤，字子华，孔子的学生。

【译文】

孟武伯问：“子路算得上有仁德吗？”孔子说：“不知道。”孟武伯又问一遍。孔子说：“仲由呵，一个具备千辆兵车的大国，可以让他去负责军事。至于他有没有仁德，我就不知道了。”又问：“冉求怎么样？”孔子说：“求呢，一个千户规模的大邑，一个具备兵车百辆的大夫封地，可以让他当总管。至于他的仁德，我弄不清。”孟武伯继续问：“公西赤怎么样？”孔子说：“赤呀，穿上礼服，站在朝廷上，可以让他和宾客会谈。他仁不仁，我就不知道了。”

【原文】

宰予昼寝。子曰：“朽木不可雕也，粪土之墙不可杇也[①]。于予与何诛[②]！”子曰：“始吾于人也，听其言而信其行。今吾于人也，听其言而观其行。于予与改是。”

【注解】

①杇（wū）：同“圬”，指涂饰，粉刷。②与（yú）：语气词。诛：意为责备、批评。

【译文】

宰予在白天睡觉。孔子说：“腐朽了的木头不能雕刻，粪土一样的墙壁不能粉刷。对宰予这个人，不值得责备呀！”孔子又说：“以前，我对待别人，听了他的话便相信他的行为；现在，我对待别人，听了他的话还要观察他的行为。我是因宰予的表现而改变了对人的态度的。”

【原文】

子曰：“吾未见刚者。”或对曰：“申枨[①]。”子曰：“枨也欲，焉得刚？”

【注解】

①申枨（chéng）：孔子的学生，姓申，名枨，字周。

【译文】

孔子说：“我没有见过刚毅不屈的人。”有人回答说：“申枨是这样的人。”

孔子说："申枨啊，他的欲望太多，怎么能刚毅不屈？"

【原文】

子贡曰："我不欲人之加诸我也[①]，吾亦欲无加诸人。"子曰："赐也，非尔所及也。"

【注解】

① 加：有两种解释，一是施加，一是凌辱。今从前义。

【译文】

子贡说："我不愿别人把不合理的事加在我身上，我也不想把不合理的事加在别人身上。"孔子说："赐呀，这不是你可以做得到的。"

【原文】

子贡问曰："孔文子，何以谓之文也[①]？"子曰："敏而好学，不耻下问，是以谓之文也。"

【注解】

① 孔文子：卫国大夫，姓孔，名圉（yǔ），"文"是谥号。

【译文】

子贡问道："孔文子为什么谥他'文'的称号呢？"孔子说："他聪明勤勉，喜爱学习，不以向比自己地位低下的人请教为耻，所以谥他'文'的称号。"

【原文】

季文子三思而后行[①]，子闻之，曰："再，斯可矣。"

【注解】

① 季文子：鲁国的大夫，姓季孙，名行父，"文"是谥号。

【译文】

季文子办事，要反复考虑多次后才行动。孔子听到后，说："考虑两次就可以了。"

【原文】

子曰："巧言令色足恭，左丘明耻之[①]，丘亦耻之。匿怨而友其人，左丘明耻之，丘亦耻之。"

【注解】

①左丘明：鲁国史官，姓左丘，名明。一说姓左，名丘明。相传是《春秋左氏传》和《国语》的作者。

【译文】

孔子说："花言巧语，面貌伪善，过分恭敬，这种人，左丘明认为可耻，我也认为可耻。把仇恨暗藏于心，表面上却同人要好，这种人，左丘明认为可耻，我也认为可耻。"

子曰：巧言、令色、足恭，左丘明耻之，丘亦耻之。

【原文】

子曰："宁武子，邦有道则知①，邦无道则愚。其知可及也，其愚不可及也。"

【注解】

①宁武子：姓宁，名俞，谥号为"武"，卫国的大夫。

【译文】

孔子说："宁武子这个人，在国家政治清明时就聪明，当国家政治黑暗时就装糊涂。他的聪明是别人可以做得到的，他的装糊涂，别人是赶不上的。"

【原文】

子曰："伯夷、叔齐，不念旧恶①，怨是用希。"

【注解】

①伯夷、叔齐：孤竹君的两个儿子。父亲死后，互相让位，都逃到周文王那里。周武王起兵伐纣，他们以为这是以臣弑君，拦在马前劝阻。周灭商统一天下后，他们以吃周朝的粮食为耻，逃进山中以野草充饥，饿死在首阳山中。

【译文】

孔子说："伯夷、叔齐这两兄弟不记旧仇，因此别人对他们的怨恨很少。"

【原文】

子曰："十室之邑，必有忠信如丘者焉，不如丘之好学也。"

【译文】

孔子说:“就是在只有十户人家的小地方,一定有像我这样又忠心又守信的人,只是赶不上我这样好学罢了。”

雍也篇第六

【原文】

子曰:“雍也可使南面[①]。”

【注解】

① 南面:古时尊者的位置是坐北朝南,天子、诸侯、卿大夫等听政时皆面南而坐。此以“南面”代指卿大夫之位。

【译文】

孔子说:“冉雍这个人啊,可以让他去做一个部门或一个地方的长官。”

【原文】

哀公问:“弟子孰为好学?”孔子对曰:“有颜回者好学,不迁怒[①],不贰过[②]。不幸短命死矣[③]。今也则亡[④],未闻好学者也。”

【注解】

① 不迁怒:不把对此人的怒气发泄到彼人身上。② 不贰过:“贰”是重复、一再的意思。这是说不犯同样的错误。③ 短命死矣:颜回死时年仅三十一岁。④ 亡:同“无”。

【译文】

鲁哀公问:“你的学生中谁最爱好学习?”孔子回答说:“有个叫颜回的最爱学习。他从不迁怒于别人,也不犯同样的过错。只是他不幸短命死了。现在没有这样的人了,再也没听到谁爱好学习的了。”

【原文】

子曰:“回也,其心三月不违仁。其余则日月至焉而已矣。”

【译文】

孔子说:“颜回呀,他的心中长久地不离开仁德,其余的学生,只不过短时间能做到这点罢了。”

【原文】

谁能出不由户？何莫由斯道也。

子曰："贤哉回也！一箪食[①]，一瓢饮，在陋巷，人不堪其忧，回也不改其乐。贤哉回也！"

【注解】

① 箪（dān）：古代盛饭的竹器。

【译文】

孔子说："真是个大贤人啊，颜回！用一个竹筐盛饭，用一只瓢喝水，住在简陋的巷子里。别人都忍受不了那穷困的忧愁，颜回却能照样快活。真是个大贤人啊，颜回！"

【原文】

子谓子夏曰："女为君子儒，毋为小人儒。"

【译文】

孔子对子夏说："你要做个君子式的儒者，不要做小人式的儒者。"

【原文】

子曰："质胜文则野，文胜质则史。文质彬彬[①]，然后君子。"

【注解】

① 文质彬彬（bīn）：文质配合适当。

【译文】

孔子说："质朴多于文采就难免显得粗野，文采超过了质朴又难免流于虚浮，文采和质朴完美地结合在一起，这才能成为君子。"

【原文】

子曰："知之者，不如好之者。好之者，不如乐之者。"

【译文】

孔子说："（对于任何学问、知识、技艺等）知道它的人，不如爱好它的人；爱好它的人，又不如以它为乐的人。"

【原文】

子曰："中人以上，可以语上也[1]；中人以下，不可以语上也。"

【注解】

①语（yù）：告诉，讲说，谈论。

【译文】

孔子说："中等以上资质的人，可以给他讲授高深的学问；而中等以下资质的人，不可以给他讲授高深的学问。"

【原文】

子曰："知者乐水[1]，仁者乐山。知者动，仁者静。知者乐，仁者寿。"

【注解】

①乐（lè）：喜爱。

【译文】

孔子说："聪明的人乐于水，仁德的人乐于山。聪明的人爱好活动，仁德的人爱好沉静。聪明的人活得快乐，仁德的人长寿。"

述而篇第七

【原文】

子曰："述而不作，信而好古，窃比于我老彭[1]。"

【注解】

①比于我老彭：把自己比作老彭。我，表示亲近。老彭，商代的贤大夫彭祖。

【译文】

孔子说："阐述而不创作，相信并喜爱古代文化，我私下里把自己比作老彭。"

【原文】

子曰："默而识之[1]，学而不厌，诲人不倦，何有于我哉？"

【注解】

①识（zhì）：通"志"，记住。

【译文】

孔子说："把所见所闻默默地记在心上，努力学习而从不满足，教导别人而不知疲倦，这些事我做到了多少呢？"

子曰：默而识之，学而不厌，诲人不倦，何有于我哉。

【原文】

子曰："德之不修，学之不讲，闻义不能徙，不善不能改，是吾忧也。"

【译文】

孔子说："不去培养品德，不去讲习学问，听到义在那里却不能去追随，有缺点而不能改正，这些都是我所忧虑的。"

【原文】

子曰："志于道，据于德，依于仁，游于艺①。"

【注解】

①艺：指六艺，包括礼、乐、射、御、书、数。

【译文】

孔子说："以道为志向，以德为根据，以仁为依靠，而游憩于礼、乐、射、御、书、数六艺之中。"

【原文】

子曰："不愤不启①，不悱不发②。举一隅不以三隅反，则不复也。"

【注解】

①愤：思考问题时有疑难想不通。②悱（fěi）：想表达却说不出来。发：启发。

【译文】

孔子说："教导学生，不到他冥思苦想仍不得其解的时候，不去开导他；不到他想说却说不出来的时候，不去启发他。给他指出一个方面，如果他不能由此推知其他三个方面，就不再教他了。"

【原文】

子在齐闻《韶》①，三月不知肉味②。曰："不图为乐之至于斯也！"

【注解】

①《韶》：相传是大舜时的乐章。②三月：很长时间。“三”是虚数。

子在齐闻《韶》，三月不知肉味。

【译文】

孔子在齐国听到《韶》这种乐曲后，很长时间内即使吃肉也感觉不到肉的滋味，他感叹道：“没想到音乐欣赏竟然能达到这样的境界！”

【原文】

子曰：“饭疏食[①]，饮水，曲肱而枕之[②]，乐亦在其中矣。不义而富且贵，于我如浮云。”

【注解】

①饭：吃。名词用作动词。疏食：糙米饭。②肱（gōng）：胳膊。

【译文】

孔子说：“吃粗粮，喝清水，弯起胳膊当枕头，这其中也有着乐趣。而通过干不正当的事得来的富贵，对于我来说就像浮云一般。”

【原文】

子曰：“加我数年[①]，五十以学《易》[②]，可以无大过矣。”

【注解】

①加：这里通“假”字，给予的意思。②《易》：《易经》，又称《周易》，古代一部用以占筮（卜卦）的书，其中卦辞和爻辞是孔子以前的作品。

【译文】

孔子说：“给我增加几年的寿命，让我在五十岁的时候去学习《易经》，就可以没有大过错了。”

【原文】

子所雅言[①]，《诗》《书》、执礼，皆雅言也。

【注解】

①雅言：古代西周人的语言，即标准语，相当于今天的普通话。

【译文】

孔子有用雅言的时候，读《诗经》《尚书》和执行礼事，都用雅言。

【原文】

子曰："我非生而知之者，好古，敏以求之者也。"

【译文】

孔子说："我并不是生下来就有知识的人，而是喜好古代文化，勤奋敏捷去求取知识的人。"

【原文】

子不语怪、力、乱、神①。

【注解】

①怪：怪异之事。力：勇力。乱：叛乱。神：鬼神之事。

【译文】

孔子不谈论怪异、勇力、叛乱、鬼神。

【原文】

子曰："三人行①，必有我师焉。择其善者而从之②，其不善者而改之。"

【注解】

①行：行走。②善：优点。从：顺从，学习。

【译文】

孔子说："三个人同行，其中必定有人可以作为值得我学习的老师。我选取他的优点而学习，如发现他的缺点则引以为戒而加以改正。"

【原文】

子曰："二三子以我为隐乎？吾无隐乎尔！吾无行而不与二三子者，是丘也。"

【译文】

孔子说："你们大家以为我对你们有什么隐瞒不教的吗？我没有什么隐瞒不教你们的。我没有一点不向你们公开的，这就是我孔丘的为人。"

【原文】

子以四教：文，行[①]，忠，信。

【注解】

①行（xìng）：作名词用，指德行。

【译文】

孔子以四项内容来教导学生：文化知识、履行所学之道的行动、忠诚、守信。

【原文】

子钓而不纲[①]，弋不射宿[②]。

【注解】

①纲：动词，用大绳系住网，断流以捕鱼。②弋（yì）：用带生丝的箭来射鸟。宿：归巢歇宿的鸟。

【译文】

孔子只用鱼竿钓鱼，而不用大网来捕鱼；用带绳的箭射鸟，但不射归巢栖息的鸟。

【原文】

子曰："奢则不孙[①]，俭则固[②]。与其不孙也，宁固。"

【注解】

①孙（xùn）：同"逊"，恭顺。不孙，即为不逊，这里指"越礼"。②固：简陋、鄙陋，这里是寒酸的意思。

【译文】

孔子说："奢侈豪华就会显得不谦逊，省俭朴素则会显得寒碜。与其不谦逊，宁可寒碜。"

【原文】

子温而厉，威而不猛，恭而安。

【译文】

孔子温和而严厉，有威仪而不凶猛，谦恭而安详。

【原文】

子曰："君子坦荡荡，小人长戚戚。"

【译文】

孔子说："君子的心地开阔宽广，小人却总是心地局促，带着烦恼。"

泰伯篇第八

【原文】

子曰："泰伯[①]，其可谓至德也已矣。三以天下让，民无得而称焉。"

【注解】

①泰伯：又叫太伯，周朝祖先古公亶父的长子。古公有三个儿子：泰伯、仲雍、季历。季历的儿子就是姬昌（周文王）。传说古公预见到姬昌的圣德，想打破惯例把君位传给幼子季历。长子泰伯为使父亲愿望实现，便偕同仲雍出走他国，使季历和姬昌顺利即位，后来姬昌之子统一了天下。

【译文】

孔子说："泰伯，那可以说是道德最崇高的人了。他多次把社稷辞让给季历，人民简直都找不出恰当的词语来称颂他。"

【原文】

曾子有疾，召门弟子曰："启予足[①]，启予手，诗云：'战战兢兢，如临深渊，如履薄冰[②]。'而今而后，吾知免夫！小子！"

曾子有疾，召门弟子。

【注解】

①启：通"瞀"，看。②"战战兢兢"三句：见《诗经·小雅·小旻》。

【译文】

曾子生病，把他的弟子召集过来，说道："看看我的脚！看看我的手！《诗》上说：'战战兢兢，好像面临着深渊，好像走在薄薄的冰层上。'从今以后，我才知道自己可以免于祸害刑戮了！学生们！"

【原文】

曾子有疾，孟敬子问之[①]。曾子言曰："鸟之将死，其鸣也哀；人之将死，其言也善。君子所贵乎道者三：动容貌，斯远暴慢矣。正颜色，斯近信矣。

出辞气，斯远鄙倍矣[②]。笾豆之事[③]，则有司存[④]。”

【注解】

①孟敬子：鲁国大夫仲孙捷。②鄙倍：鄙陋，错误。倍，通“背”，背理，错误。③笾豆：祭礼中使用的器皿，笾是竹制的，豆是木制的。笾豆之事，在此代表礼仪中的一切具体细节。④有司：主管祭祀的官吏。

【译文】

曾子生病了，孟敬子去探问他。曾子说：“鸟将要死时，鸣叫声是悲哀的；人将要死时，说出的话是善意的。君子所应当注重的有三个方面：使自己的容貌庄重严肃，这样就可以避免别人的粗暴和怠慢；使自己面色端庄严正，这样就容易使人信服；讲究言辞和声气，这样就可以避免粗野和错误。至于礼仪中的细节，自有主管部门的官吏在那里。”

【原文】

曾子曰：“以能问于不能，以多问于寡，有若无，实若虚，犯而不校[①]。昔者吾友尝从事于斯矣[②]。”

【注解】

①校（jiào）：计较。②吾友：有人说指颜渊。

【译文】

曾子说：“有才能却向没有才能的人请教，知识广博却向知识少的人请教；有学问却像没学问一样，满腹知识却像空虚无所有；即使被冒犯，也不去计较。从前我的一位朋友就是这样做的。”

【原文】

曾子曰：“士不可以不弘毅[①]，任重而道远。仁以为己任，不亦重乎？死而后已，不亦远乎？”

【注解】

①弘毅：弘大刚毅。

曾子曰：士不可以不弘毅，任重而道远。

【译文】

曾子说：“士人不可以不弘大刚毅，因为他肩负的任务重大而路程遥远。把实现仁德作为自己的任务，难道不是重大吗？到死方才停止下来，难道不是遥远吗？”

【原文】

子曰："兴于诗①，立于礼②，成于乐③。"

【注解】

①兴：兴起，开始。②立：成立，建立。③成：完成。

【译文】

孔子说："从学习《诗》开始，把礼作为立身的根基，掌握音乐使所学得以完成。"

【原文】

子曰："笃信好学，守死善道，危邦不入，乱邦不居。天下有道则见①，无道则隐。邦有道，贫且贱焉，耻也；邦无道，富且贵焉，耻也。"

【注解】

①见（xiàn）：同"现"。

【译文】

孔子说："坚定地相信我们的道，努力学习它，誓死守卫保全它。不进入危险的国家，不居住在动乱的国家。天下有道，就出来从政；天下无道，就隐居不仕。国家有道，而自己贫穷鄙贱，是耻辱；国家无道，而自己富有显贵，也是耻辱。"

【原文】

子曰："不在其位，不谋其政。"

【译文】

孔子说："不在那个职位上，就不考虑它的政务。"

【原文】

子曰："大哉，尧之为君也！巍巍乎，唯天为大，唯尧则之①。荡荡乎，民无能名焉②。巍巍乎，其有成功也。焕乎，其有文章③。"

【注解】

①则：效法。②名：形容，称赞。③文章：指礼仪制度。

【译文】

孔子说："尧作为国家君主，真是伟大呀！崇高呀！唯有天最高最大，只有尧能效法于上天。他的恩惠真是广博呀！百姓简直不知道该怎样来称赞他。真是崇高啊，他创建的功绩，真是崇高呀！他制定的礼仪制度，真是灿烂美好呀！”

子罕篇第九

【原文】

子绝四：毋意[①]，毋必[②]，毋固[③]，毋我[④]。

【注解】

①意：通“臆”，主观地揣测。②必：绝对。③固：固执。④我：自以为是。

【译文】

孔子杜绝了四种毛病：不凭空臆测，不武断绝对，不固执拘泥，不自以为是。

【原文】

子畏于匡[①]，曰：“文王既没，文不在兹乎？天之将丧斯文也，后死者不得与于斯文也[②]；天之未丧斯文也，匡人其如予何[③]！”

【注解】

①子畏于匡：匡，地名，在今河南省长垣县西南。畏，受到威胁。公元前496年，孔子从卫国到陈国去经过匡地。匡人曾受到鲁国阳虎的掠夺和残杀。孔子的相貌与阳虎相像，匡人误以为孔子就是阳虎，所以将他围困。②与（yù）：参与。③如予何：奈我何，把我怎么样。

【译文】

孔子在匡地被拘围，他说：“周文王死后，文明礼乐不是保存在我这里吗？上天如果要消灭这种文明礼乐，那我这个后死之人也就不会掌握这种文明礼乐了；上天如果不想灭除这种文明礼乐，匡地的人能把我怎么样呢？”

【原文】

子曰：“凤鸟不至[①]，河不出图[②]，吾已矣夫！”

【注解】

①凤鸟：传说中的一种神鸟。凤鸟出现就预示天下太平。②河图：传说圣人受命，黄河就出现图画，即八卦图。《尚书·顾命》孔安国注：“河图，八卦。伏羲王天下，龙马出河，遂则其文以画八卦，谓之河图。”

【译文】

孔子说："凤凰不飞来了，黄河中没有出现图画，我这一生也就完了吧！"

【原文】

颜渊喟然叹曰[1]："仰之弥高[2]，钻之弥坚，瞻之在前，忽焉在后。夫子循循然善诱人[3]，博我以文，约我以礼，欲罢不能。既竭吾才，如有所立卓尔[4]。虽欲从之，末由也已[5]。"

夫子循循然善诱人。

【注解】

①喟（kuì）然：叹气的样子。②弥：更加，越发。③循循然：有步骤地。④卓尔：高高直立的样子。尔，相当于"然"。⑤末：无。

【译文】

颜渊感叹地说："我的老师啊，他的学问道德，抬头仰望，越望越觉得高；努力钻研，越钻研越觉得深。看着好像在前面，忽然又像在后面了。老师善于有步骤地引导我们，用各种文献来丰富我们的知识，用礼来约束我们的行为，我们想要停止学习都不可能。我已经用尽自己的才力，似乎有一个高高的东西立在我的前面。虽然我想要追随上去，却找不到可循的路径。"

【原文】

子贡曰："有美玉于斯，韫匮而藏诸[1]？求善贾而沽诸[2]？"子曰："沽之哉！沽之哉！我待贾者也！"

【注解】

①韫（yùn）匮（dú）：藏在柜子里。韫，藏。匮，木柜子。②贾（gǔ）：商人。贾又同"价"，价格。取后一义，善贾便成了"好价钱"。沽（gū）：卖。

【译文】

子贡说："这儿有一块美玉，是把它放在匣子里珍藏起来呢，还是找位识货的商人卖掉呢？"孔子说："卖掉它吧！卖掉它吧！我在等待识货的商人啊！"

【原文】

子欲居九夷[1]。或曰："陋，如之何？"子曰："君子居之，何陋之有？"

【注解】

①九夷：古代对东方少数民族的蔑称。

【译文】

孔子想到边远地区去居住。有人说："那地方非常鄙陋，怎么能居住呢？"孔子说："有君子住在那儿，怎么会鄙陋呢？"

【原文】

子在川上曰："逝者如斯夫！不舍昼夜。"

【译文】

孔子站在河边，说："消逝的时光就像这河水一样呀，日夜不停地流去。"

【原文】

子曰："吾未见好德如好色者也。"

【译文】

孔子说："我没有见过像好色那样好德的人。"

【原文】

子曰："譬如为山，未成一篑[①]，止，吾止也。譬如平地，虽覆一篑，进，吾往也。"

【注解】

①篑（kuì）：盛土的筐子。

【译文】

孔子说："好比堆土成山，只差一筐土就完成了，这时停下来，是我自己要停下来的。又好比平整土地，虽然只倒下一筐土，如果决心继续，还是要自己去干的。"

【原文】

子曰："苗而不秀者有矣夫[①]！秀而不实者有矣夫[②]！"

【注解】

①苗：庄稼出苗。秀：吐穗开花。②实：结果实。

【译文】

孔子说："有只长苗而不开花的吧！有开了花却不结果实的吧！"

【原文】

子曰："后生可畏，焉知来者之不如今也？四十、五十而无闻焉，斯亦不足畏也已。"

后生可畏。

【译文】

孔子说："年轻人是可敬畏的，怎么知道他们将来赶不上现在的人呢？一个人如果到了四五十岁的时候还没有什么名望，这样的人也就不值得敬畏了。"

【原文】

子曰："三军可夺帅也[①]，匹夫不可夺志也[②]。"

【注解】

① 三军：古代大国三军，每军一万二千五百人。② 匹夫：男子汉，泛指普通老百姓。

【译文】

孔子说："一国的军队，可以强行使它丧失主帅；一个男子汉，却不可能强行夺去他的志向。"

【原文】

子曰："岁寒，然后知松柏之后凋也[①]。"

【注解】

① 凋：凋零。

【译文】

孔子说："寒冷的季节到了，才知道松柏的叶子是最后凋零的。"

【原文】

子曰："知者不惑，仁者不忧，勇者不惧。"

【译文】

孔子说："聪明的人不疑惑，仁德的人不忧愁，勇敢的人不畏惧。"

乡党篇第十

【原文】

孔子于乡党[1]，恂恂如也[2]，似不能言者。其在宗庙朝廷，便便言[3]，唯谨尔。

【注解】

① 乡党：古代地方组织的名称。五百家为党，一万二千五百家为乡。② 恂（xún）恂：恭顺貌。如：相当于“然”。③ 便（pián）便：明白畅达。

【译文】

孔子在本乡的地方上，非常恭顺，好像不太会说话的样子。他在宗庙和朝廷里，说话明白而流畅，只是说得很谨慎。

【原文】

君子不以绀緅饰[1]，红紫不以为亵服[2]。当暑，袗絺绤[3]，必表而出之。缁衣[4]羔裘[5]，素衣麑裘[6]；黄衣狐裘。亵裘长，短右袂[7]。必有寝衣[8]，长一身有半。狐貉之厚以居[9]。去丧无所不佩。非帷裳[10]，必杀之[11]。羔裘玄冠不以吊[12]。吉月[13]，必朝服而朝。

【注解】

① 绀（gàn）：深青带红（天青色）。緅（zōu）：黑中带红。饰：镶边。② 亵（xiè）服：平时在家里穿的便服。③ 袗（zhěn）絺（chī）绤（xì）：袗，单衣。絺，细葛布。绤，粗葛布。这里是说，穿粗的或细的葛布单衣。④ 缁（zī）：黑色。⑤ 羔裘：羔羊皮袍。古人穿皮袍，毛向外，因此外面要用罩衣。古代的羔裘都是黑色的羊毛，因此要配上黑色罩衣，就是缁衣。⑥ 麑（ní）：小鹿，白色。⑦ 袂（mèi）：衣袖。⑧ 寝衣：被。古代大被叫衾（qīn），小被叫被。⑨ 居：今字作“踞”。古人席地而坐，即蹲着坐。⑩ 帷裳：礼服，上朝或祭礼时穿，用整幅的布不加裁剪而成，上窄下宽，多余的布做成褶。⑪ 杀（shài）：减少，裁去。⑫ 玄冠：一种黑色礼帽。羔裘玄冠都是黑色的，古代用作吉服，故不能穿去吊丧。⑬ 吉月：每月初一。

【译文】

君子不用青中透红或黑中透红的布做镶边，红色和紫色不用来做平常家居的便服。暑天，穿细葛布或粗葛布做的单衣，一定是套在外面。黑色的衣配羔羊皮袍，白色的衣配小鹿皮袍，黄色的衣配狐皮袍。居家穿的皮袄比较长，可是右边的袖子要短一些。睡觉一定要有小被，长度是人身长的一倍半。用厚厚的狐貉皮做坐垫。服丧期满之后，任何饰物都可以佩带。不是上朝和祭祀时穿的礼服，一定要经过裁剪。羊羔皮袍和黑色礼帽都不能穿戴着去吊丧。每月初一，一定要穿着上朝的礼服去朝贺。

【原文】

食不厌精，脍不厌细[①]。食饐而餲[②]，鱼馁而肉败[③]，不食。色恶，不食。臭恶[④]，不食。失饪[⑤]，不食。不时，不食。割不正，不食。不得其酱，不食。肉虽多，不使胜食气[⑥]。唯酒无量，不及乱。沽酒市脯[⑦]，不食。不撤姜食，不多食。

食不厌精，脍不厌细。

【注解】

①脍（kuài）：切过的鱼或肉。②饐（yì）：食物经久发臭。餲（ài）：食物经久变味。③馁（něi）：鱼腐烂。败：肉腐烂。④臭：气味。⑤饪（rèn）：煮熟。⑥食气（xì）：饭料，即主食。气，同“饩”。⑦脯（fǔ）：肉干。

【译文】

粮食不嫌舂得精，鱼和肉不嫌切得细。粮食腐败发臭，鱼和肉腐烂，都不吃。食物颜色难看，不吃。气味难闻，不吃。烹调不当，不吃。不到该吃饭时，不吃。切割方式不得当的食物，不吃。没有一定的酱醋调料，不吃。席上的肉虽多，吃它不超过主食。只有酒不限量，但不能喝到神志昏乱的地步。从市上买来的酒和肉干，不吃。吃完了，姜不撤除，但吃得不多。

【原文】

食不语，寝不言。

【译文】

吃饭的时候不谈话，睡觉的时候不言语。

【原文】

席不正[①]，不坐。

【注解】

①席：古代没有椅子和凳子，在地面上铺席子，坐在席子上。

【译文】

坐席摆放得不端正。

【原文】

厩焚。子退朝，曰："伤人乎？"不问马。

【译文】

马厩失火了。孔子退朝回来，说："伤到人了吗？"没问马怎么样了。

【原文】

入太庙，每事问。

【译文】

孔子进入太庙中，每件事都问。

【原文】

寝不尸，居不容①。

【注解】

①居：家居。容：容仪。

【译文】

孔子睡觉时不像死尸一样直躺着，在家里并不讲究仪容。

先进篇第十一

【原文】

德行：颜渊，闵子骞，冉伯牛，仲弓。言语：宰我，子贡。政事：冉有，季路。文学①：子游，子夏。

【注解】

①文学：文献知识，即文学、历史、哲学等方面的文献知识。这里文学的含义与今相异。

【译文】

（孔子的弟子各有所长）德行好的有：颜渊，闵子骞，冉伯牛，仲弓。娴于辞令的有：宰我，子贡。能办理政事的有：冉有，季路。熟悉古代文献的有：子游，子夏。

【原文】

季康子问：弟子孰为好学？

季康子问：“弟子孰为好学？”孔子对曰：“有颜回者好学，不幸短命死矣，今也则亡。”

【译文】

季康子问：“你的学生中哪个好学用功呢？”孔子回答说：“有个叫颜回的学生好学用功，不幸短命早逝了，现在没有这样的人了。”

【原文】

颜渊死，颜路请子之车以为之椁[①]。子曰：“才不才，亦各言其子也。鲤也死[②]，有棺而无椁。吾不徒行以为之椁[③]。以吾从大夫之后[④]，不可徒行也。”

【注解】

①颜路：颜渊的父亲，也是孔子的学生，名无繇（yóu），字路。椁（guǒ）：古代棺材有的有两层，内层叫棺，外层叫椁。②鲤：孔鲤，字伯鱼，孔子的儿子。③徒行：步行。④从大夫之后：跟随在大夫行列之后。孔子曾经做过鲁国的司寇，属于大夫的地位，不过此时已去位多年。

【译文】

颜渊死了，他的父亲颜路请求孔子把车卖了给颜渊做一个外椁。孔子说：“不管有才能还是没才能，说来也都是各自的儿子。孔鲤死了，也只有棺，没有椁。我不能卖掉车子步行来给他置办椁。因为我曾经做过大夫，是不可以徒步出行的。”

【原文】

颜渊死，子曰：“噫！天丧予！天丧予！”

【译文】

颜渊死了，孔子说：“唉！上天是要我的命呀！上天是要我的命呀！”

【原文】

季路问事鬼神，子曰：“未能事人，焉能事鬼？”曰：“敢问死[①]。”曰：“未知生，焉知死？”

【注解】

①敢：冒昧之词，用于表敬。

【译文】

季路问服侍鬼神的方法。孔子说："人还不能服侍，怎么能去服侍鬼神呢？"季路又说："敢问死是怎么回事。"孔子说："对生都知道得不清楚，哪里能知道死呢？"

【原文】

闵子侍侧，訚訚如也；子路，行行如也[①]；冉有、子贡，侃侃如也。子乐。"若由也，不得其死然[②]。"

【注解】

①行（hàng）行：刚强貌。②然：用法如"焉"，可以译为"呢"。

【译文】

闵子骞侍立在孔子身边，样子正直而恭敬；子路是很刚强的样子；冉有、子贡的样子温和快乐。孔子很高兴。但他说："像仲由这样，恐怕得不到善终。"

【原文】

子贡问："师与商也孰贤？"子曰："师也过，商也不及。"曰："然则师愈与？"子曰："过犹不及。"

【译文】

子贡问道："颛孙师（即子张）与卜商（即子夏）谁更优秀？"孔子说："颛孙师有些过分，卜商有些赶不上。"子贡说："这么说颛孙师更强一些吗？"孔子说："过分与赶不上同样不好。"

【原文】

子张问善人之道，子曰："不践迹[①]，亦不入于室[②]。"

【注解】

①践迹：踩着前人的脚印走，即沿着老路走。②入于室：比喻学问和修养达到了精深地步。

【译文】

子张问成为善人的途径，孔子说："不踩着前人的脚印，做学问也到不了家。"

【原文】

子路、曾皙、冉有、公西华侍坐[①]。子曰："以吾一日长乎尔[②]，毋吾以也。居则曰[③]：'不吾知也！'如或知尔，则何以哉？"

子路率尔而对曰[4]：“千乘之国，摄乎大国之间[5]，加之以师旅，因之以饥馑[6]，由也为之，比及三年[7]，可使有勇，且知方也[8]。”夫子哂之[9]。

“求，尔何如？”对曰：“方六七十，如五六十[10]，求也为之，比及三年，可使足民。如其礼乐，以俟君子。”

子路、曾晳、冉有、公西华侍坐。

“赤，尔何如？”对曰：“非曰能之，愿学焉。宗庙之事，如会同，端章甫[11]，愿为小相焉[12]。”

“点，尔何如？”鼓瑟希[13]，铿尔，舍瑟而作[14]，对曰：“异乎三子者之撰[15]。”子曰：“何伤乎？亦各言其志也。”曰：“莫春者[16]，春服既成，冠者五六人，童子六七人，浴乎沂[17]，风乎舞雩[18]，咏而归。”夫子喟然叹曰[19]：“吾与点也[20]！”

三子者出，曾晳后。曾晳曰：“夫三子者之言何如？”子曰：“亦各言其志也已矣。”曰：“夫子何哂由也？”曰：“为国以礼，其言不让，是故哂之。”“唯求则非邦也与[21]？”“安见方六七十如五六十而非邦也者？”“唯赤则非邦也与？”“宗庙会同，非诸侯而何？赤也为之小[22]，孰能为之大？”

【注解】

①曾晳：名点，字子晳，曾参的父亲，也是孔子的学生。②以：认为。尔：你们。③居：平日。④率尔：轻率，急切。⑤摄：迫近。⑥因：仍，继。饥馑（jǐn）：饥荒。⑦比及：等到。⑧方：方向，指道义。⑨哂（shěn）：讥讽的微笑。⑩如：或者。⑪端：玄端，古代礼服的名称。章甫：古代礼帽的名称。⑫相（xiàng）：傧相，祭祀和会盟时主持赞礼和司仪的官。相有卿、大夫、士三级，小相是最低的士一级。⑬希：同“稀”，指弹瑟的速度放慢，节奏逐渐稀疏。⑭作：站起来。⑮异乎：不同于。撰：具，述。⑯莫（mù）春：夏历三月。莫，同“暮”。⑰沂（yí）：水名，发源于山东南部，流经江苏北部入海。⑱风：迎风纳凉。舞雩（yú）：地名，原是祭天求雨的地方，在今山东曲阜。⑲喟（kuì）然：长叹的样子。⑳与：赞许，同意。㉑唯：语首词，没有什么意义。㉒之：相当于“其”。

【译文】

子路、曾晳、冉有、公西华四人陪同孔子坐着。孔子说：“我比你们年龄都大，你们不要因为我在这里就不敢尽情说话。你们平时总爱说没有人了解自己。如果有人了解你们，那你们怎么办呢？”

子路轻率而急切地回答说：“如果有一个千乘之国，夹在几个大国之间，外面有军队侵犯它，国内又连年灾荒，我去治理它，只要三年，就可以使那里人人有勇气、个个懂道义。”孔子听后讥讽地笑了一笑。

又问：“冉求，你怎么样？”回答说：“方圆六七十里或五六十里的小国家，我去治理它，等到三年，可以使人民富足。至于礼乐方面，只有等待贤人君子来施行了。”

孔子又问：“公西赤，你怎么样？”回答说：“不敢说我有能力，只是愿意学习罢了。宗庙祭祀或者同外国盟会，我愿意穿着礼服，戴着礼帽，做一个小傧相。”

孔子接着问：“曾点！你怎么样？”他弹瑟的节奏逐渐稀疏，“铿”的一声放下瑟站起来，回答道：“我和他们三位所说的不一样。”孔子说：“那有什么妨碍呢？也不过是各人谈谈志愿罢了。”曾皙说：“暮春三月的时候，春天的衣服都穿在身上了，我和五六位成年人，还有六七个儿童一起，在沂水岸边洗洗澡，在舞雩台上吹风纳凉，唱着歌儿走回来。”孔子长叹一声说：“我赞赏你的主张。”

子路、冉有、公西华三个人都出来了，曾皙后走。他问孔子：“他们三位同学的话怎么样？”孔子说：“也不过各人谈谈自己的志愿罢了。”曾皙说：“您为什么讥笑仲由呢？”孔子说：“治理国家应该注意礼仪，他的话一点也不谦逊，所以笑他。”曾皙又问：“难道冉求所讲的不是有关治理国家的事吗？”孔子说：“怎么见得方圆六七十里或五六十里的地方就算不上一个国家呢？”曾皙再问：“公西赤讲的就不是国家吗？”孔子说：“有宗庙、有国家之间的盟会，不是国家是什么？公西华只能做小傧相，谁能做大傧相呢？”

颜渊篇第十二

【原文】

颜渊问仁，子曰：“克己复礼为仁[①]。一日克己复礼，天下归仁焉。为仁由己，而由人乎哉？”

颜渊曰：“请问其目。”子曰：“非礼勿视，非礼勿听，非礼勿言，非礼勿动。”

颜渊曰：“回虽不敏，请事斯语矣。”

【注解】

①克己复礼：克制自己，使自己的行为归到礼的方面去，即合于礼。复礼，归于礼。

【译文】

颜渊问什么是仁。孔子说：“抑制自己，使言语和行动都走到礼上来，就是仁。一旦做到了这些，天下的人都会称许你有仁德。实行仁德是由自己，难道是靠别人？”

颜渊说："请问实行仁德的具体途径。"孔子说："不合礼的事不看，不合礼的事不听，不合礼的事不言，不合礼的事不动。"

颜渊说："我虽然不聪敏，请让我照这些话去做。"

【原文】

司马牛忧曰："人皆有兄弟，我独亡。"子夏曰："商闻之矣：'死生有命，富贵在天。'君子敬而无失，与人恭而有礼，四海之内皆兄弟也。君子何患乎无兄弟也？"

【译文】

司马牛忧愁地说："别人都有兄弟，唯独我没有。"子夏说："我听说过：'死生由命运决定，富贵在于上天的安排。'君子认真谨慎地做事，不出差错，对人恭敬而有礼貌，四海之内的人，就都是兄弟，君子何必担忧没有兄弟呢？"

【原文】

齐景公问政于孔子，孔子对曰："君君，臣臣，父父，子子。"公曰："善哉！信如君不君，臣不臣，父不父，子不子，虽有粟，吾得而食诸？"

君君，臣臣，父父，子子。

【译文】

齐景公向孔子询问政治。孔子回答说："国君要像国君，臣子要像臣子，父亲要像父亲，儿子要像儿子。"景公说："好哇！如果真的国君不像国君，臣子不像臣子，父亲不像父亲，儿子不像儿子，即使有粮食，我能够吃得着吗？"

【原文】

子曰："听讼，吾犹人也。必也使无讼乎！"

【译文】

孔子说："审理诉讼案件，我同别人一样。重要的是必须使诉讼的案件根本不发生！"

【原文】

子张问政，子曰："居之无倦，行之以忠。"

【译文】

子张问怎样治理政事，孔子说："居于官位不懈怠，执行君令要忠实。"

【原文】

子曰："君子成人之美，不成人之恶。小人反是。"

【译文】

孔子说："君子成全别人的好事，而不促成别人的坏事。小人则与此相反。"

子路篇第十三

【原文】

子路问政。子曰："先之，劳之。"请益，曰："无倦。"

【译文】

子路问为政之道。孔子说："自己先要身体力行带好头，然后让老百姓辛勤劳作。"子路请求多讲一些，孔子说："不要倦怠。"

子路问政。子曰：先之，劳之。请益。曰：无倦。

【原文】

子曰："诵《诗》三百，授之以政[①]，不达[②]；使于四方[③]，不能专对[④]；虽多，亦奚以为[⑤]？"

【注解】

①授：交给。②不达：办不好。③使：出使。④不能专对：不能随机应变，独立应对。古代使节出使，遇到问题要随机应变，独立地进行外事活动。⑤以：用。

【译文】

孔子说："熟读了《诗》三百篇，交给他政务，他却搞不懂；派他出使到四方各国，又不能独立应对外交。虽然读书多，又有什么用处呢？"

【原文】

子曰："其身正，不令而行；其身不正，虽令不从。"

【译文】

孔子说："（作为管理者）如果自身行为端正，不用发布命令，事情也能推行得通；如果本身不端正，就是发布了命令，百姓也不会听从。"

【原文】

子谓卫公子荆："善居室[①]。始有，曰：'苟合矣[②]。'少有，曰：'苟完矣。'富有，曰：'苟美矣。'"

【注解】

①善居室：善于治理家政，善于居家过日子。②合：足。

【译文】

孔子谈到卫国的公子荆，说："他善于治理家政。当他刚开始有财物时，便说：'差不多够了。'当稍微多起来时，就说：'将要足够了。'当财物到了富有时候，就说：'真是太完美了。'"

【原文】

子曰："善人为邦百年[①]，亦可以胜残去杀矣[②]。诚哉是言也！"

【注解】

①为邦：治国。②胜残：克服残暴。

【译文】

孔子说："善人治理国家一百年，也就能够克服残暴行为，消除虐杀现象了。这句话说得真对啊！"

【原文】

子曰："苟正其身矣，于从政乎何有？不能正其身，如正人何？"

【译文】

孔子说："如果端正了自己的言行，治理国家还有什么难的呢？如果不能端正自己，又怎么能去端正别人呢？"

【原文】

定公问："一言而可以兴邦，有诸？"孔子对曰："言不可以若是，其几也[①]，人之言曰：'为君难，为臣不易。'如知为君之难也，不几乎一言而兴邦乎？"曰："一言而丧邦，有诸？"孔子对曰："言不可以若是，其几也。人之言曰：'予无乐乎为君，唯其言而莫予违也。'如其善而莫之违也，不亦善乎？如不善而莫之违也，不几乎一言而丧邦乎？"

【注解】

①几（jī）：近。

【译文】

鲁定公问："一句话可以使国家兴盛，有这样的事吗？"孔子回答说："对语言不能有那么高的期望。有人说：'做国君难，做臣子也不容易。'如果知道了做国君的艰难，（自然会努力去做事）这不近于一句话而使国家兴盛吗？"定公说："一句话而丧失了国家，有这样的事吗？"孔子回答说："对语言的作用不能有那么高的期望。有人说：'我做国君没有感到什么快乐，唯一使我高兴的是我说的话没有人敢违抗。'如果说的话正确而没有人违抗，这不是很好吗？如果说的话不正确也没有人敢违抗，这不就近于一句话就使国家丧亡吗？"

【原文】

叶公问政，子曰："近者说①，远者来。"

【注解】

①说：同"悦"。

【译文】

叶公问怎样治理国家。孔子说："让近处的人快乐满意，使远处的人闻风归附。"

叶公问政。子曰：近者说，远者来。

【原文】

子夏为莒父宰①，问政，子曰："无欲速，无见小利。欲速则不达，见小利则大事不成。"

【注解】

①莒（jǔ）父：鲁国的一个城邑，在今山东省莒县境内。

【译文】

子夏做了莒父地方的长官，问怎样治理政事。孔子说："不要急于求成，不要贪图小利。急于求成，反而达不到目的；贪小利则办不成大事。"

【原文】

子曰："君子和而不同①，小人同而不和。"

【注解】

①和：和谐，协调。同：人云亦云，盲目附和。

【译文】

孔子说："君子追求与人和谐而不是完全相同、盲目附和，小人追求与人相同、盲目附和而不能与人和谐。"

【原文】

子贡问曰："乡人皆好之，何如？"子曰："未可也。""乡人皆恶之，何如？"子曰："未可也。不如乡人之善者好之，其不善者恶之。"

【译文】

子贡问道："乡里人都喜欢他，这个人怎么样？"孔子说："还不行。""乡里人都厌恶他，这个人怎么样？"孔子说："还不行。最好是乡里的好人都喜欢他，乡里的坏人都厌恶他。"

【原文】

子曰："君子泰而不骄，小人骄而不泰。"

【译文】

孔子说："君子安详坦然而不骄矜凌人；小人骄矜凌人而不安详坦然。"

【原文】

子曰："刚、毅、木、讷，近仁。"

【译文】

孔子说："刚强、坚毅、质朴、慎言，具备了这四种品德的人便接近仁德了。"

宪问篇第十四

【原文】

子曰："邦有道，危言危行①；邦无道，危行言孙②。"

【注解】

①危：直，正直。②孙（xùn）：通“逊”。

【译文】

孔子说：“国家政治清明，言语正直，行为正直；国家政治黑暗，行为也要正直，但言语应谦逊谨慎。”

【原文】

子曰：“有德者必有言，有言者不必有德。仁者必有勇，勇者不必有仁。”

【译文】

孔子说：“有德的人一定有好的言论，但有好言论的人不一定有德。仁人一定勇敢，但勇敢的人不一定有仁德。”

【原文】

子曰：“爱之，能勿劳乎？忠焉①，能勿诲乎？”

【注解】

①焉：相当于“于是”，也相当于“于之”，但古代“于”和“之”一般不连用。

【译文】

孔子说：“爱他，能不以勤劳相劝勉吗？忠于他，能不以善言来教诲他吗？”

【原文】

子路曰：“桓公杀公子纠①，召忽死之，管仲不死。”曰：“未仁乎？”子曰：“桓公九合诸侯②，不以兵车，管仲之力也！如其仁③！如其仁！”

【注解】

①公子纠：齐桓公的哥哥。齐桓公曾与其争位，杀掉了他。②九合诸侯：指齐桓公多次召集诸侯盟会。③如：乃，就。

【译文】

子路说：“齐桓公杀了公子纠，召忽自杀以殉，但管仲却没有死。”接着又说：“管仲是不仁吧？”孔子说：“桓公多次召集各诸侯国盟会，不用武力，都是管仲出的力。这就是他的仁德！这就是他的仁德！”

【原文】

子贡曰：“管仲非仁者与？桓公杀公子纠，不能死，又相之。”子曰：“管仲相桓公，霸诸侯，一匡天下，民到于今受其赐。微管仲[①]，吾其被发左衽矣[②]。岂若匹夫匹妇之为谅也[③]，自经于沟渎而莫之知也[④]？”

【注解】

①微：如果没有。用于和既成事实相反的假设句的句首。②被：通“披”。衽（rèn）：衣襟。“披发左衽”是当时少数民族的打扮，这里指沦为夷狄。③谅：诚实。④自经：自缢。渎（dú）：小沟。

【译文】

子贡说：“管仲不是仁人吧？齐桓公杀了公子纠，他不能以死相殉，反又去辅佐齐桓公。”孔子说：“管仲辅佐齐桓公，称霸诸侯，匡正天下一切，人民到现在还受到他的好处。如果没有管仲，我们大概都会披散着头发，衣襟向左边开了。难道他要像普通男女那样守着小节小信，在山沟中上吊自杀而没有人知道吗？”

【原文】

子路问事君，子曰：“勿欺也，而犯之[①]。”

【注解】

①犯：冒犯。指当面直言规劝。

【译文】

子路问怎样服侍君主。孔子说：“不要欺骗他，但可以犯颜直谏。”

【原文】

子曰：“君子上达，小人下达[①]。”

【注解】

①上达、下达：有各种解释：一、上达于仁义，下达于财利；二、上达于道，下达于器（即农工商各业）；三、上达是日进乎高明，长进向上，下达是日究乎污下，沉沦向下。今从一义。

【译文】

孔子说：“君子向上去通达仁义，小人向下去通达财利。”

【原文】

子曰：“古之学者为己，今之学者为人。”

古之学者为己。

【译文】

孔子说："古代学者学习是为了充实提高自己，现在的学者学习是为了装饰给别人看。"

【原文】

子曰："君子耻其言而过其行[①]。"

【注解】

①而：用法同"之"。

【译文】

孔子说："君子把说得多做得少视为可耻。"

【原文】

子曰："君子道者三，我无能焉：仁者不忧，知者不惑，勇者不惧。"子贡曰："夫子自道也。"

【译文】

孔子说："君子所遵循的三个方面，我都没能做到：仁德的人不忧愁，智慧的人不迷惑，勇敢的人不惧怕。"子贡说道："这是老师对自己的描述。"

【原文】

子曰："不患人之不己知，患其不能也。"

【译文】

孔子说："不担心别人不知道自己，只担心自己没有能力。"

【原文】

子曰："骥不称其力[①]，称其德也。"

【注解】

①骥：千里马。

【译文】

孔子说："对于千里马不是称赞它

子曰：骥不称其力，称其德也。

的力气，而是要称赞它的品德。”

【原文】

或曰：“以德报怨，何如？”子曰：“何以报德？以直报怨，以德报德。”

【译文】

有人说：“用恩德来回报怨恨，怎么样？”孔子说：“那用什么来回报恩德呢？用正直来回报怨恨，用恩德来回报恩德。”

【原文】

子击磬于卫，有荷蒉而过孔氏之门者[①]，曰：“有心哉，击磬乎！”既而曰：“鄙哉，硁硁乎[②]！莫己知也，斯已而已矣[③]。深则厉，浅则揭[④]。”子曰：“果哉！末之难矣[⑤]。”

【注解】

①蒉（kuì）：土筐。②硁（kēng）硁：抑而不扬的击磬声。③斯已而已矣：就相信自己罢了。④深则厉，浅则揭：穿着衣服涉水叫厉，提起衣襟涉水叫揭。这两句是《诗经·卫风·匏有苦叶》中的诗句。这里用来比喻处世也要审时度势，知道深浅。⑤末：无。难：责问。

【译文】

孔子在卫国，一次正在击磬，有一个挑着草筐的人经过孔子门前，说：“这个磬击打得有深意啊！”过了一会儿又说：“真可鄙呀，磬声硁硁的，没有人知道自己，就自己作罢好了。水深就索性穿着衣服趟过去，水浅就撩起衣服走过去。”孔子说：“说得真果断啊！真这样的话，就没有什么难的了。”

卫灵公篇第十五

【原文】

卫灵公问陈于孔子[①]。孔子对曰：“俎豆之事[②]，则尝闻之矣。军旅之事，未之学也。”明日遂行。

【注解】

①陈：同“阵”，军队作战时，布列的阵势。②俎豆：古代盛肉食的器皿，用于祭祀，故意译为礼仪之事。

【译文】

卫灵公向孔子询问排兵布阵的方法。孔子回答说：“祭祀礼仪方面的事情，我听说过；用兵打仗的事，从来没有学过。”第二天就离开了卫国。

【原文】

在陈绝粮，从者病，莫能兴。子路愠见曰：“君子亦有穷乎？”子曰：“君子固穷，小人穷斯滥矣。”

【译文】

孔子在陈国断绝了粮食，跟从的人都饿病了，躺着不能起来。子路生气地来见孔子说：“君子也有困窘没有办法的时候吗？”孔子说：“君子在困窘时还能固守正道，小人一困窘就会胡作非为。”

【原文】

子曰：“无为而治者，其舜也与？夫何为哉[①]？恭己正南面而已矣。”

【注解】

①夫（fú）：他。

【译文】

孔子说：“无为而使天下得到治理的人，大概只有舜吧？他做了什么呢？他只是庄重端正地面向南地坐在王位上罢了。”

【原文】

子曰：“志士仁人，无求生以害仁，有杀身以成仁。”

【译文】

孔子说：“志士仁人，不会为了求生损害仁，却能牺牲生命去成就仁。”

【原文】

子贡问为仁，子曰：“工欲善其事，必先利其器。居是邦也，事其大夫之贤者，友其士之仁者。”

【译文】

子贡问怎样培养仁德，孔子说：“工匠要想做好工，必须先把器具打磨锋利。住在这个国家，就要侍奉大夫中的贤人，结交士中的仁人。”

【原文】

子曰：“人无远虑，必有近忧。”

【译文】

孔子说："人没有长远的考虑，一定会有眼前的忧患。"

【原文】

子曰："已矣乎！吾未见好德如好色者也。"

【译文】

孔子说："罢了罢了！我没见过喜欢美德如同喜欢美色一样的人。"

【原文】

子曰："不曰'如之何，如之何'者，吾末如之何也已矣[1]。"

【注解】

① 末：无。

【译文】

孔子说："不说'怎么办，怎么办'的人，我对他也不知道该怎么办了。"

【原文】

子曰："君子义以为质，礼以行之，孙以出之，信以成之。君子哉！"

【译文】

孔子说："君子把义作为本质，依照礼来实行，用谦逊的言语来表述，用诚信的态度来完成它。这样做才是君子啊！"

【原文】

子曰："君子求诸己，小人求诸人。"

【译文】

孔子说："君子要求自己，小人苛求别人。"

【原文】

子曰："君子矜而不争[1]，群而不党。"

君子求诸己，小人求诸人。

【注解】

①矜（jīn）：庄重的意思。

【译文】

孔子说："君子矜持庄重而不与人争执，合群而不与人勾结。"

【原文】

子曰："君子不以言举人，不以人废言。"

【译文】

孔子说："君子不因为一个人的言语（说得好）而推举他，也不因为一个人有缺点而废弃他好的言论。"

【原文】

子曰："巧言乱德。小不忍，则乱大谋。"

【译文】

孔子说："花言巧语会败坏道德。小事上不忍耐，就会扰乱了大的谋略。"

【原文】

子曰："众恶之，必察焉；众好之，必察焉。"

【译文】

孔子说："众人都厌恶他，一定要去考察；大家都喜爱他，也一定要去考察。"

【原文】

子曰："人能弘道，非道弘人。"

【译文】

孔子说："人能够把道发扬光大，不是道能把人发扬光大。"

【原文】

子曰："过而不改，是谓过矣。"

【译文】

孔子说："有了过错而不改正，这就真叫过错了。"

【原文】

子曰："当仁，不让于师。"

【译文】

孔子说："面临仁时，对老师也不必谦让。"

【原文】

子曰："有教无类。"

【译文】

孔子说："人人都教，没有高低贵贱的等级差别。"

有教无类。

【原文】

子曰："道不同，不相为谋[①]。"

【注解】

①为（wèi）：与，对。

【译文】

孔子说："志向主张不同，不在一起谋划共事。"

季氏篇第十六

【原文】

季氏将伐颛臾[①]。冉有、季路见于孔子[②]，曰："季氏将有事于颛臾。"孔子曰："求！无乃尔是过与[③]？夫颛臾，昔者先王以为东蒙主[④]，且在邦域之中矣，是社稷之臣也，何以伐为[⑤]？"冉有曰："夫子欲之，吾二臣者，皆不欲也。"孔子曰："求！周任有言曰[⑥]：'陈力就列，不能者止。'危而不持，颠而不扶，则将焉用彼相矣[⑦]？且尔言过矣。虎兕出于柙[⑧]，龟玉毁于椟中，是谁之过与？"

冉有曰："今夫颛臾，固而近于费[⑨]。今不取，后世必为子孙忧。"孔子曰："求！君子疾夫舍曰欲之而必为之辞。丘也闻有国有家者，不患寡而患不均，不患贫而患不安[10]。盖均无贫，和无寡，安无倾。夫如是，故远人不服，则修文德以来之。既来之，则安之。今由与求也，相夫子，远人不服，而不能来也；邦分崩离析，而不能守也；而谋动干戈于邦内。吾恐季孙之忧，不在颛臾，而在萧墙之内也[11]。”

【注解】

①颛（zhuān）臾（yú）：鲁国的附属国，在今山东省费县西。②见于：被接见。③无乃：岂不是。尔是过：责备你。“过”用作动词，表示责备。“是”用于颠倒动宾之间，无义。④东蒙主：东蒙，蒙山。主，主持祭祀的人。⑤为：用于句末的语气词。这里表诘问语气。⑥周任：人名，周代史官。⑦相（xiàng）：搀扶盲人的人叫相，这里是辅助的意思。⑧兕（sì）：雌性犀牛。⑨费：季氏的采邑。⑩不患寡而患不均，不患贫而患不安：当作“不患贫而患不均，不患寡而患不安”。据俞樾《群经平议》。⑪萧墙：照壁屏风，指宫廷之内。

【译文】

季氏准备攻打颛臾。冉有、子路去拜见孔子，说：“季氏准备对颛臾用兵了。”孔子说：“冉求！难道不是你的过错吗？颛臾，以前先王让它主持东蒙山的祭祀，而且它在鲁国的疆域之内，是国家的臣属，为什么要攻打它呢？”冉有说：“季孙大夫想去攻打，我们两人都不同意。”孔子说：“冉求！周任说过：‘根据自己的才力去担任职务，不能胜任的就辞职不干。’盲人遇到了危险不去扶持，跌倒了不去搀扶，那还用辅助的人干什么呢？而且你的话说错了。老虎、犀牛从笼子里跑出来，龟甲和美玉在匣子里被毁坏了，是谁的过错呢？”

冉有说：“现在颛臾，城墙坚固，而且离季氏的采邑费地很近。现在不攻占它，将来一定会成为子孙的祸患。”孔子说：“冉求！君子痛恨那些不说自己想那样做却一定要另找借口的人。我听说，对于诸侯和大夫，不怕贫穷而怕财富不均；不怕人口少而怕不安定。因为财富均衡就没有贫穷，和睦团结就不觉得人口少，境内安定就不会有倾覆的危险。像这样做，远方的人还不归服，那就再修仁义礼乐的政教来招致他们。他们来归服了，就让他们安心生活。现在，仲由和冉求你们辅佐季孙，远方的人不归服却又不能招致他们；国家分崩离析却不能保全守住；反而谋划在国内动用武力。我恐怕季孙的忧患不在颛臾，而在他自己的宫墙之内呢。”

【原文】

孔子曰：“天下有道，则礼乐征伐自天子出；天下无道，则礼乐征伐自诸侯出。自诸侯出，盖十世希不失矣[1]；自大夫出，五世希不失矣；陪臣执国命[2]，三世希不失矣。天下有道，则政不在大夫。天下有道，则庶人不议。”

【注解】

①希：少。②陪臣：大夫的家臣。

【译文】

孔子说："天下政治清明，制礼作乐以及出兵征伐的命令都由天子下达；天下政治昏乱，制礼作乐以及出兵征伐的命令都由诸侯下达。政令由诸侯下达，大概延续到十代就很少有不丧失的；政令由大夫下达，延续五代后就很少有不丧失的；大夫的家臣把持国家政权，延续到三代就很少有不丧失的。天下政治清明，国家的政权就不会掌握在大夫手中；天下政治清明，普通百姓就不会议论朝政了。"

【原文】

孔子曰："益者三友，损者三友。友直，友谅①，友多闻，益矣。友便辟②，友善柔，友便佞③，损矣。"

益者三友，友直，友谅，友多闻。

【注解】

①谅：诚信。②便（pián）辟：逢迎谄媚。③便（pián）佞：用花言巧语取悦于人。

【译文】

孔子说："有益的朋友有三种，有害的朋友有三种。同正直的人交友，同诚信的人交友，同见闻广博的人交友，是有益的。同逢迎谄媚的人交友，同表面柔顺而内心奸诈的人交友，同花言巧语的人交友，是有害的。"

【原文】

孔子曰："益者三乐，损者三乐。乐节礼乐，乐道人之善，乐多贤友，益矣。乐骄乐，乐佚游①，乐宴乐，损矣。"

【注解】

①佚：放荡。

【译文】

孔子说："有益的快乐有三种，有害的快乐有三种。以用礼乐调节自己为乐，以称道人的好处为乐，以有很多德才兼备的朋友为乐，是有益的。以骄纵享乐为乐，以放荡游乐为乐，以宴饮无度为乐，是有害的。"

【原文】

孔子曰："君子有三戒：少之时，血气未定，戒之在色；及其壮也，血气方刚，戒之在斗；及其老也，血气既衰，戒之在得[①]。"

【注解】

①得：贪得，包括名誉、地位、财货等。

【译文】

孔子说："君子有三件事应该警惕戒备：年少的时候，血气还没有发展稳定，要警戒迷恋女色；壮年的时候，血气正旺盛，要警戒争强好斗；到了老年的时候，血气已经衰弱，要警戒贪得无厌。"

【原文】

孔子曰："君子有三畏：畏天命，畏大人，畏圣人之言。小人不知天命而不畏也，狎大人，侮圣人之言。"

【译文】

孔子说："君子有三种敬畏：敬畏天命，敬畏王公大人，敬畏圣人的言论。小人不知道天命，所以不敬畏它，轻视王公大人，侮慢圣人的言论。"

【原文】

孔子曰："生而知之者，上也；学而知之者，次也；困而学之，又其次也；困而不学，民斯为下矣。"

【译文】

孔子说："生来就知道的，是上等；经过学习后才知道的，是次等；遇到困惑疑难才去学习的，是又次一等了；遇到困惑疑难仍不去学习的，这种老百姓就是下等的了。"

【原文】

孔子曰："君子有九思：视思明，听思聪，色思温，貌思恭，言思忠，事思敬，疑思问，忿思难[①]，见得思义。"

【注解】

①难（nàn）：后患。

【译文】

孔子说："君子有九种思考：看的时候要思考看明白了没，听的时候要思考听清楚了没，待人接物时，要想想脸色是否温和，样貌是否恭敬，说话时要想想是否忠实，做事时要想想是否严肃认真，有疑难时要想着询问，气愤发怒时要想想可能产生的后患，看见可得的要想想是否合于义。”

阳货篇第十七

【原文】

子曰：“性相近也，习相远也。”

【译文】

孔子说：“人们的本性是相近的，后天的习染使人们之间相差甚远了。”

【原文】

子之武城[①]，闻弦歌之声[②]。夫子莞尔而笑[③]，曰：“割鸡焉用牛刀？”子游对曰：“昔者偃也闻诸夫子曰：‘君子学道则爱人，小人学道则易使也。’”子曰：“二三子！偃之言是也。前言戏之耳。”

子之武城，闻弦歌之声。夫子莞尔而笑，曰：割鸡焉用牛刀？

【注解】

①武城：鲁国的一个小城，当时子游是武城宰。②弦歌：弦，指琴瑟。以琴瑟伴奏歌唱。③莞（wǎn）尔：微笑的样子。

【译文】

孔子到了武城，听到管弦和歌唱的声音。孔子微笑着说：“杀鸡何必用宰牛的刀呢？”子游回答说：“以前我听老师说过：‘君子学习了道就会爱人，老百姓学习了道就容易使唤。’”孔子说：“学生们，言偃的话是对的。我刚才说的话是同他开玩笑罢了。”

【原文】

子张问仁于孔子，孔子曰：“能行五者于天下，为仁矣。”“请问之。”曰：“恭，宽，信，敏，惠。恭则不侮，宽则得众，信则人任焉，敏则有功，惠则足以使人。”

【译文】

子张向孔子问仁。孔子说："能够在天下实行五种美德，就是仁了。"子张问："请问是哪五种？"孔子说："恭敬，宽厚，诚信，勤敏，慈惠。恭敬就不会招致侮辱，宽厚就会得到众人的拥护，诚信就会得到别人的任用，勤敏则会取得功绩，慈惠就能够使唤人。"

【原文】

佛肸召[①]，子欲往。子路曰："昔者由也闻诸夫子曰：'亲于其身为不善者，君子不入也。'佛肸以中牟畔[②]，子之往也，如之何？"子曰："然。有是言也。不曰坚乎，磨而不磷[③]？不曰白乎，涅而不缁[④]。吾岂匏瓜也哉？焉能系而不食？"

【注解】

①佛肸（xī）：晋国大夫赵简子的家臣，中牟邑宰。②中牟：春秋时晋邑。故址在今河北邢台和邯郸之间。③磷（lìn）：薄，损伤。④涅（niè）：黑土，黑色染料。这里作动词，用黑色染料染物。缁（zī）：黑色。

【译文】

佛肸召孔子，孔子打算前往。子路说："以前我从老师这里听过：'亲自行不善的人，君子是不会去的。'佛肸在中牟发动叛乱，您要去，这是怎么回事呢？"孔子说："是的，我有讲过这样的话。但不是说过坚硬的东西，磨也磨不损吗？不是说过洁白的东西，染也染不黑吗？我难道是只苦葫芦么，怎么能够悬挂在那里却不可食用呢？"

【原文】

子曰："小子何莫学夫诗[①]！诗，可以兴，可以观[②]，可以群，可以怨[③]；迩之事父，远之事君；多识于鸟兽草木之名。"

【注解】

①小子：指学生们。②观：观察力。③怨：讽刺。

【译文】

孔子说："学生们为什么没有人学诗呢？诗可以激发心志，可以提高观察力，可以培养群体观念，可以学得讽刺方法。近则可以用其中的道理来侍奉父母；远可以用来侍奉君主，还可以多认识鸟兽草木的名称。"

【原文】

子曰："礼云礼云，玉帛云乎哉？乐云乐云，钟鼓云乎哉？"

【译文】

孔子说："礼呀礼呀，仅仅说的是玉器和丝帛吗？乐呀乐呀，仅仅说的是钟鼓等乐器吗？"

【原文】

子曰："色厉而内荏[①]，譬诸小人，其犹穿窬之盗也与[②]！"

【注解】

①荏（rěn）：软弱。②窬（yú）：同"逾"，爬墙。

【译文】

孔子说："外表严厉而内心怯懦，用小人作比喻，大概像个挖洞爬墙的盗贼吧。"

【原文】

子曰："道听而途说，德之弃也。"

道听而途说，德之弃也。

【译文】

孔子说："把道路上听来的东西四处传说，是背弃道德的行为。"

【原文】

子曰："鄙夫可与事君也与哉？其未得之也，患得之[①]；既得之，患失之。苟患失之，无所不至矣。"

【注解】

①患得之：这里是"患不得之"的意思。这是当时楚地的俗语。

【译文】

孔子说："鄙夫，可以和他们一起侍奉君主吗？他们在未得到职位时，总是害怕得不到；得到职位以后，又唯恐失去。如果老是担心失去职位，就会没有什么事做不出来的。"

【原文】

子曰："巧言令色，鲜矣仁。"

【译文】

孔子说："花言巧语，伪装和善，这种人很少有仁德。"

【原文】

子曰："恶紫之夺朱也[①]，恶郑声之乱雅乐也[②]，恶利口之覆邦家者。"

【注解】

①恶（wù）：厌恶。紫之夺朱：朱是正色，紫是杂色。当时紫色代替朱色成为诸侯衣服的颜色。②雅乐：正统音乐。

【译文】

孔子说："憎恶紫色夺去红色的光彩和地位，憎恶郑国的乐曲淆乱典雅正统的乐曲，憎恶用巧言善辩颠覆国家的人。"

【原文】

子曰："饱食终日，无所用心，难矣哉！不有博弈者乎[①]，为之，犹贤乎已[②]。"

【注解】

①博弈：博，掷骰子。弈，古代围棋。②已：止，不动的意思。

【译文】

孔子说："整天吃得饱饱的，什么心思也不用，这就难办了呀！不是有掷骰子、下围棋之类的游戏吗？干干这些，也比什么都不干好些。"

【原文】

子路曰："君子尚勇乎？"子曰："君子义以为上。君子有勇而无义为乱，小人有勇而无义为盗。"

【译文】

子路说："君子崇尚勇敢吗？"孔子说："君子把义看作是最尊贵的。君子有勇无义就会作乱，小人有勇无义就会去做盗贼。"

【原文】

子曰："唯女子与小人为难养也，近之则不孙，远之则怨。"。

【译文】

孔子说："只有女子和小人是不容易相处的。亲近了，他们就会无礼；疏远了，他们就会怨恨。"

微子篇第十八

【原文】

微子去之[①]，箕子为之奴[②]，比干谏而死[③]。孔子曰："殷有三仁焉。"

【注解】

①微子：名启，商纣王的同母兄弟。微子出生时，他母亲还未被正式立为帝妻，纣是母亲立为帝妻后所生，故纣得以继承王位。②箕子：纣王的叔父。纣王暴虐无道，箕子曾向他进谏，纣王不听，箕子便假装发疯，被降为奴隶。③比干：也是纣王的叔父。他竭力劝谏纣王，被纣王剖心而死。

【译文】

微子离开了商纣王，箕子做了他的奴隶，比干强谏被杀。孔子说："殷朝有三位仁人！"

【原文】

楚狂接舆歌而过孔子曰[①]："凤兮！凤兮！何德之衰！往者不可谏，来者犹可追。已而已而！今之从政者殆而！"孔子下，欲与之言。趋而辟之，不得与之言。

楚狂接舆歌而过孔子。

【注解】

①接舆：楚国的隐士。一说他姓接名舆，一说因他接孔子之车而歌，所以称他接舆。

【译文】

楚国的狂人接舆唱着歌经过孔子的车子，说："凤凰啊，凤凰啊！为什么道德如此衰微，过去的已经不能挽回，未来的还来得及改正。算了吧，算了吧！现在那些从政的人危险呀！"孔子下车，想要同他说话。接舆快走几步避开了孔子，孔子没能同他交谈。

【原文】

长沮、桀溺耦而耕[①]，孔子过之，使子路问津焉[②]。长沮曰："夫执舆者为谁[③]？"子路曰："为孔丘。"曰："是鲁孔丘与？"曰："是也。"曰：

"是知津矣[④]。"问于桀溺，桀溺曰："子为谁？"曰："为仲由。"曰："是鲁孔丘之徒与？"对曰："然。"曰："滔滔者天下皆是也，而谁以易之[⑤]？且而与其从辟人之士也[⑥]，岂若从辟世之士哉？"耰而不辍[⑦]。子路行以告。夫子怃然曰[⑧]："鸟兽不可与同群，吾非斯人之徒与而谁与？天下有道，丘不与易也。"

【注解】

①长沮、桀溺：两位隐士，真实姓名和身世不详。耦而耕：两个人合力耕作。②津：渡口。③执舆：执辔（揽着缰绳）。本是子路的任务。因为子路下车去问渡口，暂时由孔子代替。④是知津矣：这话是认为孔子周游列国，应该熟悉道路。⑤谁以易之：与谁去改变它呢。以，与。⑥而：同"尔"，你，指子路。辟：通"避"。⑦耰（yōu）：播下种子后，用土覆盖上，再用耙将土弄平，使种子深入土里，鸟不能啄，这就叫耰。⑧怃（wǔ）然：失意的样子。

【译文】

长沮和桀溺并肩耕地，孔子从他们那里经过，让子路去打听渡口在哪儿。长沮说："那个驾车的人是谁？"子路说："是孔丘。"长沮又问："是鲁国的孔丘吗？"子路说："是的。"长沮说："他应该知道渡口在哪儿。"子路又向桀溺打听，桀溺说："你是谁？"子路说："我是仲由。"桀溺说："是鲁国孔丘的学生吗？"子路回答说："是的。"桀溺就说："普天之下到处都像滔滔洪水一样混乱，和谁去改变这种状况呢？况且你与其跟从逃避坏人的人，还不如跟从逃避污浊尘世的人呢。"说完，还是不停地用土覆盖播下去的种子。子路回来告诉了孔子。孔子怅然若失地说："人是不能和鸟兽合群共处的，我不和世人在一起又能和谁在一起呢？如果天下有道，我就不和你们一起来改变它了。"

【原文】

子路从而后，遇丈人，以杖荷蓧[①]。子路问曰："子见夫子乎？"丈人曰："四体不勤，五谷不分[②]，孰为夫子？"植其杖而芸[③]。子路拱而立。止子路宿，杀鸡为黍而食之，见其二子焉[④]。明日，子路行以告。

子路从而后，遇丈人。

子曰："隐者也。"使子路反见之，至，则行矣。子路曰："不仕无义。长幼之节，不可废也；君臣之义，如之何其废之？欲洁其身而乱大伦。君子之仕也，行其义也。道之不行，已知之矣。”

【注解】

①蓧（diào）：古代在田中除草的工具。②五谷：古书中有不同的说法，最普通的一种指稻、黍、稷、麦、菽。稻麦是主要粮食作物；黍是黄米；稷是粟，一说是高粱；菽是豆类作物。③芸：通“耘”。④见其二子：使其二子出来见客。

【译文】

子路跟随孔子落在后面，遇到一个老人，用手杖挑着除草用的工具。子路问道：“您看见我的老师了吗？”老人说：“四肢不劳动，五谷分不清。谁是你的老师呢？”说完，把手杖插在地上开始锄草。子路拱着手站在一边。老人便留子路到他家中住宿，杀鸡做饭给子路吃，还叫他的两个儿子出来相见。第二天，子路赶上了孔子，并把这事告诉了他。孔子说：“这是个隐士。”叫子路返回去再见他。子路到了那里，他已经出门了。子路说：“不出来做官是不义的。长幼之间的礼节，不可以废弃；君臣之间的道义，又怎么可以废弃呢？本想保持自身纯洁，却破坏了重大的伦理道德。君子出来做官，是为了实行君臣之义。至于我们的政治主张行不通，是早就知道的了。”

子张篇第十九

【原文】

子夏之门人问交于子张。子张曰：“子夏云何？”对曰：“子夏曰：‘可者与之[①]，其不可者拒之。’”子张曰：“异乎吾所闻：君子尊贤而容众，嘉善而矜不能。我之大贤与，于人何所不容？我之不贤与，人将拒我，如之何其拒人也？”

【注解】

①与：“可者与之”的“与”是相与、交往的意思，后两个“与”字是语气词。

【译文】

子夏的门人向子张请教怎样交朋友。子张说：“子夏说了什么呢？”子夏的学生回答说：“子夏说：‘可以交往的就和他交往，不可以交往的就拒绝他。’”子张说：“这和我所听到的不一样！君子尊敬贤人，也能够容纳众人，称赞好人，怜悯无能的人。如果我是个很贤明的人，对别人有什么不能容纳的呢？如果我不贤明，别人将会拒绝我，我怎么能去拒绝别人呢？”

【原文】

子夏曰："博学而笃志，切问而近思，仁在其中矣。"

【译文】

子夏说："广泛地学习并且笃守自己的志向，恳切地提问并且常常思考眼前的事，仁就在这中间了。"

【原文】

子夏曰："君子有三变：望之俨然①，即之也温②，听其言也厉。"

【注解】

①俨然：庄严的样子。②即：接近。

【译文】

子夏说："君子会使人感到有三种变化：远远望去庄严可畏，接近他时却温和可亲，听他说话则严厉不苟。"

【原文】

子夏曰："大德不逾闲，小德出入可也。"

【译文】

子夏说："大的道德节操上不能逾越界限，在小节上有些出入是可以的。"

大德不逾闲，小德出入可也。

【原文】

子夏曰："仕而优则学，学而优则仕。"

【译文】

子夏说："做官仍有余力就去学习，学习成绩优异就去做官。"

【原文】

子贡曰："君子之过也，如日月之食焉：过也，人皆见之；更也，人皆仰之。"

【译文】

子贡说："君子的过失，就像日食和月蚀一样：有过错时，人人都看得见；他改正了，人人都仰望他。"

【原文】

卫公孙朝问于子贡曰[①]："仲尼焉学[②]？"子贡曰："文武之道，未坠于地，在人。贤者识其大者[③]，不贤者识其小者，莫不有文武之道焉。夫子焉不学？而亦何常师之有？"

【注解】

①公孙朝：卫国大夫。当时鲁、郑、楚三国也都有公孙朝。所以指明卫公孙朝。②焉：何处，哪里。③识：通"志"。《汉书·刘歆传》引作"志"。

【译文】

卫国的公孙朝向子贡问道："仲尼的学问是从哪里学的？"子贡说："周文王和周武王之道，并没有失传，还留存在人间。贤能的人掌握了其中重要部分，不贤能的人只记住了细枝末节。周文王和周武王之道是无处不在的，老师从哪儿不能学呢？而且又何必有固定的老师呢？"

【原文】

叔孙武叔语大夫于朝曰[①]："子贡贤于仲尼。"子服景伯以告子贡[②]。子贡曰："譬之宫墙，赐之墙也及肩，窥见室家之好。夫子之墙数仞，不得其门而入，不见宗庙之美、百官之富[③]。得其门者或寡矣。夫子之云，不亦宜乎！"

【注解】

①叔孙武叔：鲁国大夫，名州仇，"武"是他的谥号。②子服景伯：名何，鲁国的大夫。③官：这里指房舍。

【译文】

叔孙武叔在朝廷上对大夫们说："子贡比仲尼更强些。"子服景伯把这话告诉了子贡。子贡说："就用围墙作比喻吧，我家围墙只有齐肩高，从墙外可以看到里面房屋的美好。我老师的围墙有几仞高，找不到大门走进去，就看不见里面宗庙的雄美、房屋的富丽。能够找到大门的人或许太少了。所以叔孙武叔先生那样说，不也是很自然的吗？"

尧曰篇第二十

【原文】

尧曰："咨[①]！尔舜！天之历数在尔躬，允执其中[②]。四海困穷，天禄永终。"舜亦以命禹。

帝尧授命与帝舜。

曰："予小子履敢用玄牡[③]，敢昭告于皇皇后帝：有罪不敢赦，帝臣不蔽，简在帝心[④]。朕躬有罪，无以万方。万方有罪，罪在朕躬。"

周有大赉[⑤]，善人是富。"虽有周亲，不如仁人。百姓有过，在予一人[⑥]。"

谨权量[⑦]，审法度[⑧]，修废官，四方之政行焉。兴灭国，继绝世，举逸民，天下之民归心焉。

所重民、食、丧、祭，宽则得众，信则民任焉[⑨]，敏则有功，公则说。

【注解】

①咨：即"啧"，感叹词，表示赞美。②允：诚信。③履：商汤的名。④简：有两种解释：一、阅，计算，引申为明白的意思；二、选择。⑤赉（lài）：赏赐。⑥"虽有"四句：是周武王伐纣之辞。周亲，至亲。⑦权：秤锤，指量轻重的标准。量：斗斛，指量容积的标准。⑧法度：量长度的标准。⑨信则民任焉：汉行经无此五字，有人说是衍文。

【译文】

尧说："啧啧！你舜啊！按照上天安排的次序，帝位要落到你身上了，你要真诚地执守中正之道。如果天下的百姓贫困穷苦，上天给你的禄位也就永远终止了。"舜也这样告诫禹。

商汤说："我小子履谨用黑色的公牛作为祭品，明白地禀告光明伟大的天帝：有罪的人我不敢擅自赦免。您的臣仆的罪过我也不敢掩盖隐瞒，这是您心中知道的。我本人如果有罪，不要牵连天下万方；天下万方有罪，罪责就在我一个人身上。"

周朝实行大封赏，使善人都富贵起来。周武王说："虽然有至亲，也不如有仁人。百姓有罪过，罪过都在我一人身上。"

谨慎地检验并审定度量衡，恢复废弃了的职官，天下四方的政令就会通行了。

复兴灭亡了的国家，承续已断绝的宗族，提拔被遗落的人才，天下的百姓就会诚心归服了。

所重视的是：民众，粮食，丧礼，祭祀。

宽厚就会得到众人的拥护，诚恳守信就会得到民众的信任，勤敏就能取得功绩，公正则大家心悦诚服。

【原文】

子张问于孔子曰："何如斯可以从政矣？"子曰："尊五美，屏四恶，斯可以从政矣。"子张曰："何谓五美？"子曰："君子惠而不费，劳而不怨，欲而不贪，泰而不骄①，威而不猛。"子张曰："何谓惠而不费？"子曰："因民之所利而利之，斯不亦惠而不费乎？择可劳而劳之，又谁怨？欲仁而得仁，又焉贪？君子无众寡，无小大，无敢慢，斯不亦泰而不骄乎？君子正其衣冠，尊其瞻视，俨然人望而畏之，斯不亦威而不猛乎？"子张曰："何谓四恶？"子曰："不教而杀谓之虐；不戒视成谓之暴；慢令致期谓之贼犹之与人也出纳之吝谓之有司②。"

【注解】

①泰：安宁。②犹之与人：犹之，同样的意思。与，给予。犹之与人，同样是给人。出纳：出和纳两个相反的意义连用，其中"纳"的意义虚化而只有"出"的意义。有司：古代管事者之称，职务卑微。

【译文】

子张向孔子问道："怎样才可以治理政事呢？"孔子说："推崇五种美德，摒弃四种恶政，这样就可以治理政事了。"子张说："什么是五种美德？"孔子说："君子使百姓得到好处却不破费，使百姓劳作却无怨言，有正当的欲望却不贪求，泰然自处却不骄傲，庄严有威仪而不凶猛。"子张说："怎样是使百姓得到好处却不破费呢？"孔子说："顺着百姓想要得到的利益就让他们能得到，这不就是使百姓得到好处却不破费吗？选择百姓可以劳作的时间去让他们劳作，谁又会有怨言呢？想要仁德而又得到了仁德，还贪求什么呢？无论人多人少，无论势力大小，君子都不怠慢，这不就是泰然自处却不骄傲吗？君子衣冠整洁，目不斜视，态度庄重，庄严的威仪让人望而生敬畏之情，这不就是庄严有威仪而不凶猛吗？"子张说："什么是四种恶政？"孔子说："不进行教化就杀戮叫作虐，不加申诫便强求别人做出成绩叫作暴，起先懈怠而又突然限期完成叫作贼，好比给人财物，出手吝啬叫作小家子气的官吏。"

【原文】

子曰："不知命，无以为君子也①；不知礼，无以立也；不知言②，无以

子曰：尊五美，屏四恶，斯可以从政矣。

知人也。”

【注解】

① 无以：“无所以”的省略。② 知言：善于分析别人的言语，辨别其是非善恶。

【译文】

孔子说：“不懂得天命，就没有可能成为君子；不懂得礼，就没有办法立身处世；不知道分辨别人的言语，便不能了解别人。”

孟子

孟子

《孟子》一书虽然只有7篇34000余字。但是对中国社会、中国人有着极其深远的影响，而且早已是世界文化遗产的一部分。孟子不仅在哲学论理上发展了孔子的思想，而且建立了以“民本”为基础的政治思想体系——“仁政”学说。

《孟子》

作者 孟子及其弟子

孟子三岁丧父，母亲十分注重他的教育，“孟母三迁”“三断机杼”都成了中国人教子的成语典故。孟子成为孔子之后影响最大的一代大儒，被后世称为“亚圣”。

时代 战国

伴随着私田制和铁器的广泛运用，社会新兴阶层的崛起，战国时期的中国从政治、经济、文化、科技上迎来变革的高峰，各国为了获取土地、财富、人口，不断开展兼并战争；辩士纵横捭阖，宿将战场争锋，杰出人物大量涌现。战国承春秋乱世，启帝秦发端，中续百家争鸣的文化潮流。孟子生活的战国时代，大国都致力于富国强兵，孟子的仁政学说被认为是迂远而不切实际的事情。

内容

《孟子》一书记述了孟子所从事的政治活动，阐发了他把孔子“仁”的思想发展成的“仁政”学说，并建立了以“性善论”为理论基础的养性、养气、养心的哲学论理。特别是他提出的“民为贵君为轻”的政治思想，像一把炬火，两千多年来在历史中闪耀着光辉。

梁惠王章句

【原文】

孟子见梁惠王[①]。王曰：“叟[②]，不远千里而来，亦将有以利吾国乎？”孟子对曰：“王，何必曰利？亦有仁义而已矣[③]。

“王曰：‘何以利吾国？’大夫曰[④]：‘何以利吾家？’士庶人曰[⑤]：‘何以利吾身？’上下交征利[⑥]，而国危矣！

“万乘之国[⑦]，弑其君者[⑧]必千乘之家[⑨]；千乘之国，弑其君者必百乘之家。万取千焉，千取百焉，不为不多矣。苟为后义而先利[⑩]，不夺不餍[⑪]。

“未有仁而遗其亲者也，未有义而后其君者也。王亦曰仁义而已矣，何必曰利？”

【注解】

① 子：对人的一种尊称，和现在称“先生”差不多。梁惠王：即魏惠王，名罃（yīng），公元前（下面一律简称前）370年即位，前334年死。魏与韩、赵三家春秋时本是晋国的大夫，后来逐渐吞灭晋国其他世族，三分晋国，到前403年，东周威烈王正式承认他们为诸侯，史书多是把这一年作为战国时代的开始。魏惠王因避秦兵威胁，从安邑（今山西安邑）迁都大梁（今河南开封），所以魏国又称梁国。王本是天子的称号，但随着周室衰微，战国时，魏、齐、秦、韩、赵、燕、楚也都称王。② 叟（sǒu）：年老的男人，这里是对长老的尊称。③ 仁义：仁，爱，重在思想；义，宜（指应做的事），重在行为。④ 大夫：周代官制分卿、大夫、士三个等级。⑤ 庶人：古时候称小官吏为庶人。⑥ 上下：指从王到庶人。交：互相。征：取，求。⑦ 万乘（shèng）之国：古代兵车一辆称一乘，国家的大小强弱可以根据拥有兵车的数量来衡量。万乘之国，指能出兵车万乘的国家。⑧ 弑（shì）：古代臣杀君、子女杀父母叫弑。⑨ 千乘之家：古代卿大夫大都有一定的封邑，这种卿大夫统治的封邑称之为家。有封邑当然也有兵车。卿大夫的封邑大，可以出兵车千乘；卿大夫的封邑小，可以出兵车百乘。⑩ 苟为：如果真是。⑪ 不夺不餍：夺，篡夺；餍（yàn），满足。

孟子曰：未有义而后其君者也。王曰仁义而已矣，何必曰利？

【译文】

孟子谒见梁惠王。惠王说：“老先生，不远千里而来，也将有什么有利于我国吗？”孟子回答道：“大王何必讲利？有仁义也就够了。

“大王说，有什么有利于我国，大夫们说，有什么有利于我家，士和庶人们说，有什么有利于我自身，（这样）上下交相追逐私利，那么，国家就危险了。

“能出兵车万乘的国家，谋杀那个国家的君主的，必然是能出兵车千乘的卿大夫之家；能出兵车千乘的国家，谋杀那个国家的君主的，必然是能出兵车百乘的卿大夫之家。（卿大夫）在拥有万乘兵车的国家中获得兵车千乘，在拥有千乘兵车的国家中获得兵车百乘，不能说是不多了。假如真个是轻义而重私利，那就非闹到篡夺君位的地步是不能满足的。

“从来没有讲‘仁’的人会遗弃他的双亲的，从来没有讲‘义’的人而对他的君主有所怠慢的。大王您也只要讲仁义就够了，何必讲利呢？”

【原文】

庄暴见孟子[①]，曰："暴见于王，王语暴以好乐[②]，暴未有以对也。"曰："好乐何如？"

孟子曰："王之好乐甚，则齐国其庶几乎[③]？"

他日见于王曰："王尝语庄子以好乐[④]，有诸？"

王变乎色[⑤]，曰："寡人非能好先王之乐也，直好世俗之乐耳。"

曰："王之好乐甚，则齐其庶几乎！今之乐由古之乐也[⑥]。"

曰："可得闻与？"

曰："独乐乐[⑦]，与人乐乐，孰乐？"

曰："不若与人。"

曰："与少乐乐，与众乐乐，孰乐？"

曰："不若与众。"

"臣请为王言乐。今王鼓乐于此[⑧]，百姓闻王钟鼓之声，管籥之音[⑨]，举疾首蹙頞而相告曰[⑩]：'吾王之好鼓乐，夫何使我至于此极也？父子不相见，兄弟妻子离散。'今王田猎于此，百姓闻王车马之音，见羽旄之美[⑪]，举疾首蹙頞而相告曰：'吾王之好田猎，夫何使我至于此极也？父子不相见，兄弟妻子离散。'此无他，不与民同乐也。

"今王鼓乐于此，百姓闻王钟鼓之声，管籥之音，举欣欣然有喜色而相告曰：'吾王庶几无疾病与？何以能鼓乐也？'今王田猎于此，百姓闻王车马之音，见羽旄之美，举欣欣然有喜色而相告曰：'吾王庶几无疾病与？何以能田猎也？'此无他，与民同乐也。今王与百姓同乐，则王矣。"

【注解】

①庄暴：齐国的臣子。②乐（yuè）：音乐。③庶几："差不多"的意思，但只用于积极方面。④子：是古代对有学问、道德或爵位的人的尊称。⑤王变乎色：齐王变色是由于对自己的爱好不正当感到惭愧的缘故。⑥由：通"犹"。⑦独乐乐：前"乐"字读lè，是动词，爱好、欣赏的意思。后乐字读yuè，是名词，作音乐解。⑧鼓乐：奏乐。⑨管籥（yuè）：古代吹奏器，如今天笙箫之类乐器。⑩举：副词，都。疾首：头痛。蹙（cù）頞（è）：皱着鼻梁发愁的样子。頞，鼻梁。⑪羽旄（máo）：本指用鸟的五彩羽毛和旄牛的尾巴装饰的旗帜，这里作为仪仗的代称。

【译文】

庄暴见到孟子，说："齐王召见我庄暴，告诉我他喜欢音乐，我（一时）想不到用什么话来回答他。"（稍停一会儿）接着问孟子道："（一个做国君的人）喜欢音乐，究竟应不应该呢？"

孟子说："齐王要是非常喜欢音乐，那么齐国差不多就可以治理好了啊！"

后来有一天，孟子被齐宣王召见时，说："大王曾经告诉过庄暴您喜欢音乐，有这回事吗？"

齐宣王一听，（惭愧得）脸上都变了颜色，说："我并不是爱好先代帝王遗留下来的古乐，只不过是一些世俗流行的音乐罢了。"

孟子见齐王问曰：独乐乐，与人乐乐，孰乐？

孟子说："大王您要是非常喜欢音乐，那么，齐国就会治理得差不离了呢！时下流行的音乐和古代的音乐都一样嘛。"

齐宣王说："这个道理可以说给我听听吗？"

孟子（没有正面回答齐宣王，却反问）道："一个人单独享受听音乐的快乐，和跟别人一道享受听音乐的快乐，哪一种更快乐些呢？"

齐宣王说："当然跟别人一道听音乐更快乐。"

孟子（继续问）道："跟少数人一道享受听音乐的快乐和跟多数人享受听音乐的快乐，哪一种更快乐些呢？"

齐宣王说："当然跟多数人听音乐更快乐。"

孟子（紧接着）说："请让我为您陈述一下应该怎样来享受欣赏音乐的乐趣吧。假如现在大王在这里演奏音乐，老百姓一听到大王鸣钟击鼓的声音和箫管吹出的曲调，大家全都觉得头痛，皱着鼻梁互相诉苦道：'我们大王光顾自己爱好鼓乐，为何把我们弄到父子不能相见，兄弟、妻子和孩子流离失散这样困苦不堪的地步呢？'现在大王在这里打猎，老百姓听到大王车马的声音，看见华丽的仪仗，大家全都觉得头痛，皱着鼻梁互相诉苦道：'我们大王光顾自己打猎开心，为何把我们弄到父子不能相见，兄弟、妻子和孩子流离失散这样困苦不堪的地步呢？'这没有别的原因，只是由于不与老百姓一同娱乐的缘故。

"假如现在大王在这里奏乐，老百姓一听到您鸣钟击鼓的声音和箫管吹出的曲调，大家都喜形于色地奔走相告道：'我们大王大概没有什么疾病吧，（要不然）怎么能够奏乐呢？'现在您大王在这里打猎，老百姓一听到大王车马的声音，看见华丽的仪仗，大家都喜形于色地奔走相告道：'我们大王大概没有什么疾病吧，（要不然）怎么能打猎呢？'这没有别的原因，只是由于与老百姓一同娱乐的缘故。现在只要大王能跟老百姓一同娱乐，（就能够使人民归附于您），就可以使天下归服了。"

公孙丑章句

【原文】

（公孙丑曰：）“敢问夫子恶乎长？”

曰：“我知言，我善养吾浩然之气。”

（公孙丑曰：）“敢问何谓浩然之气？”

曰：“难言也。其为气也，至大至刚，以直养而无害，则塞于天地之间。其为气也，配义与道；无是，馁也。是集义所生者，非义袭而取之也。行有不慊于心[①]，则馁矣。我故曰告子未尝知义，以其外之也。必有事焉而勿正，心勿忘，勿助长也。无若宋人然。宋人有闵其苗之不长而揠之者[②]，芒芒然归，谓其人曰：‘今日病矣，予助苗长矣。’其子趋而往视之，苗则槁矣。天下之不助苗长者寡矣。以为无益而舍之者，不耘苗者也。助之长者，揠苗者也，非徒无益，而又害之。”

（公孙丑曰：）“何谓知言？”

曰：“诐辞知其所蔽[③]，淫辞知其所陷，邪辞知其所离，遁辞知其所穷。生于其心，害于其政；发于其政，害于其事。圣人复起，必从吾言矣。”

【注解】

①慊（qiè）：足。②闵：忧虑。揠（yà）：拔高。③诐（bì）：偏颇，不正。蔽：遮隔、壅蔽。

【译文】

公孙丑问道：“我大胆地请问您老师长于什么？”

孟子说：“我善于分析理解别人的言辞，我善于培养我的浩然之气。”

公孙丑又问道：“我再斗胆问一句，什么叫作浩然之气？”

孟子说：“这就难以说得明白了。它作为一种气，是最伟大、最刚劲的，如果用正义去培养而不伤害它的话，它就会充塞于天地之间，无所不在。它作为一种气，必须与‘义’和‘道’配合，否则，就要显得软弱乏力。这是由正义的经常积累所产生的，不是凭偶然的正义行为所取得的。只要你行为中有一件事自己心里感到欠缺时，那种气会变得软弱乏力。我所以说告子从来不懂得什么是义，就因为他把‘义’看心外之物（我们必须把‘义’看成心内之物）。一定要培养你的浩然之气，但不要有特定的目的，每时每刻都不要忘记养气的事，但也不要不按它成长的规律去帮助它成长。千万别像宋国人那样：宋国有个担心他的禾苗长不快而把苗拔高的人，拖着疲惫不堪的身子回到家中，对家里的人说：‘今天可是累坏了！我帮助禾苗长高了呢！’他的儿子赶快跑去一看，禾苗都干枯了。其实世上不帮助禾苗生长的人是很少。认为培养工作没有好处而抛弃它的，那就等于是不耘苗去草的懒汉；那些违背规律地去帮助它生长的人，就是拔苗助长的人——不但没有好处，而且还害了它。”

宋人有闵其苗之不长而揠之者。

公孙丑又接上去问道：“什么叫作知言呢？”

孟子说：“听了偏颇不正的话，我便知道说话的人所蕴蔽的地方；听了放荡的话，我便知道说话的人所陷溺的地方；听了邪僻的话，我便知道说话的人偏离正道的地方；听了躲躲闪闪的话，我便知道说话的人所理屈词穷的地方。这四种言辞由心里（思想上）产生出来，必然会在政治上产生危害；如果从政治方面体现了出来，便要妨害国家的各项具体工作。当今或后世即使有圣人再度出现，也必然会赞成我所说的这些话的。”

【原文】

（公孙丑曰：）“宰我、子贡善为说辞①，冉牛、闵子、颜渊善言德行②。孔子兼之，曰：‘我于辞命，则不能也。’然则夫子既圣矣乎？”

曰：“恶③！是何言也！昔者子贡问于孔子曰：‘夫子圣矣乎？’孔子曰：‘圣则吾不能，我学不厌而教不倦也。’子贡曰：‘学不厌，智也；教不倦，仁也。仁且智，夫子既圣矣。’夫圣，孔子不居。是何言也？”

“昔者窃闻之：子夏、子游、子张皆有圣人之一体④，冉牛、闵子、颜渊则具体而微⑤。敢问所安？”

曰：“姑舍是⑥。”

曰：“伯夷、伊尹何如⑦？”

曰：“不同道。非其君不事，非其民不使；治则进，乱则退，伯夷也。何事非君，何使非民；治亦进，乱亦进，伊尹也。可以仕则仕，可以止则止，可以久则久，可以速则速，孔子也。皆古圣人也，吾未能有行焉，乃所愿，则学孔子也。”

“伯夷、伊尹于孔子，若是班乎⑧？”

曰："否。自有生民以来，未有孔子也。"

曰"然则有同与？"

曰："有。得百里之地而君之，皆能以朝诸侯，有天下。行一不义、杀一不辜而得天下，皆不为也。是则同。"

曰："敢问其所以异？"

曰："宰我、子贡、有若⑨，智足以知圣人；污，不至阿其所好⑩。宰我曰：'以予观于夫子，贤于尧、舜远矣。'子贡曰：'见其礼而知其政，闻其乐而知其德，由百世之后，等百世之王，莫之能违也。自生民以来，未有夫子也。'有若曰：'岂惟民哉！麒麟之于走兽，凤凰之于飞鸟，泰山之于丘垤⑪，河海之于行潦⑫，类也。圣人之于民，亦类也。出于其类，拔乎其萃⑬。自生民以来，未有盛于孔子也。'"

【注解】

①宰我、子贡善为说辞：宰我，孔子弟子宰予。子贡，孔子弟子端木赐。说辞，言语。宰我、子贡是孔子言语科中的高足，《论语》中有"言语：宰我、子贡"这样的记述。②冉牛、闵子、颜渊善言德行：冉牛，孔子弟子冉耕，字伯牛；闵子，孔子弟子闵损，字子骞；颜渊，孔子弟子颜回，字子渊，三个人在孔子门下都是列在德行科。③恶：读 wū，叹词，表示惊讶不安的神情。④子夏、子游、子张皆有圣人之一体：子游，孔子弟子言偃。子张，孔子弟子颛（zhuān）孙师。有圣人之一体，是用比喻的说法，说上述三个弟子都只得了圣人四肢中的一个肢体。⑤具体而微：是说具备了圣人的全体（即四肢都具备了），但是还不广大。⑥姑舍是：姑，暂且；舍，放下，抛开。孟子是个很自负的人，曾经说过"当今之世，舍我其谁"的豪言壮语，所以对孔门这许多弟子，他都不放在眼里，但是又不便明说，只好用"姑舍是"一语搪塞过去。⑦伯夷、伊尹：伯夷，商朝末年孤竹君的大儿子，跟他弟弟叔齐因互让王位而出逃。周武王伐纣时，二人曾扣住马头劝谏，武王不听，于是一同隐居在首阳山，立志不吃周朝的粮食而活活地饿死了。伊尹，有莘的处士，辅佐商汤王出兵攻打夏桀。⑧班：齐，等。⑨有若：孔子弟子，鲁国人，比孔子小十三岁。⑩污：下，谓地位低下。⑪垤（dié）：蚂蚁堆土作的窝。⑫行潦（lǎo）：路上的积水。⑬萃（cuì）：聚集。这里指聚在一起的人或事物。

【译文】

公孙丑又问道："宰我、子贡长于言辞，冉牛、闵子和颜渊以德行见称；孔子则兼有他们的长处，但他还是说：'我对于说话，就并不擅长。'老师您（既善于分析别人的言辞，又善养浩然之气，）已经是圣人了么？"

孟子（不禁惊诧地）说："哎！你这是什么话呢？从前子贡向孔子问道：'老师您已经成了圣人吗？'孔子说：'圣人，我就还不能做到，我能做到的，不过是学习不感厌倦、教诲别人不知疲劳罢了。'子贡说：'学习不厌倦，这是智的表现；教诲别人不知疲劳，这是仁的表现。具备了仁和智这两种高尚的品德，老师您已经称得上是圣人了啊。'圣人，孔子都不敢当，你这是什么话呢？"

孟子谈到从前子贡向孔子提问的事情。

公孙丑又问道："从前我听说过，子夏、子游和子张，都学得了孔圣人一方面的特长，冉牛、闵子和颜渊大体上具备孔子的才德，但比不上他那样博大精深。请问老师，您在上面这些人中间与哪一个更接近呢？"

孟子说："暂且抛开这些不谈吧。"

公孙丑又问："伯夷和伊尹怎么样呢？"

孟子说："他们处世之道并不相同。不是他认可的君主不侍奉，不是他认可的人民不役使，天下太平就进到朝廷去做官，天下不太平便退而隐居在野，这是伯夷处世的态度。什么君主都可以侍奉，什么人民都可以役使，天下太平也做官，天下不太平也做官，这就是伊尹的处世态度。应该做官就做官，应该辞官就辞官，应该久干下去就久干下去，应该赶快离开就赶快离开，这就是孔子的处世态度。他们都是古代的圣人。我没能做到他们那样。至于我所希望的，便是要学习孔子。"

公孙丑又问："伯夷、伊尹对于孔子来说，是同等的吗？"

孟子答道："不。自有人类以来没有能比得上孔子的。"

公孙丑问："那么他们有相同的地方吗？"

孟子说："有。如果他们得到百里见方的土地而以他们为君王，他们都能使诸侯来朝，统一天下。要他们做一件不合道理的事，杀一个无辜的人，因而得到天下，他们都不会做的。这就是他们相同的地方。"

公孙丑问道："请问他们不同的地方在哪里呢？"

孟子说："宰我、子贡和有若，他们的智慧足以了解孔子，即使他们地位低下，也不至虚加赞扬他们喜爱的人。宰我说：'依我宰予对老师的看法，他比尧舜高明得多。'子贡说：'见到一个国家的礼制，就可以了解这个国家的政治；听了人家的音乐，便可以了解这个人的道德。哪怕从百世以后，用同等标准（办法）按次去评价百世以来的君王，没有一个能背离孔子之道的。自有人类以来，没有出过一个像孔子这样（伟大）的人。'有若说：'难道只有人民有高下之分么？麒麟对于走兽，凤凰对于飞鸟，泰山对于小土堆，河和海对于路上的积水，是同类；圣人对于人民，也是同类。孔子大大地超过了他的同类，在他的那一群中冒着尖儿。自有人类社会以来，没有比孔子还要伟大的。'"

【原文】

孟子曰："以力假仁者霸，霸必有大国；以德行仁者王，王不待大，汤以七十里，文王以百里[①]。以力服人者，非心服也，力不赡也[②]。以德服人者，中心悦而诚服也，如七十子之服孔子也[③]。《诗》云：‘自西自东，自南自北，无思不服。’此之谓也。”

【注解】

①汤以七十里，文王以百里：二句“里”字后都省去了“而王”二字，因为上文有“王不待大”一句，所以可以省。②赡（shàn）：足。③七十子：指孔子门下如颜渊、子贡等七十多个身通六艺的优秀弟子。

【译文】

孟子说：“凭着自己的实力，假托仁义之名号召征伐的，可以称霸于诸侯，这种称霸的人一定要凭借国力的强大。依靠道德来推行仁政的人可以实行王道而使天下归服，实行王道而使天下归服不一定要国家大、力量强，商汤王凭借纵横七十里见方的土地，周文王凭借百里见方的土地（实行了王道，使天下归服）；倚仗势力使别人服从的，别人并不是从心里服从他，而是由于力量不足的原因；凭借德行使别人归服自己的，别人是心悦诚服的，像孔子门下七十二贤拜服孔子一样。《诗》里说：‘从西到东，从南到北，无不心悦诚服。’说的正是这个意思。”

【原文】

孟子曰：“天时不如地利，地利不如人和[①]。三里之城，七里之郭[②]，环而攻之而不胜。夫环而攻之，必有得天时者矣；然而不胜者，是天时不如地利也。城非不高也，池非不深也，兵革非不坚利也，米粟非不多也，委而去之[③]，是地利不如人和也。故曰：域民不以封疆之界[④]，固国不以山谿之险[⑤]，威天下不以兵革之利。得道者多助，失道者寡助。寡助之至，亲戚畔之[⑥]，多助之至，天下顺之。以天下之所顺攻亲戚之所畔，故君子有不战，战必胜矣[⑦]。”

域民不以封疆之界。

【注解】

①天时：李炳英《孟子文选》【注解】说：“古代作战，以‘天干’（甲、乙、丙、丁、戊、己、庚、

辛、壬、癸）、'地支'（子、丑、寅、卯、辰、巳、午、未、申、酉、戌、亥）所标志的时日（例如：甲子日、乙卯日等）和攻守地点的方位（东、南、西、北、中央）的适当配合为条件（某日攻某方、守某方为有利），来掌握胜败、吉凶的成数，这叫作天数。”天数即是天时。②三里之城，七里之郭：古代都邑四周用作防御的高墙一般分两重，里面的叫城，外面的叫郭，也就是内城和外城。③委：弃。④域民：限制人民，使他们居住在一定的区域内，为自己所统治。⑤固国：使国防坚固，牢不可破。⑥畔：同“叛”。⑦君子有不战，战必胜矣：句中的“有”字相当于口语的“要么”。

【译文】

孟子说：“得天时不如得地利，得地利不如得人和。内城三里、外城七里的城邑，包围攻打却无法取胜。包围而攻打，一定有合乎天时的战机。可是却无法取胜，这说明得天时不如占地利呀。城墙并不是筑得不高，护城河并不是挖得不深，兵器和盔甲并不是不锐利、不坚固，粮食也并不是不多呀；可是，（当敌人一来进犯，）守兵们竟弃城而逃，这说明得地利不及得人和呀。所以说，限制人民不必靠国家的疆界，巩固国防不必凭山河的险要，威服天下不必恃武力的强大。行仁政的人帮助他的便多，不行仁政的人帮助他的便少。少助到了极点时，连亲戚都会背叛他；多助到了极点时，全天下都愿意顺从他。拿全天下顺从的力量去攻打连亲戚都背叛的人，那么，仁德之君要么不用战争，若用战争，是必然胜利的了。”

【原文】

孟子之平陆[①]，谓其大夫曰[②]：“子之持戟之士[③]，一日而三失伍[④]，则去之否乎？”

曰：“不待三。”

“然则子之失伍也亦多矣。凶年饥岁，子之民老羸转于沟壑，壮者散而之四方者几千人矣。”

曰：“此非距心[⑤]之所得为也。”

曰：“今有受人之牛羊而为之牧之者，则必为之求牧与刍矣[⑥]。求牧与刍而不得，则反诸其人乎？抑亦立而视其死与？”

曰：“此则距心之罪也。”

他日，见于王，曰：“王之为都者[⑦]，臣知五人焉。知其罪者，惟孔距心。”为王诵之[⑧]。

王曰：“此则寡人之罪也。”

【注解】

①平陆：齐边境县邑名，在今山东汶（wèn）上县北。②大夫：平陆县的最高行政长官（县令）。③持戟之士：即战士，古代常称战士为“持戟”。④失伍：士兵擅自离开行伍。⑤距心：平陆邑宰之名。文末提到其姓名是孔距心。⑥牧：牧地。刍（chú）：草料。⑦为都者：治理都邑的官吏。⑧诵：复述。

【译文】

孟子到平陆，对那里的邑宰说："你邑里守卫边疆的战士，如果一天之内三次擅离职守，那么，是不是要将他开除呢？"

邑宰说："不必等待三次（才开除）。"

孟子说："那么你自己失职的地方也很多了。在饥荒年岁，你治下的百姓，老弱病残被丢弃在山沟中的，年轻力壮逃亡于四方的，已近千人了。"

邑令说："这不是我的力量所能办到的。"

孟子说："譬如现在有一个人，接受别人的牛羊而替人放牧，那就一定要替人家找到牧地和草料。万一找不到牧地和草料，是把牛羊送还给人家呢，还是站在那里眼看着牛羊饿死呢？"

邑令说："这就是我的罪过了。"

后来，孟子朝见齐王说："大王的邑令，我结识了五个，其中能认识自己失职的罪过的，只有孔距心一人。"于是把自己跟孔距心的谈话对齐王复述了一遍。

齐王听后说："这也是我的罪过呢。"

滕文公章句

【原文】

滕文公为世子[①]，将之楚，过宋而见孟子[②]。孟子道性善，言必称尧、舜[③]。

世子自楚反，复见孟子。孟子曰："世子疑吾言乎？夫道一而已矣。成覸谓齐景公曰[④]：'彼丈夫也，我丈夫也，吾何畏彼哉？'颜渊曰：'舜何？人也。予何？人也。有为者亦若是。'公明仪曰[⑤]：'文王我师也；周公岂欺我哉？'今滕，绝长补短将五十里也，犹可以为善国。《书》曰：'若药不瞑眩，厥疾不瘳。'"

【注解】

① 世子：天子和诸侯的嫡长子。杨伯峻《孟子译注》以为"世子"即"太子"，"世"和"太"古音相同，古书常通用。② 过宋而见孟子：滕文公为世子，出使楚国时经过宋国，当时孟子在宋国，和他相见了。③ 孟子道性善，言必称尧舜：道，讲。性，是人禀受于天以生之理。在孟子看来，人生来性本是善的，与尧舜一样，不过一般为私欲所蒙蔽，因而失去了天生的善性；尧舜没有私欲的蒙蔽，所以能扩充这种善性，成为人们学习的榜样。因此，孟子与世子谈话，每次讲到性善，就一定要称述尧舜，目的在于使他知道仁义不待外求，圣人可学而至，因而能用力不懈。性善论是孟子哲学思想的核心，是他的仁义学说的哲学基础。其实在阶级社会中，统治阶级与被统治阶级的善恶观是各有他们不同的标准的。而孟子却拿口、耳、目、心所喜欢的东西人人相同，来证明合于统治阶级需要的理义，也是为一切人所喜欢的。事实恰恰相反，统治阶级的理义，根本在于维护剥削，而被统

治阶级的理义，根本在于反对剥削。二者毫无共同之处。孟子的性善论是从统治阶级看本阶级的性是善的。拿这个作标准，被统治阶级的人当他们对统治阶级的理义表示顺从的时候，在孟子看来，他们的性也是善的；当他们对这个理义表示反对，代表其奉阶级在政治、经济权利方面有所要求时，在孟子及其信徒们看来，他们便是蔽于物欲，把本来是善的性变恶了。这就是孟子及其信徒们性善论的真正含义和实质所在。④成瞯（jiàn）：齐景公手下的一个以勇敢而出名的臣子。⑤公明仪：公明，姓，仪，名；鲁国的贤人，曾子的弟子。

【译文】

滕文公做太子时，将要出使到楚国去，路过宋国，便特地去看望孟子。孟子跟他讲了人性善的观点，开口不离尧舜。

太子从楚国回来时，又会见了孟子。孟子说："太子怀疑我的话吗？道理只有一个罢了。成瞯对齐景公说：'他是男子大丈夫，我也是男子大丈夫，我干吗要怕他呢？'颜渊说过：'舜是什么？是人。我是什么？是人。有作为的人也应该像他一样。'公明仪曾经说：'文王是我的老师，周公难道会骗我吗？'现在滕国（虽小），假使将土地截长补短（进行丈量），也将有五十里见方大，还是可以建设成一个好国家。《书》说：'如果一种药服了后不使人产生头晕目眩的感觉，那个病是不会好的。'"

【原文】

滕文公问为国。

滕文公问为国。

孟子曰："民事不可缓也。《诗》云：'昼尔于茅，宵尔索绹；亟其乘屋，其始播百谷[①]。'民之为道也，有恒产者有恒心，无恒产者无恒心。苟无恒心，放辟邪侈，无不为已。及陷乎罪，然后从而刑之，是罔民也[②]。焉有仁人在位罔民而可为也？是故贤君必恭俭礼下，取于民有制。阳虎曰[③]：'为富不仁矣，为仁不富矣。'夏后氏五十而贡，殷人七十而助，周人百亩而彻[④]。其实皆什一也。彻者，彻也[⑤]；助者，藉也[⑥]。龙子曰[⑦]：'治地莫善于助，莫不善于贡。'贡者，挍数岁之中以为常[⑧]。乐岁，粒米狼戾[⑨]，多取之而不为虐，则寡取之；凶年，粪其田而不足，则必取盈焉。为民父母，使民盻盻然[⑩]，将终岁勤动，不得以养其父母，又称贷而益之[⑪]，使老稚转乎沟壑，恶在其为民父母也？夫世禄，滕固行之矣。《诗》云：'雨我公田，遂及我私[⑫]。'

惟助为有公田。由此观之，虽周亦助也。

"设为庠序学校以教之[13]。庠者，养也；校者，教也；序者，射也。夏曰校，殷曰序，周曰庠；学则三代共之，皆所以明人伦也。人伦明于上，小民亲于下。有王者起，必来取法，是为王者师也[14]。《诗》云：'周虽旧邦，其命维新[15]'，文王之谓也。子力行之，亦以新子之国[16]！"

使毕战问井地[17]。

孟子曰："子之君将行仁政，选择而使子，子必勉之！夫仁政，必自经界始[18]。经界不正，井地不钧[19]，谷禄不平[20]。是故暴君汙吏必慢其经界。经界既正，分田制禄可坐而定也。

"夫滕壤地褊小，将为君子焉[21]，将为野人焉。无君子，莫治野人；无野人，莫养君子。请野九一而助，国中什一使自赋。卿以下必有圭田[22]，圭田五十亩；余夫二十五亩[23]。死徙无出乡，乡田同井，出入相友，守望相助，疾病相扶持，则百姓亲睦。方里而井，井九百亩，其中为公田。八家皆私百亩，同养公田。公事毕，然后敢治私事，所以别野人也。此其大略也；若夫润泽之，则在君与子矣。"

【注解】

①"昼尔"四句：这几句诗出自《诗经·豳风·七月》。尔：语助词。于：取。索：搓绳。亟：同"急"。乘：升。②罔：同"网"，名词动用，"罔民"是说像捕鱼一样张开网让人民陷入犯罪的罗网中来。③阳虎：即阳货，鲁国季氏的家臣。④"夏后氏五十而贡"三句：这里所说的不过是孟子假托古史来阐述自己的理想，当时的事实可能不一定是这样。⑤彻：通。这里是说周朝这种税制是天下通行的税制。⑥藉：同"借"，指借民力来耕种公田。⑦龙子：古代贤人。⑧挍（jiào）：计量，比较。⑨粒米：犹言米粒，泛指粮食。狼戾：犹狼藉。⑩盻盻（xì）然：勤苦不休息的样子。⑪称贷：借债。益：补足。⑫雨（yù）我公田，遂及我私：诗句引自《诗经·小雅·大田》。《大田》是西周记述农事的诗。当时助法全部废除了，典籍也不存在，唯有从这首诗中还可见到周朝也是用助法，所以孟子引来作为证明。⑬设为庠（xiáng）序学校以教之：庠，养老；序，习射；学，国学；校，教民。庠、序、校都是乡里学校的名称。⑭为王者师：滕国土地小，即使行仁政，也未必能兴王业，但是却可以充任王者师。⑮周虽旧邦，其命维新：引自《诗经·大雅·文王》。《文王》是歌颂文王的诗。命，天命。⑯新：作动词，使动用法，是说使他的国家焕然一新。子：指文公，因为他年岁不大，所以孟子这样称呼他。⑰毕战：滕国的臣子。井地：即井田。⑱经界：这里经、界同义，经界即指井田的界限。⑲钧：通"均"。⑳谷禄：即俸禄，古人用谷物为俸禄，所以又称俸禄为谷禄。㉑为：有。㉒圭（guī）田：士由于德行洁白而升官，便给予田亩，以供祭祀，这种田称圭田。㉓余夫：本指农夫家还没有到达成家年龄而又有一定劳动能力的剩余劳动力。

【译文】

（向孟子）询问治国的方法。

孟子说："老百姓生产的事是刻不容缓的。《诗》里说过：'白天出外割茅草，晚上要把绳索搓好，急急忙忙盖屋顶，播种的时间转眼到。'老百姓的一般情况是这样，有一定的维持生计的产业便能坚持一贯的向善之心，没有一定的维持生计的产业便不能坚持一贯的向善之心。假使没有了一贯的向善之心，那就会放荡不走正路，胡作非为，没有什么干不出来的。等到因此犯了罪，然后对他们施加刑罚。这等于设下网罗陷害人民。哪有仁爱的国君在位，却干出陷害人民的事的呢？所以贤良的君主务必做恭谨俭朴，礼贤下士，向老百姓征收赋税有定规。阳虎说过：‘想发财就别讲仁爱，要讲仁爱就别想发财。’夏朝每家授田五十亩，赋税行的是贡法，商朝每家授田七十亩，赋税行的是助法，周朝每家授田百亩，赋税行的是彻法，实际上征的税率都是十分之一。彻有通的意思；助有借的意思。龙子说：‘经营土地的税制没有比助法更好的，没有比贡法更不好的。’所谓贡法就是比较若干年的若干年的收成得出一个税收的定数（即不管丰年、歉年都得按这个定数征税）。丰收年景粮食到处抛置，就是多征收一点也不算苛暴，却并不多征；凶年饥岁，田里的收成甚至连第二年肥田的费用都不够，却非征满那一定数不可。一国的君主号称老百姓的父母，使老百姓整年地辛勤劳动，却没法子养活自己的爹妈，还得借高利贷来凑足纳税的数字，以致使老弱辗转流亡于沟壑之中，为民父母的意义又在哪里呢？对做大官的人子孙世代享有田租收入的制度，滕国早就实行了。（但有利于老百姓的税制——助法却始终没有被采用。）《诗》里面说：‘（希望）雨先下到公田里，然后再落到私田。’只有实行助法才会有公田，从这篇周诗看来，虽是周朝，也是实行助法的。

《诗》云：昼尔于茅，宵尔索绹。

“（人民生活有了着落，还要）设立‘庠’‘序’‘学’‘校’来教育他们。‘庠’是教养的意思，‘校’是教育的意思，‘序’是习射的意思。（即地方学校）夏朝叫校，殷朝叫序，周朝叫庠，至于国家办的学校（也就是大学），三代都共用了‘学’这个名称，（无论乡学和国学）都是用来向学生阐明并教导他们明确（‘父子有亲、君臣有义、夫妇有别、长幼有序、朋友有信’这五种）社会伦常观念的。在上面的诸侯卿大夫士明确并承认社会的伦常关系，小百姓们在下面自然也就亲密无间了。只要圣王兴起，便一定要来向您模仿学习的，这样您就做了圣王的老师了。《诗》里说过：‘岐周虽是个古老的国家，但承接天命而不断革新。’这是就文王创建帝业而说的。您努力干下去，也可以使您的国家为之气象一新。”

（滕文公）又派毕战来（向孟子）询问有关井田制的问题。

孟子说：“你的国君将要实行仁政，经过精心选择才派遣你来问我，你努力完成使命吧！实行仁政，必须从划分和理清田界着手。田界没有划分理清，井地的大小就不能做到均匀，作为俸禄的田租就不能做到合理公平。所以那些暴君和贪吏总是要（千方百计）搞乱正确的田界。田界既然已经划分理清了，分田地给百姓，制定官吏的俸禄，便可以不费力作决定了。

"滕国，国土狭窄，但也有官吏，也有百姓。没有官吏，便不能治理百姓；没有百姓，便不能养活官吏。我建议你们在郊野实行九分抽一的助法，城邑使用十分抽一的贡法。卿以下的官吏各分给他们供祭祀用费的圭田，圭田规定为五十亩；对于那些被称为'余夫'的剩余劳动力，就每人另给田二十五亩。（这样，）埋葬或搬家都不用离开本土本乡，共一井田的各家，平日出入相亲相爱，防守盗贼互助互帮，谁家有了病人，大家共同照顾，那么百姓间就做到真正的亲爱团结了。（井田制）将每一方里的土地划为一个井田单位，一个井田单位共有田九百亩，中间的百亩是公田，八户人家各耕私田一百亩，八家须得共同耕种公田。公田里的农活完毕了，然后大家才敢去料理私人的事务，这样做就是为了老百姓跟官吏有所区别。这里所说的只是井田制大概情况，至于怎样修饬调整而使之完善，那就得靠你们的君主和你了。"

【原文】

景春曰①："公孙衍、张仪岂不诚大丈夫哉②？一怒而诸侯惧，安居而天下熄。"

孟子曰："是焉得为大丈夫乎！子未学礼乎？丈夫之冠也，父命之③；女子之嫁也，母命之，往送之门，戒之曰：'往之女家，必敬必戒，无违夫子！'以顺为正者，妾妇之道也。居天下之广居，立天下之正位，行天下之大道。得志与民由之，不得志独行其道。富贵不能淫，贫贱不能移，威武不能屈，此之谓大丈夫。"

【注解】

①景春：与孟子同时人，习纵横之术。②公孙衍：字犀首，魏国阴晋（陕西华阴）人，是当时的纵横家一流人，曾在秦国做过大良造的官，并佩五国相印。张仪：魏国人，是与苏秦并称的大纵横家，曾说六国连横以对抗秦国。这里景春不提苏秦，大概因为这时苏秦已为齐国所杀。③丈夫之冠（guàn）也，父命之：冠，行冠礼；古时男子年二十行冠礼。父命之，是说由父亲主持行冠礼这件事。

富贵不能淫，贫贱不能移，威武不能屈，此之谓大丈夫。

【译文】

景春说："公孙衍、张仪这样的人难道不是真正可称之为大丈夫的么？他们一旦发了怒，天下的诸侯便要害怕，要是他们安静下来，天下便平安无事了。"

孟子说："这样的人又怎算得是大丈夫呢！你没有学过礼吗？男子长大成人行冠礼时，由父亲主持其事，并面加训导；女儿出嫁时，母亲主持其事，将她送到门口，告诫道：'去到你们家里，一定要恭敬，一定要遇事小心谨慎，不要违背丈夫的意志！'以顺从为最大的原则的，这是妇女之道。只有住在（"仁"这个）天下最宽大的住宅里，站在（"礼"这个）天下最正确的位置上，走在（"义"这个）天下最光明的大道上，得志时跟老百姓一起循着这条道路前进，不得志时便独自坚持自己的原则，富贵不能乱我的心，贫贱不能变我的行，威力相逼不能挫我的志，这样的人才称得上是大丈夫。"

离娄章句

【原文】

孟子曰："规矩，方员之至也①；圣人，人伦之至也②。欲为君，尽君道；欲为臣，尽臣道。二者皆法尧、舜而已矣。不以舜之所以事尧事君，不敬其君者也；不以尧之所以治民治民，贼其民者也。

"孔子曰：'道二，仁与不仁而已矣。'暴其民甚，则身弑国亡，不甚，则身危国削，名之曰'幽''厉'③，虽孝子慈孙，百世不能改也。《诗》云：'殷鉴不远，在夏后之世④。'此之谓也。"

【注解】

①至：极限，极点。②人伦：这里的人伦，解作"人事"，即为人之道。③幽：指西周十二传的周幽王宫涅，是宣王的儿子，西周最后一个君主。由于他宠爱褒姒，政治昏暗，被犬戎所杀。厉：指西周十传的周厉王胡，他恣行暴虐，残杀批评他的人，被国人流逐于彘而死。幽和厉都是不好的谥称。厉王本在幽王前，而习惯称"幽厉"，大概是由于幽王的过恶大于厉王的缘故。④殷鉴不远，在夏后之世：二句是《大雅·荡》篇的结句。鉴，古代照人的铜镜。二句虽是说殷应该以夏为鉴（指汤诛夏桀），实际是要周以殷所以亡为借鉴。

【译文】

孟子说："圆规和曲尺，是最方最圆无以复加的极则，（同样，）古代圣人也是做人到达尽善尽美地步的极则。想做（一个好的）君主，便要尽君主之道；想做（一个好的）臣子，便要尽臣子之道。二者都不过是要效法尧舜罢了。

不用舜侍奉尧的忠诚态度侍奉自己的君主，便是不尊敬君主的人，不用尧治理百姓的挚爱心情治理自己的百姓，便是残害百姓的人。

“孔子说过：‘治理国家的方法不外两种，也即是行仁政与不行仁政罢了。’（一个君主）残暴地虐待他的老百姓，（其后果是，）重则本身被杀，国家灭亡；轻则本身危险，国势削弱；死后蒙上‘幽’‘厉’的恶名，后代尽管出了争气的子孙，哪怕经过了百多代，也是更改不了这种坏名声的。《诗》里有这么两句话：‘殷商的鉴戒并不在远，就在夏的朝代。’说的正是这个意思。”

【原文】

孟子曰：“三代之得天下也以仁，其失天下也以不仁。国之所以废兴存亡者亦然。天子不仁，不保四海；诸侯不仁，不保社稷；卿大夫不仁，不保宗庙；士庶人不仁，不保四体。今恶死亡而乐不仁，是犹恶醉而强酒。”

【译文】

孟子说：“夏、商、周三代得到天下是由于仁爱，他们失去天下是由于不仁。国家的兴盛、衰败、生存、灭亡的原因也是这样。天子不仁，就不能保住天下；诸侯不仁，就不能保住国家；公卿大夫不仁，就不能保住宗庙；士子和老百姓不仁，就不能保全自身。现在有些人讨厌死亡，但却乐意干坏事，这就跟憎恶喝醉酒却又偏要勉强去喝酒的人一样。”

【原文】

孟子曰：“爱人不亲，反其仁；治人不治，反其智；礼人不答，反其敬。行有不得者皆反求诸己，其身正而天下归之。《诗》云：‘永言配命，自求多福。’”

【译文】

孟子说：“爱别人，别人却不来亲近，就应反躬自问自己仁爱的程度；治理别人，别人却不服治理，就应反躬自问自己智慧的程度；对别人彬彬有礼，别人却不理不睬，就应反躬自问自己恭敬的程度。凡是行为没有得到预期效果的都要反过来从自己身上找原因，自身端正了，天下的人自然会归向自己。《诗》里就说过这样的话：‘永远修德配天命，

自求多福。

多福还得自己求。’”

【原文】

孟子曰：“天下有道，小德役大德，小贤役大贤；天下无道，小役大，弱役强。斯二者，天也。顺天者存，逆天者亡。

“齐景公曰：‘既不能令，又不受命，是绝物也。’涕出而女于吴[①]。

“今也小国师大国而耻受命焉，是犹弟子而耻受命于先师也。如耻之，莫若师文王。师文王，大国五年，小国七年，必为政于天下矣。《诗》云：‘商之孙子，其丽不亿。上帝既命，侯于周服。’‘侯服于周，天命靡常。殷士肤敏，裸将于京[②]。’孔子曰：‘仁不可为众也。夫国君好仁，天下无敌。’今也欲无敌于天下而不以仁，是犹执热而不以濯也。《诗》云：‘谁能执热，逝不以濯[③]？’”

【注解】

①女（nǜ）：作动词用，嫁。《吴越春秋·阖闾内传》载吴王阖闾要攻打齐国，齐景公只得将女儿作为人质出嫁给吴国。②“商之孙子”八句：这几句《诗》出自《诗经·大雅·文王》。其丽不亿：丽，数。不，不止。亿，古人以十万为亿，跟今人以万万为亿不同。侯于周服：侯，语助词。周服，向周朝臣服。殷士肤敏：殷士，殷朝的臣子。肤敏，壮美而又敏捷。裸（guàn）将于京：裸，祭礼的一种仪式。于，往。京，指周的首都镐京（今属陕西西安市）。③谁能执热，逝不以濯：这二句诗出自《诗经·大雅·桑柔》，这首诗是周大夫芮伯刺厉王暴政。逝，语助词。濯，浇洗。

【译文】

孟子说：“天下太平、政治清明的时候，道德平庸的人受道德高尚的人役使，才智一般的人受才智高超的人役使；天下不太平、政治黑暗的时候，力量小的被力量大的奴役，势力弱的被势力强的奴役。这两种情况，是天意。顺从天意的就能生存，违背天意的就要灭亡。

“齐景公说过：‘既没有能力命令别人，又不愿接受别人的命令，这是自绝于人。’他只能流着眼泪把女儿嫁给了吴国。

“现在一些小国效法大国，却又羞于接受大国的命令，这就好比学生把接受老师的命令看作是耻辱一样。如果真的感到可耻，那不如效法文王。效法文王，大国不出五年，小国不出七年，就一定可以统治整个天下了。《诗》里说过：‘商朝的子孙，人数不下十万，上帝既已授命文王，他们也只能向周朝归顺。”他们归顺于周朝，可见天命没有定论。殷朝的臣子壮美而又聪敏，他们将要去灌酒助祭于周京。’孔子说过：‘仁的力量强弱不在于人数的多少。假如国君爱好仁德，就能天下无敌。’现在有的人希望自己天下无敌却又不施仁政，这就好比想手拿烫物而又不愿用冷水浇手一样。《诗》中说得好：‘谁能手执烫物，却不用水来浇濯？’”

万章章句

【原文】

万章问曰："舜往于田，号泣于旻天①，何为其号泣也？"

孟子曰："怨慕也②。"

万章曰："'父母爱之，喜而不忘；父母恶之，劳而不怨。'然则舜怨乎？"

曰："长息问于公明高曰③：'舜往于田，则吾既得闻命矣；号泣于旻天，于父母，则吾不知也。'公明高曰：'是非尔所知也。'夫公明高以孝子之心，为不若是恝④，我竭力耕田，共为子职而已矣⑤，父母之不我爱，于我何哉？帝使其子九男二女⑥，百官牛羊仓廪备，以事舜于畎亩之中，天下之士多就之者，帝将胥天下而迁之焉⑦。为不顺于父母，如穷人无所归。天下之士悦之，人之所欲也，而不足以解忧；好色，人之所欲，妻帝之二女，而不足以解忧；富，人之所欲，富有天下，而不足以解忧；贵，人之所欲，贵为天下，而不足以解忧。人悦之、好色、富贵，无足以解忧者，惟顺于父母，可以解忧。人少，则慕父母；知好色，则慕少艾⑧；有妻子，则慕妻子；仕则慕君，不得于君则热中⑨。大孝终身慕父母。五十而慕者⑩，予于大舜见之矣。"

【注解】

① 旻（mín）天：秋天的天空。② 怨慕：这里的"慕"字即下文"大孝终身慕父母"的"慕"字，指儿女对父母的依恋。③ 长息、公明高：长息，公明高的弟子。公明高是曾子的弟子。④ 恝（jiè）：没有忧愁的样子。⑤ 共（gōng）：通"恭"。⑥ 九男二女：《尚书·尧典》和《逸书》分别记载了尧叫九个儿子尊舜为老师，把两个女儿嫁给舜的事。⑦ 胥：都，尽。⑧ 少艾：美好。⑨ 热中：急躁而心热。⑩ 五十而慕：舜三十岁被召用，在位二十年，所以说五十。一般人对父母亲慕恋的感情，常是随着年龄的增大而逐渐衰退，而舜年五十慕恋父母亲的热忱不改，所以孟子称他为大孝。

【译文】

万章问道："舜到地里去耕种，望着秋高气爽的天空哭诉，他为什么要哭诉呢？"

孟子答道："这是由于舜对父母有怨恨和慕恋交织的感情的缘故。"

万章说："（从前曾子说过：）'父母要是喜欢自己，自己心里虽然高兴，但却不敢对做儿子的职责有所遗忘懈怠；父母要是厌恶自己，自己心里尽管不免忧愁，但却不敢埋怨父母。'那么，舜是不是抱怨父母呢？"

孟子说："长息曾问过公明高：'舜去地里耕种，这个我已能理解；但他

人少，则慕父母。

一面喊着天一面喊着父母，又哭又诉，我就不懂这是为什么。’公明高说：‘这个不是你能理解得了的。’在公明高看来，一个孝子的心对于父母对自己的爱恶绝不能这样无动于衷，我尽力耕田，恭恭敬敬地尽着做儿子的本职罢了，至于父母不爱我，对我有什么关系呢？帝尧叫他的九个男孩两个女孩，还有百官带着牛羊，囤积粮食，应有尽有，到田野里去伺候舜，天下的士人也有很多到舜那里去的，尧帝将把整个天下让给舜。因为不能使父母顺心，自己就像穷困的人没有归宿一样。天下的士人喜欢自己，这本是人们的愿望，但却不足以解除舜的忧愁；爱好美色，本也是人们的愿望，但舜娶了尧的两个女儿，却不足以解除忧愁；富有，本是人们的愿望，但舜拥有天下的财富，却不足以解除忧愁；尊贵，本也是人们的愿望，但舜获得了身为天子的尊贵，还不足以解除忧愁。（对于舜来说，）人们喜欢自己、爱好美色、财多地位高，没有一样足以解除忧愁的，只有使父母顺心才可以解除忧愁。人在幼小的时候，就怀恋父母；知道爱好美色了，就倾慕年轻而又漂亮的人；有了妻子，便宠爱妻子；走上了做官的道路，便就倾心于君主，要是得不到君主的信任，内心便要感到焦急烦躁。（只有）大孝的人才会终身慕恋父母。到了五十岁的年纪还慕恋父母的，我在大舜身上看到了。”

【原文】

万章问曰：“《诗》云：‘娶妻如之何？必告父母[①]。’信斯言也，宜莫如舜。舜之不告而娶，何也？”

孟子曰：“告则不得娶。男女居室，人之大伦也。如告，则废人之大伦，以怼父母[②]，是以不告也。”

万章曰：“舜之不告而娶，则吾既得闻命矣；帝之妻舜而不告，何也？”

曰：“帝亦知告焉则不得妻也。”

万章曰：“父母使舜完廪，捐阶[③]，瞽瞍焚廪。使浚井，出，从而揜之[④]。象曰[⑤]：‘谟盖都君咸我绩[⑥]。牛羊父母，仓廪父母，干戈朕，琴朕，弤朕[⑦]，二嫂使治朕栖[⑧]。’象往入舜宫，舜在床琴。象曰：‘郁陶思君尔[⑨]。’忸怩[⑩]。舜曰：‘惟兹臣庶[⑪]，汝其于予治[⑫]！’不识舜不知象之将杀己与？”

曰：“奚而不知也[⑬]？象忧亦忧，象喜亦喜。”

曰：“然则舜伪喜者与？”

曰："否。昔者有馈生鱼于郑子产，子产使校人畜之池[⑭]。校人烹之，反命曰：'始舍之圉圉焉[⑮]；少则洋洋焉[⑯]，悠然而逝[⑰]。'子产曰：'得其所哉！得其所哉！'校人出，曰：'孰谓子产智？予既烹而食之，曰，"得其所哉，得其所哉。'故君子可欺以其方，难罔以非其道。彼以爱兄之道来，故诚信而喜之，奚伪焉？"

【注解】

①"娶妻"两句：这两句诗引自《诗经·齐风·南山》。舜时肯定无此诗句，但万章认为诗语所述大概是古代娶妻之礼，舜的时候也不例外，所以下文说："信斯言也，宜莫如舜。"②怼（duì）：怨。③阶：梯。④揜：通"掩"。⑤象：舜异母弟。⑥谟（mó）：谋。盖："害"的假借字。都君：指舜，相传舜在一个地方住上三年，那里便会成为都市，意思是说人都愿意跟从他，所以称为都君。⑦弤（dǐ）：舜弓之名。⑧二嫂使治朕栖：栖，床。这句话实际是要让两位嫂嫂做他的妻子。⑨郁陶（yáo）：思念的意思。⑩忸（niǔ）怩（ní）：羞惭的样子。⑪惟：思。⑫于：为，助。⑬奚而：为什么。⑭校（xiào）人：管理池塘的人。⑮圉圉（yǔ）：僵硬没有舒展的样子。⑯洋洋：舒缓摇尾之貌。⑰悠然：自得的样子。

【译文】

万章问道："《诗经》里说：'娶妻应该怎样做？一定要禀告父母。'相信这道理的，应该没有像舜一样的了。可舜却并不禀告父母就娶了妻子，为什么呢？"

孟子说："禀告了就娶不成了。男女成婚，是人生的常伦。如果禀告了，这个人生的常伦在舜身上便会被废弃了，最终将怨恨父母，所以不禀告。"

万章又说："舜不禀告父母就娶妻子的道理，我已经听您说明白了；帝尧把女儿嫁给舜却也不告诉舜的父母，又为什么呢？"

孟子说："帝尧也晓得一告诉，女儿就嫁不成了。"

万章再问："舜的父母叫舜修理粮仓，（等他登上仓后）却拿走了梯子，然后瞽瞍放火焚烧粮仓，（舜机智地逃脱了。）又引着他去淘井，（瞽瞍）一出井，就用土去堵塞井口（想把舜活埋在井中）。舜的弟弟象（以为舜已死了，）说：'谋害大哥都是我的功劳，他的牛羊归父母，粮仓归父母，兵器归我，琴归我，弓归我，让两位嫂子替我整理床铺。'象跑进舜的住所去，舜却活着正坐在床上弹琴。象只好撒谎说：'我真想念你啊。'神情很尴尬。舜说：'我惦记着我这些臣下和人民，你来协助我管理他们吧！'我不晓得舜当时是不是不知道象要杀害他自己？"

孟子说："怎么会不知道呢？（舜看重兄弟情义，所以）象忧愁他也忧愁，象高兴他也高兴。"

万章接上去问："那么，舜是假装高兴的么？"

孟子解释说："不。从前有人送了一条活鱼给郑国的子产，子产叫池沼管理员放它到池沼中喂养。管理员把鱼煮了吃了，却向子产报告说：'刚放它时，还是半死不活的样子，一会儿后就摇着尾巴游乐了，一下子就游得无影无踪了。’子产回答说：‘得到它的好去处了啊！得到它的好去处了啊！’那人出来后对别人说：‘谁说子产聪明啊？我都把鱼给煮吃了，他却还说，得到它的好去处了啊，得到它的好去处了啊。’所以君子可以用合乎常情的方法去欺骗他，却不能用没有道理的东西去蒙蔽他。他（指象）既然是装着敬爱兄长的模样来见舜，舜相信他而感到高兴，怎能说是假装的呢？”

【原文】

万章问曰：“象日以杀舜为事，立为天子，则放之，何也？”

孟子曰：“封之也；或曰放焉。”

万章曰：“舜流共工于幽州①，放驩兜于崇山②，杀三苗于三危③，殛鲧于羽山④，四罪而天下咸服，诛不仁也。象至不仁，封之有庳⑤。有庳之人奚罪焉？仁人固如是乎：在他人则诛之，在弟则封之？”

曰：“仁人之于弟也，不藏怒焉，不宿怨焉，亲爱之而已矣。亲之欲其贵也，爱之欲其富也。封之有庳，富贵之也。身为天子，弟为匹夫，可谓亲爱之乎？”

“敢问或曰放者，何谓也？”

曰：“象不得有为于其国，天子使吏治其国而纳其贡税焉，故谓之放。岂得暴彼民哉？虽然，欲常常而见之，故源源而来。‘不及贡，以政接于有庳⑥。’此之谓也。”

【注解】

象日以杀舜为事。

①流共工于幽州：按从此句以下至“四罪而天下咸服”是《尚书》《虞书·舜典》中的一段文字。共工，官名。幽州，指北方边远地区，在今河北密云县东北。②驩兜：人名，帝尧臣子，与共工伙同作恶，被舜放逐到崇山。崇山：指南方边远地区，在澄阳县南七十五里。③杀：《舜典》作窜，按窜、杀为同音假借字。这里的杀不是杀戮，而是流放（根据段玉裁《说文解字注》）。三苗：国名，这里指三苗的国君。三危：地名，在甘肃敦煌市南。④殛鲧于羽山；殛（jí），是极的假借字，与上流、放、窜等字都有流入的意思。鲧（gǔn），禹的父亲，治水无功。关于羽山，一说在山东郯城县东北，和江苏赣榆县接界（见郭璞《山海经注》）。一说山东蓬莱有羽山，《寰宇记》说这里是殛鲧的地方。⑤有庳（bì）：地名，向来以为在永州府零陵（今湖南境内），后人对这个说法多持怀疑态度。也有人认为应当在离舜的都城蒲坂（今山西永济县）不远的地方。⑥不及贡，以政接于有庳：这两句疑是《尚书》逸文，所以《孟子》断以“此之谓也”。

【译文】

万章问说："象每天都谋划着杀害舜，可舜被拥立为天子后就只将他流放，这是为什么呢？"

孟子说："实际是封了他做诸侯，但是也有人说是放逐他。"

万章说："舜把共工流放到幽州，把驩兜流放到崇山，把三苗的国君流放到三危，把鲧流放到羽山，惩处了这四个罪犯后天下的人全部悦服，因为是惩罚了不仁的恶人的缘故。象为人最不仁，却将他封在有庳国，有庳的人有什么罪过，（偏要受像这样的恶人的统治？）一个仁爱的人做事难道应该这样吗？对别人就办他的罪，对弟弟就封他的侯？"

孟子说："一个仁爱的人对自己的弟弟，不把怒气藏在胸中，不把怨恨埋在心底，就只知道亲爱他罢了。亲他，想使他有地位；爱他，想使他有财富。把他封为有庳国的诸侯，这正是为了要使他有财富、有地位。如果一个人自身做了天子，而弟弟却是一个平民，这能说是亲爱他吗？"

万章又说："请问有人说舜放逐象，这是怎么说的呢？"

孟子说："象不能在他的封国里有所作为，所以天子派遣官吏去帮他治理国家并替他缴纳贡税，从这个角度来讲，因此有人说是放逐。（采取了这些措施，）象难道还能对他的百姓肆行暴虐吗？尽管这样，舜还是想常常见到他，所以让他不断地上京城来，（《尚书》中有两句话：）'等不了朝贡的日子，常常借征询政事接见有庳国的国君。'就是指的这个而言。"

告子章句

【原文】

孟子曰："鱼，我所欲也，熊掌亦我所欲也。二者不可得兼，舍鱼而取熊掌者也。生亦我所欲也，义亦我所欲也。二者不可得兼，舍生而取义者也。生亦我所欲，所欲有甚于生者，故不为苟得也；死亦我所恶，所恶有甚于死者，故患有所不辟也。如使人之所欲莫甚于生，则凡可以得生者，何不用也？使人之所恶莫甚于死者，则凡可以辟患者，何不为也？由是则生而有不用也，由是则可以辟患而有不为也，是故所欲有甚于生者，所恶有甚于死者，非独贤者有是心也，人皆有之，贤者能勿丧耳。一箪食，一豆羹[①]，得之则生，弗得则死，嘑尔而与之[②]，行道之人弗受；蹴尔而与之[③]，乞人不屑也。万钟则不辩礼义而受之[④]。万钟于我何加焉？为宫室之美、妻妾之奉、所识穷乏者得我与[⑤]？乡为身死而不受，今为宫室之美为之；乡为身死而不受，今为妻妾之奉为之；乡为身死而不受，今为所识穷乏者得我而为之，是亦不可以已乎？此之谓失其本心。”

鱼，我所欲也，熊掌，亦我所欲也。

【注解】

①豆：古代用来盛羹汤或肉食的器皿。②嘑：同“呼”，呵斥声。③蹴（cù）：踢。④辩：同“辨”。⑤得：与“德”通。

【译文】

孟子说：“鱼，是我所喜爱的，熊掌，也是我所喜爱的，如果两者不能都得到，我就舍弃鱼而要熊掌。生命是我所珍爱的，义也是我所珍爱的；如果两者不能都得到，我就放弃生命而要义。生命也是我所珍爱的，但我所珍爱的东西中有超过了生命的，所以就不干苟且偷生的事；死亡也是我所讨厌的，但我所讨厌的东西中有超过了死亡的，所以有的祸灾就不躲避。假如人们所珍爱的东西中没有超过生命的，那么凡是能够保命的手段，哪样不采用呢？假如人们所讨厌的东西中没有超过死亡的，那么凡是能够躲避祸患的事，哪件不会做呢？通过这种手段就能够保命，然而有的人却不采用；只要这样做就能够躲避祸患，然而有的人却不做。所以，（这样看来，）人们所喜爱的东西有超过生命的，所厌恶的东西有超过死的。不仅是贤德的人有这种想法，人人都有，只是贤人不会丧失它罢了。一筐饭，一碗汤，得到它就能活命，得不到它就可能死亡，但如果呵斥着施舍给别人，哪怕是过路的饿汉也不会接受；拿脚踢着施舍给别人，那就连乞丐也会不屑一顾。可如今万钟的俸禄却被有的人连问也不问是否合乎礼义就接受了它。万钟的俸禄到底能给我增加些什么呢？是为了居室的华丽、妻妾的侍奉和所认识的穷人（因获得我的周济）而感激我吗？以前就算是死也不肯接受，现在却为了能住上华丽的居室而甘心这样做；以前就算是死也不肯接受，现在却为了能得到妻妾的侍奉而甘心这样做；以前就算是死也不肯接受，现在却为了让所认识的穷人（因获得我的周济）感激我而甘心这样做，这些行径难道不也是可以停止的么？这就叫丧失了他的本性。”

【原文】

任人有问屋庐子曰[①]：“礼与食孰重？”

曰："礼重。"

"色与礼孰重？"

曰："礼重。"

曰："以礼食，则饥而死；不以礼食，则得食，必以礼乎？亲迎[②]，则不得妻；不亲迎，则得妻，必亲迎乎？"

屋庐子不能对，明日之邹以告孟子。

孟子曰："于答是也何有？不揣其本而齐其末，方寸之木可使高于岑楼[③]。金重于羽者，岂谓一钩金与一舆羽之谓哉[④]？取食之重者，与礼之轻者而比之，奚翅食重[⑤]？取色之重者，与礼之轻者而比之，奚翅色重？往应之曰：'紾兄之臂而夺之食[⑥]，则得食；不紾，则不得食，则将紾之乎？逾东家墙而搂其处子[⑦]，则得妻；不搂，则不得妻，则将搂之乎？'"

【注解】

①任（rén）：国名，在今山东济宁县境内。屋庐子：孟子弟子。②亲迎（yìng）：新郎亲自去新娘家迎娶。③岑（cén）楼：高楼。岑，山小而高。④一钩金：钩指带钩，一钩金是说作成一带钩所需的金，极言金的数量之小。⑤奚翅：何但。"翅"与"啻"同。⑥紾（zhěn）：扭转。⑦处子：处女。

【译文】

任国有人问屋庐子道："礼和食哪样更重要？"

答道："礼重要。"

这个人（紧接着）问道："色和礼哪样重要？"

答道："礼重要。"

问道："要是按照礼节去找食物，就得饿死；不按照礼节去找食物，就能得到食物，是不是一定要按照礼节行事呢？要是行亲迎礼，便得不到妻子；不行亲迎礼，就能得到妻子，是不是一定得行亲迎礼呢？"

屋庐子不能回答，第二天便跑到了邹国，把这些问题告诉了孟子。

孟子说："对于回答这些问题又有什么难处呢？如果不去度量基地的高低是否一致，却只顾去比它们上面的高低，那么即使仅是一寸厚的木块，（把它搁在高地方，）你也可以使它比尖顶的高楼还要高。我们说金子比羽毛更重，难道是说一个小小金带钩的重量比一大车子羽毛还要重么？拿关系重大的吃的问题与无足轻重的礼的细枝末节去相比，岂是吃的问题重要吗？拿有关男女结合的重要问题与无足轻重的礼的细枝末节去相比，岂是男女问题重要吗？你去回答他说：'扭伤哥哥的胳膊夺去他的食物，就可以得到吃的；不扭伤，就得不到吃的，那你会去扭伤他的胳膊吗？跳过东家的墙去搂抱他家的姑娘，就可以得到老婆；不搂抱，就得不到老婆，那你会去搂抱她吗？’”

【原文】

曹交问曰[①]：“人皆可以为尧、舜，有诸？”

孟子曰：“然。”

“交闻文王十尺，汤九尺，今交九尺四寸以长，食粟而已，如何则可？”

人皆可以为尧舜。

曰：“奚有于是？亦为之而已矣。有人于此，力不能胜一匹雏，则为无力人矣；今曰举百钧，则为有力人矣。然则举乌获之任[②]，是亦为乌获而已矣。夫人岂以不胜为患哉？弗为耳。徐行后长者谓之弟，疾行先长者谓之不弟。夫徐行者，岂人所不能哉？所不为也。尧、舜之道，孝弟而已矣。子服尧之服，诵尧之言，行尧之行，是尧而已矣；子服桀之服，诵桀之言，行桀之行，是桀而已矣。”

曰：“交得见于邹君，可以假馆，愿留而受业于门。”

曰：“夫道，若大路然，岂难知哉？人病不求耳。子归而求之，有余师！”

【注解】

① 曹交：春秋曹君的后裔。② 乌获：古时有名的大力士。

【译文】

曹交问道：“人人都可以成为尧舜，有这个说法吗？”

孟子说：“是的。”

（曹交又问：）“我听说文王身长十尺，汤身长九尺，如今我身长九尺四寸多，（可是每天）只知道吃饭罢了，要怎样才能够（成为尧舜）呢？”

孟子说：“这有什么呢？也无非是要去做而已。假如这里有个人，自认为力气不如一只小鸡，那他就是没有力气的人了；现在他说他的力气能举起三千斤重的东西，那他就是有力气的人了。那么，要是能举起乌获所举过重量的，这也就成为乌获了。人所害怕的难道是在于不能胜任吗？在于不去做罢了。慢慢地跟在长者的后边走，叫作弟，快快抢在长者的前面走，叫作不弟。慢点儿走，难道是人不能做到的吗？只是不去做罢了。尧舜之道，也只是孝弟而已。你穿尧穿的衣服，说尧说的话，做尧做的事，就成为尧了。你穿桀穿的衣服，说桀说的话，做桀做的事，就成为桀了。”

曹交说：“我能见到邹君，可以借个馆舍，我愿意留下来在您的门下受教。”

孟子说：“尧舜之道就像大路一样，难道很难懂吗？就怕人自己不去探求罢了。你回去自己好好探求，老师有的是。”

【原文】

孟子曰：“舜发于畎亩之中[①]，傅说举于版筑之间[②]，胶鬲举于鱼盐之中[③]，管夷吾举于士[④]，孙叔敖举于海[⑤]，百里奚举于市[⑥]。故天将降大任于斯人也，必先苦其心志，劳其筋骨，饿其体肤，空乏其身，行拂乱其所为，所以动心忍性，曾益其所不能[⑦]。

管夷吾是从狱官手中选拔出来充任国相的。

“人恒过，然后能改；困于心，衡于虑[⑧]，而后作；征于色，发于声，而后喻。

“入则无法家拂士[⑨]，出则无敌国外患者，国恒亡。然后知生于忧患而死于安乐也。”

【注解】

①畎（quǎn）：田间小沟。畎亩，田间，田地。②傅说举于版筑之间：版筑，在夹版中填土，再用杵夯实以成墙。傅说原是判了刑的人，殷高宗武丁从苦役中起用了他。③胶鬲（gé）举于鱼盐之中：胶鬲是从卖鱼盐的商贩子中被举用起来的。胶鬲，商朝贤臣，起初贩卖鱼和盐，周文王把他举荐给纣。后来又辅佐周武王。④管夷吾：即管仲。士：主管监狱的官。⑤孙叔敖举于海：孙叔敖隐居在海滨，楚庄王起用他为令尹。⑥百里奚举于市：百里奚是春秋时期虞国大夫，虞王被俘后，他由晋入秦，又逃到楚，后来秦穆公用五羖（gǔ，黑色公羊）羊皮把他赎出来，用为大夫。市，市场，做买卖的地方。⑦曾：同“增”。⑧衡于虑：思虑堵塞。衡，通“横”，堵塞，指不顺。⑨拂（bì）：辅弼。

【译文】

孟子说：“舜是在田野中发迹的，傅说是从筑墙的苦役中被提拔的，胶鬲是从贩卖鱼和盐的行业中被推举上来的，管夷吾是从狱官手中选拔出来充任国相的，孙叔敖是从海边僻远的地方拔用的，百里奚是从畜牧业主那里赎买上来的。所以上天要把治国治民的重任加在这人肩上，一定先要（给他降临种种困难，）使他心烦意乱，筋骨疲乏，肚肠饥饿，身无分文，干扰他做的事，从而令他从心意竦动中得到锻炼，性格变得坚韧，由此而增加他的能力。

“一个人，经过了多次错误和失败的教训，然后才能改过自新；经过了艰苦的思想斗争，然后才能有所作为；憔悴的颜色和慷慨的悲歌表现出来了，然后才能得到人们的了解。

“一个国家，要是国内没有通晓法度的大臣和足以辅弼国君的士子，国外又缺乏对敌国侵扰的远虑，这样的国家就常常是要灭亡的。从这里，我们可以懂得人为什么在忧患中能够生存，而在安乐中却反会遭到毁灭的道理了。”

尽心章句

【原文】

孟子曰：“尽其心者，知其性也。知其性，则知天矣。存其心，养其性，所以事天也。夭寿不贰，修身以俟之，所以立命也。”

【译文】

孟子说：“能够竭尽他的善心的，便是真正了解了人的本善的天性。懂得了人的本善的天性，就是懂得了天命。（一个人）保存他的善心，培养他本善的天性，目的就在于正确对待天命。无论短命或是长寿，都毫不怀疑动摇，只是修身养性以等待天命，这便是安身立命的方法。”

【原文】

孟子曰：“莫非命也①，顺受其正。是故知命者不立乎岩墙之下②。尽其道而死者，正命也；桎梏死者，非正命也。”

【注解】

①莫非命：这句是禁戒之辞，禁戒一个人不可非命而死。莫，即不要。②岩墙：将要倒塌的墙。

【译文】

孟子说：“不要去非命而死，而要去顺理而行，接受正常的天命吧！所以懂得天命的人不会站到就要倒塌的墙壁下面。一切完全按照正道行事而死的人，他所接受的是正常的天命，那些因为犯罪坐牢而死的人，他们所接受的就不是正常的天命。”

【原文】

孟子曰：“求则得之，舍则失之，是求有益于得也，求在我者也。求之有道，得之有命，是求无益于得也，求在外者也。”

【译文】

孟子说："（有的东西）追求它就能得到，放弃它就会失掉，这种追求对获得（这个东西）有益处的，因为所追求的东西就存在于我本身之内，（能否获得它，就看我自己而已。）（有的东西）追求它要有一定的原则，得到它与否得看命运的安排，这种追求对获得（这个东西）是毫无益处的，因为所追求的东西存在于我的身外。（能不能得到它就由不得自己了。）"

求之有道，得之有命。

【原文】

孟子曰："万物皆备于我矣。反身而诚，乐莫大焉。强恕而行，求仁莫近焉。"

【译文】

孟子说："世间的一切，我都具备了。如果我反躬自问，发现自己是诚实的，就没有什么比这更使我快乐的了。凡事努力推行推己及人的恕道，达到仁德的道路就没有比这更近的了。"

【原文】

孟子曰："行之而不著焉，习矣而不察焉，终身由之而不知其道者，众也。"

【译文】

孟子说："（人人都有仁义之心，）如果仅仅这样做下去，却不明白为什么要这样做，天天习以为常，却不问个所以然，终生终世打这条道路走，却不考究一下这是条什么道路，这种人便是一般的人。"

【原文】

孟子曰："人不可以无耻。无耻之耻，无耻矣。"

【译文】

孟子说："一个人不可以没有羞耻；一个人如果能够感到自己没有羞耻为可耻，（因而改过自新，）他便可以终身不再蒙受羞耻了。"

【原文】

孟子曰："耻之于人大矣，为机变之巧者，无所用耻焉。不耻不若人，何若人有？"

【译文】

孟子说："羞耻对于人来说关系非常大；那些搞阴谋诡计的人，是没有什么地方用得着羞耻的。一个人要是不把不如别人看作是羞耻，那他还有什么地方能比得上别人呢？"

【原文】

孟子曰："君子有三乐，而王天下不与存焉。父母俱存，兄弟无故[①]，一乐也。仰不愧于天，俯不怍于人[②]，二乐也。得天下英才而教育之，三乐也。君子有三乐，而王天下不与存焉！"

【注解】

①故：灾患丧病。②怍（zuō）：惭愧。

【译文】

孟子说："君子有三桩乐事，但是使天下归服并不包含在里面。父母全都健在，兄弟也没灾没病，是第一桩乐事；上对得住天，下对得起人，是第二桩乐事；得到天下优秀的人才对他们进行教育，是第三桩乐事。君子有三桩乐事，但是使天下归服并不包含在里面。"

【原文】

孟子曰："孔子登东山而小鲁，登泰山而小天下[①]。故观于海者难为水，游于圣人之门者难为言。观水有术，必观其澜。日月有明，容光必照焉[②]。流水之为物也，不盈科不行；君子之志于道也，不成章不达[③]。"

【注解】

①东山、泰山：东山，蒙山，在山东南部。泰山，亦作太山。②容光：透光的小缝。③成章：指学问积累多了，自然而然就能把文章写成。达：指由此及彼。"

【译文】

孟子说："孔子登上了东山，便觉得鲁国小了，登上了泰山，便觉得天下小了。所以对于看过大海的人，别的水就很再难吸引他了，对于曾在圣人门下学习过的人，别的言论就很难再打动他了。看水有方法，一定得看它壮阔的波澜。日月有光辉，连小小的缝隙也一定能够照到。流水这个东西，不填满地上的坑洼，是不会前进的；君子有志于钻研大道，不通过大量的学识道德的积累，是不能够由此及彼，洞察事理的。”

【原文】

孟子曰：“春秋无义战①。彼善于此，则有之矣。征者，上伐下也，敌国不相征也。”

【注解】

①春秋无义战：春秋之时礼崩乐坏，诸侯之间因为各自利益而相互攻伐，故云。

【译文】

孟子说：“春秋那个时代几乎没有合乎义的战争，（相对而言，）那次战争比这次战争好点（的情况），就还是有的。（为什么说春秋没有合乎义的战争呢？因为）征讨这个词，是指上面的天子讨伐下面违反王命的诸侯，地位相等的国家是不得互相征伐的。”

【原文】

孟子曰：“尽信《书》，则不如无《书》。吾于《武成》，取二三策而已矣①。仁人无敌于天下，以至仁伐至不仁，而何其血之流杵也②？”

尽信《书》，则不如无《书》。

【注解】

①策：古人用于书写记录的用竹简编联成的竹册。②杵：舂米的木棒。

【译文】

孟子说：“完全相信《书》，还不如没有《书》。我对于《书》中《武成》这篇文章，只不过采用其中两三段文字罢了。一个仁德的人在天下是没有敌人的，以周武王这样仁爱的贤君，去讨伐商纣那样最不仁爱的暴君，（百姓是极其欢迎的），所以又怎么会发生血流成河，连舂米的木棒都给血河漂走的事呢？”

诗经

诗经

《诗经》是我国古代第一部诗歌总集，作品产生的时代，上起西周初年（约公元前11世纪），下迄春秋中叶（约公元前7世纪）。《诗经》是中国优秀传统文化中的核心经典之一。

《诗经》

作者

《诗经》中各诗是由王官、太师收集的。以后孔子删诗做了编辑工作，其对《诗经》的传播起了重要作用。

时代 商至春秋时期

《诗经》全面地展示了中国周代时期（商、西周、东周、东周春秋中期）的社会生活，真实地反映了中国奴隶社会从兴盛到衰败时期的历史面貌。其中有些诗，如《大雅》中的《生民》《公刘》《绵》《皇矣》《大明》等，记载了后稷降生到武王伐纣，是周部族起源、发展和立国的历史叙事诗。

内容 中国最早的诗歌总集 共305首

《风》

《风》是由各国采集的民歌，反映了周朝各地的风土人情。《诗经》选录了15个诸侯国的诗歌，是为15国风，共160篇。

《雅》：《大雅》《小雅》

《雅》是西周士大夫阶层的诗歌，《大雅》和《小雅》的区别相当于后世的大小曲和小调，共103篇。

《颂》：《周颂》《鲁颂》《商颂》

《颂》是祭祀用的宗教音乐，用以歌颂神灵和祖先。周是当时的王室，颂诗最多；商是周的前一代，有颂；鲁国虽只是一个诸侯国，但因有大功于周室，所以也有颂，《颂》共40篇。

关　雎

【原文】

关关雎鸠[①]，在河之洲[②]。窈窕淑女[③]，君子好逑[④]。

参差荇菜[⑤]，左右流之[⑥]。窈窕淑女，寤寐求之[⑦]。

求之不得，寤寐思服[⑧]。悠哉悠哉[⑨]，辗转反侧[⑩]。

参差荇菜，左右采之。窈窕淑女，琴瑟友之[⑪]。

参差荇菜，左右芼之[⑫]。窈窕淑女，钟鼓乐之[⑬]。

【注解】

①关关：水鸟相互和答的鸣声。雎（jū）鸠（jiū）：水鸟名，即鱼鹰。相传这种鸟情意专一。②河：黄河。③窈（yǎo）窕（tiǎo）：幽静美丽的样子。淑：好，善。④逑（qiú）：配偶。⑤参（cēn）差（cī）：长短不齐的样子。荇（xìng）菜：一种水生植物，可以采来做蔬菜吃。⑥流：顺水之流而摘取。⑦寤（wù）：睡醒。寐（mèi）：睡着。⑧思服：思念。⑨悠哉：思虑深长的样子。哉：语气词，相当于“啊”“呀”。⑩辗转反侧：在床上翻来覆去睡不安稳。⑪友：动词，亲近。⑫芼（mào）：择取。⑬乐：使动用法，使……乐，使……高兴。

【译文】

“关关……关关”彼此鸣叫相应和的一对雎鸠，栖宿在黄河中一方小洲上。娴静美丽的好姑娘，正是与君子相配的好对象。

长短不齐的荇菜，顺着水势时左时右地去采摘它。娴静美丽的好姑娘，睁开眼或在睡梦里，心思都追求着她。

追求她却不能得到她，睁眼时或在睡梦里不能止息对她的思念。那么深长的深长的思念啊，翻来覆去不能成眠。

长短不齐的荇菜，顺着水势时左时右地将它采摘。娴静美丽的好姑娘，必能琴瑟和鸣相亲相爱。

长短不齐的荇菜，左右选择才去摘取。娴静美丽的好姑娘，敲钟打鼓地将你迎娶。

卷　耳

【原文】

采采卷耳[①]，不盈顷筐[②]。嗟我怀人[③]，寘彼周行[④]。

陟彼崔嵬[5]，我马虺隤[6]。我姑酌彼金罍[7]，维以不永怀[8]。

陟彼高冈[9]，我马玄黄[10]。我姑酌彼兕觥[11]，维以不永伤[12]。

陟彼砠矣[13]，我马瘏矣[14]。我仆痡矣[15]，云何吁矣[16]。

【注解】

①采采：茂盛的样子。卷耳：植物名，即苍耳，嫩苗可以吃。②盈：满。顷筐：一种筐子，前低后高像箕形。③嗟（jiē）：叹词。怀人：想念的人。④周行：大路。⑤陟（zhì）：上升，登上。崔（cuī）嵬（wéi）：本指土山上盖有石块，后来引申为高峻不平的山。⑥虺（huī）隤（tuí）：足病跛蹶难走的样子。⑦姑：姑且。酌（zhuó）：斟酒，舀取。金罍（léi）：一种黄金装饰的青铜酒器。⑧维：发语词。以：用，借以。永怀：长久地思念。⑨高冈：高高的山脊。⑩玄黄：泛指因疲劳过度而生的病。⑪兕（sì）觥（gōng）：觥是大型的酒器，兕是头上只长一只角的野牛，用兕牛的角做的觥叫兕觥。⑫伤：忧伤，忧思。⑬砠（jū）：盖着泥土的石山。⑭瘏（tú）：马病不能走路前进。⑮痡（pū）：人病不能行。⑯吁：忧伤，忧愁。

【译文】

采呀采那卷耳菜，采不满小小一浅筐。心中想念我的丈夫，我将小筐搁置在大道旁。

他该在登向高高的土石山了，我马也跑得腿软疲累。我姑且把金杯斟满酒，借此暂脱心里的长相思。

他该在登向高高的山脊梁了，我马也病得眼玄黄。我姑且把犀角大杯斟满酒，借此不让心中长久悲伤。

他该在登向乱石冈了，我马疲病倒在一旁。仆人也累得病恹恹了，这是什么样的哀愁忧伤！

桃夭

【原文】

桃之夭夭[1]，灼灼其华[2]。之子于归[3]，宜其室家[4]。

桃之夭夭，有蕡其实[5]。之子于归，宜其家室。

桃之夭夭，其叶蓁蓁[6]。之子于归，宜其家人。

桃之夭夭，灼灼其华。

【注解】

①夭夭（yāo）：娇嫩而茂盛的样子。②灼灼（zhuó）：花朵开得火红鲜艳的样子。华：同“花”。③之：指示代词，这，这个。子：女子，姑娘。于：往。归：女子出嫁，后世就用“于归”指出嫁。④宜：和顺。使动用法，使……和顺。室家：家庭。以下“家室”“家人”同义。⑤有：助词，放在形容词的前面。有蕡：同“蕡蕡”（fén），指桃子又圆又大将成熟、红白相间的样子。⑥蓁蓁（zhēn）：叶子茂密的样子。

【译文】

桃树多么繁茂，盛开着鲜花朵朵。这个姑娘出嫁了，她的家庭定会和顺美满。
桃树多么繁茂，垂挂着果实累累。这个姑娘出嫁了，她的家室定会和顺美满。
桃树多么繁茂，桃叶儿郁郁葱葱。这个姑娘出嫁了，她的家人定会和顺美满。

鹊　巢

【原文】

维鹊有巢[①]，维鸠居之[②]。之子于归[③]，百两御之[④]。
维鹊有巢，维鸠方之[⑤]。之子于归，百两将之[⑥]。
维鹊有巢，维鸠盈之[⑦]。之子于归，百两成之[⑧]。

【注解】

①维：发语词。鹊：喜鹊。有巢：比兴男子已造家室。②鸠：一说鸤鸠，今称“八哥”；一说鸠为布谷鸟。据李时珍《本草纲目》中“八哥居鹊巢”可知鸠指的是八哥。③归：嫁。④百：虚数，指数量多。两：同“辆”。御（yà）：同“迓”，迎接。⑤方：并，比，此指占据。⑥将（jiāng）：送。⑦盈：满。此指陪嫁的人很多。⑧成：迎送成礼，此指结婚礼成。

【译文】

喜鹊筑好巢，八哥去居住。这女子要出嫁，无数车子迎接她。
喜鹊筑好巢，八哥去占领。这女子要出嫁，无数车子护送她。
喜鹊筑好巢，八哥住满它。这女子要出嫁，无数车队成全她。

采　蘋

【原文】

于以采蘋[①]，南涧之滨。于以采藻[②]，于彼行潦[③]。

于以盛之？维筐及筥[4]。于以湘之[5]？维锜及釜[6]。

于以奠之[7]？宗室牖下[8]。谁其尸之[9]？有齐季女[10]。

【注解】

①蘋：多年生水草，可食用。②藻：聚藻，生于水底，叶像蒿，可以食用。③行潦（lǎo）：沟中积水。行，通“衍”水沟；潦，路上的流水、积水。④筥（jǔ）：圆形的筐。方称筐，圆称筥。⑤湘：烹煮供祭祀用的牛羊等。⑥锜（yǐ）：有三足的锅。釜：无足锅。⑦奠：放置。⑧宗室：宗庙、祠堂。牖（yǒu）：窗户。⑨尸：主持。古人祭祀用人充当神，称尸。⑩有：语首助词，无义。齐（zhāi）：美好而恭敬，“斋”之省借。季：少、小。

【译文】

哪里可以采浮萍？南面水溪边。哪里可以采水藻？在那浅流积水处。

盛它用什么？方筐和圆筐。煮它用什么？三脚锅和无脚锅。

祭祀时把它放哪里？宗庙天窗下。谁是祭祀的主持人？一位恭敬的少女。

绿　衣

【原文】

绿兮衣兮，绿衣黄里[1]。心之忧矣，曷维其已[2]。

绿兮衣兮，绿衣黄裳[3]。心之忧矣，曷维其亡[4]。

绿兮丝兮，女所治兮[5]。我思古人[6]，俾无訧兮[7]。

絺兮绤兮[8]，凄其以风[9]。我思古人，实获我心[10]。

【主旨讲解】

这是一篇沉痛的悼亡诗。在挚爱的妻子不幸亡故后，诗人睹物思人，反复翻看着伴侣遗下的绿衣黄裳，不觉心如刀割，悲恸黯然。诗篇措辞凄凉，音韵低沉，“绿衣”意象多次出现，尤增“物在人亡”的无限惆怅。

绿兮丝兮，女所治兮。

【注解】

①衣：外衣。里：内衣。②曷：何时，怎么。

维：语气词。已：停止。③裳：下衣。④亡：同“忘”。⑤女：同“汝”，你。治：制，纺织。⑥古：通“故”，离世，故去。⑦俾：使，让。訧（yóu）：过失，失误。⑧絺（chī）：细葛布。绤（xì）：粗葛布。⑨凄：寒冷。其：形容词词尾，“……的样子”。以：因为。⑩实：实在，确实。获：得。

【译文】

绿色的衣服啊，绿上衣黄衬里。心中的忧伤，何时才能终止！

绿色的衣服啊，绿上衣黄裙裳。心中的忧伤，何时才能消亡！

绿色的丝啊，是你亲手纺出。我思念故人，使我避免了多少过错！

粗粗细细葛布衣，穿上身凉风习习。我思念故人，实在合我的心意！

燕燕

【原文】

燕燕于飞①，差池其羽②。之子于归③，远送于野④。瞻望弗及⑤，泣涕如雨！

燕燕于飞，颉之颃之⑥。之子于归，远于将之⑦。瞻望弗及，伫⑧立以泣。

燕燕于飞，下上其音。之子于归，远送于南。瞻望弗及，实劳我心⑨。

仲氏任只⑩，其心塞渊⑪。终温且惠⑫，淑慎其身⑬。先君之思⑭，以勖寡人⑮。

【注解】

①于：语助词，无实义。②差（cī）池：长短不齐的样子。③之：指示代词，这，这个。子：姑娘。于归：出嫁。④于：往。野：郊外。⑤瞻望：向远处看。⑥颉（jié）：往下飞。颃（háng）：往上飞。⑦将：送。⑧伫（zhù）：站着等候。⑨劳：愁苦，忧伤。⑩仲：排行第二。任：可以信任。只：语气词。⑪塞：通“寋”，充实，诚实。渊：深远，宽广。⑫终：既。⑬慎：谨慎，稳重。⑭先君之思：即“思先君”。先君：指故去的国君。⑮勖（xù）：勉励、激励。寡人：古代国君自称。

【译文】

燕子双飞，参差不齐展翅膀。这位女子要出嫁，远远地送她到郊外。渐渐望她望不见，泪珠滚滚如雨下。燕子双飞，忽上忽下追随忙。这位女子要出嫁，送她不嫌路途长。渐渐望她望不见，久久站立泪涟涟。燕子双飞，忽高忽低相鸣唱。这位女子要出嫁，远远地送她城南外。渐渐望她望不见，苦苦思念欲断肠。二妹令人可信任，她心地真诚虑事深。既温和又贤惠，为人善良又谨慎。常说：“怀念已故的国君。”临别对我多劝勉。

击 鼓

【原文】

击鼓其镗①，踊跃用兵②。土国城漕③，我独南行。

从孙子仲④，平陈与宋⑤。不我以归⑥，忧心有忡⑦。

爰居爰处⑧，爰丧其马⑨。于以求之⑩，于林之下。

死生契阔⑪，与子成说⑫。执子之手，与子偕老。

于嗟阔兮⑬，不我活兮⑭。于嗟洵兮⑮，不我信兮⑯。

【注解】

①其：助词。镗（tāng）：象声词。击鼓声。古代有皮做的鼓，敲鼓的声为冬冬；有青铜制的鼓，敲的声音为镗镗。②踊跃：操练武术时，踊跃、进退的样子。兵：刀、枪一类的武器。③土：用作动词，以土修造城。国：首都。城：用作动词，筑城。漕：卫国的地名，在今河南省境内。④孙子仲：卫国军队的将帅。⑤平：平定，讨伐。陈、宋：国名，在今河南省境内。⑥不我以归：即“不以我归”。以：即“与”，允许，让。⑦有：助词。有忡：即“忡忡”，心神忧虑不安的样子。⑧爰：疑问代词，于何，在何处。⑨丧：丢失，散失。⑩于以：同“于何”，在哪里。⑪契：合。阔：离。死生契阔：死生离合，生离死别。⑫子：此处指作者的妻子。成说：订约，指临别时的誓言。⑬于嗟（jiē）：感叹词。阔：远别遥隔。⑭不我活：即“不活我”。活：使动用法，使……活下去。⑮洵（xiòng）：通“敻”，久远。⑯不我信：即“不信我”。信：信用，守约。

【译文】

战鼓擂得镗镗响，战士们踊跃练刀枪。修建国都建漕城，只有我从军往南方。

跟随统帅孙子仲，平定两国陈与宋。不让我回归家园，想家让我忧心忡忡。

在哪里居住？在哪里驻扎？在哪里丢失了马？在哪里寻到它？在那树林之下。

生死永远不分离，已与你立下誓盟。我会紧紧握着你的手，和你到老在一起。

击鼓其镗，踊跃用兵。

啊！如今天各一方，叫我怎么活！啊！别离时日已久，叫我如何实现诺言！

柏 舟

【原文】

泛彼柏舟[①]，在彼中河[②]。髧彼两髦[③]，实维我仪[④]。

之死矢靡它[⑤]！母也天只[⑥]，不谅人只！

泛彼柏舟，在彼河侧。髧彼两髦，实维我特[⑦]。

之死矢靡慝[⑧]！母也天只，不谅人只！

【注解】

①泛：漂浮貌。②中河：即河中。③髧（dàn）：头发下垂貌。两髦：古代男子未成年，前额作齐眉发；两侧头发扎为两绺左右垂下，谓之两髦。④实：是。维：为。仪：配偶。⑤之：到。矢：发誓。靡：无。⑥也、只：语助词。⑦特：配偶。⑧慝（tè）：同“忒”，改变。

【译文】

柏木舟漂流着，在河的中央。垂着额发的少年，是我的好对象。

到死不再有他想。我的母亲我的天，却不体谅我心肠！

柏木舟漂流着，在河的两旁。垂着额发的少年，是我的好情郎。

到死不变这愿望。我的母亲我的天，却不体谅我心肠！

相 鼠

【原文】

相鼠有皮[①]，人而无仪[②]。人而无仪，不死何为[③]？

相鼠有齿，人而无止[④]。人而无止，不死何俟[⑤]？

相鼠有体[⑥]，人而无礼。人而无礼，胡不遄死[⑦]？

【注解】

①相（xiàng）：看，瞧。②仪：威仪，礼仪。③何为：为何。④止：容止。言行适当，有所节制。或借作“耻”。⑤俟：等待。⑥体：肢体，身体。⑦遄（chuán）：速，快，立即。

【译文】

看那老鼠都有皮，人却不懂礼仪。人既没有礼仪，活着还有什么意义？

看那老鼠都有牙齿，人却不知廉耻。人既没有廉耻，不死还待何时？

看那老鼠都有肢体，人却不懂守礼。人既不懂守礼，为什么还不赶快死？

氓

【原文】

氓之蚩蚩[①]，抱布贸丝[②]。匪来贸丝[③]，来即我谋。送子涉淇，至于顿丘[④]。匪我愆期[⑤]，子无良媒。将子无怒[⑥]，秋以为期[⑦]。

乘彼垝垣[⑧]，以望复关[⑨]。不见复关，泣涕涟涟。既见复关，载笑载言[⑩]。尔卜尔筮[⑪]，体无咎言。以尔车来，以我贿迁。

桑之未落，其叶沃若[⑫]。于嗟鸠兮，无食桑葚。于嗟女兮，无与士耽。士之耽兮，犹可说也[⑬]。女之耽兮，不可说也！

桑之落矣，其黄而陨[⑭]。自我徂尔[⑮]，三岁食贫。淇水汤汤[⑯]，渐车帷裳[⑰]。女也不爽，士贰其行[⑱]。士也罔极[⑲]，二三其德！

三岁为妇，靡室劳矣。夙兴夜寐，靡有朝矣。言既遂矣，至于暴矣。兄弟不知，咥其笑矣[⑳]。静言思之[㉑]，躬自悼矣[㉒]。

及尔偕老[㉓]，老使我怨。淇则有岸，隰则有泮[㉔]。总角之宴[㉕]，言笑晏晏[㉖]。信誓旦旦，不思其反。反是不思，亦已焉哉！

【注解】

①氓（méng）：民，人，诗中男子的代称。蚩蚩（chī）：憨厚的样子，或同“嗤嗤”，笑嘻嘻的样子。②布：古货币名。贸：买，交易。拿钱来买丝。一说“布”作“布匹”。以布匹换取丝，是以物换物。③匪：同“非”，不是。④顿丘：卫国地名。今河南清丰县西南。⑤愆：拖延，耽误。愆期：约期而失信。⑥将（qiāng）：愿，请。⑦秋以为期：即“以秋为期”。⑧乘：登上。垝（guǐ）：毁坏，倒塌。垣（yuán）：墙。⑨复关：地名，氓所居住的地方。⑩载：语助词。载笑载言：又说又笑。⑪尔：你。卜：用火灼龟甲，根据裂纹来判定吉凶。筮（shì）：用蓍（shī）草依法排比成卦卜筮，以判吉凶。⑫其：代词，桑。沃若：润泽、茂盛的样子。⑬说：通“脱”，解脱，摆脱。⑭陨（yǔn）：坠落。⑮徂（cú）：往，到。徂尔：嫁给你。⑯汤汤（shāng）：水势很大的样子。⑰渐：浸湿。帷裳：车上的帷帐。写女子被弃后，渡淇水回去的情形。⑱贰：有二心，不专一。⑲罔：无。极：准则。罔极：没有准则，行为不端。⑳咥（xì）：嬉笑的样子。带有讥讽的意味。㉑静言：冷静地。㉒躬：自身。悼：悲伤。㉓及：和，与。尔：你。㉔隰（xí）：低湿的地方。泮（pàn）：岸边。㉕总角：古人未成年时将头发束成丫状角髻。宴：欢乐。㉖晏晏：相处和悦融洽的样子。

【译文】

农家小伙笑嘻嘻，抱着布来换我的蚕丝。不是有心换丝，借机找我商量婚事。送他过淇水，送到顿丘才告辞。不是我拖延婚期，是你没有找个好媒人。请你不要生我气，约定秋天作为婚期。登上那破败的墙垣，眺望我思念的复关。不见我的复关，伤心泪儿涟涟。见到我的复关，又笑又说心欢畅。你去占卦问卜，卦象没有不吉的话。驾着你的车来，搬迁我的嫁妆。桑树叶儿未落，桑叶又嫩又润。唉，斑鸠，别贪吃那桑葚。唉，女人，不可与男人迷恋。男人迷恋，还可以解脱。女人迷恋，就无法自拔。桑树叶儿落下，枯黄憔悴任飘零。自从我嫁到你家，三年来吃苦受穷。淇河水奔流荡荡，浸湿了车上的帷帐。我做妻子并没有过错，男人你却反复无常。男人变化无常性，三心二意坏德行。做你妻子三年，家务辛劳没有不干。早起晚睡，天天如此，干也干不完。家业有成已安定，就变得粗暴无礼。兄弟们不知真相，嘻嘻讥笑再加嘲讪。静静细想，独自伤心悲叹。曾经发誓，与你白头到老，这样的偕老使我怨恨。淇水虽宽有堤岸，沼泽虽阔有边涯。回想少年未嫁时，你说我笑温雅无间。誓言说得响亮，却不料如今翻脸变冤家。违背的誓言不愿再想，从今与你一刀两断！

既见复关，载笑载言。

黍　离

【原文】

彼黍离离[①]，彼稷之苗[②]。行迈靡靡[③]，中心摇摇。知我者谓我心忧，不知我者谓我何求。悠悠苍天，此何人哉？

彼黍离离，彼稷之穗。行迈靡靡，中心如醉。知我者谓我心忧，不知我者谓我何求。悠悠苍天，此何人哉！

彼黍离离，彼稷之实。行迈靡靡，中心如噎。知我者谓我心忧，不知我者谓我何求。悠悠苍天，此何人哉！

【注解】

①彼：指示代词，那，那个。黍（shǔ）：黍子，一种农作物，籽实去皮后叫黄米。离离：排列成行，整齐繁密的样子。②稷（jì）：谷子，一种农作物，籽去皮后叫小米。③行迈：行走不止。一说，

迈为远行。靡靡：步行缓慢的样子。

【译文】

知我者谓我心忧，不知我者谓我何求。

那黍子生长满田畴，那谷子抽苗绿油油。我举步迟迟，因为心中彷徨愁闷。理解我的人说我心中忧愁，不理解我的人说我有什么贪求。悠悠苍天啊，是谁害得我要离家走？

那黍子生长满田畴，那谷子抽穗垂下头。我举步迟迟，心中忧闷如醉。理解我的人说我心中忧愁，不理解我的人说我有什么贪求。悠悠苍天啊，是谁害得我要离家走？

那黍子生长满田畴，那谷子结实不胜收。我举步迟迟，心中哽塞郁闷。理解我的人说我心中忧愁，不理解我的人说我有什么贪求。悠悠苍天啊，是谁害得我要离家走？

君子于役

【原文】

君子于役①，不知其期②。曷至哉③？鸡栖于埘④，日之夕矣⑤，羊牛下来。君子于役，如之何勿思⑥！

君子于役，不日不月⑦。曷其有佸⑧？鸡栖于桀⑨，日之夕矣，羊牛下括⑩。君子于役，苟无饥渴？

【注解】

①君子：古代妻子对丈夫的敬称。于：去，往。役：古代徭役。②期：服役的期限。③曷（hé）：何，何时。④埘（shí）：在墙上挖洞或砌泥筑成的鸡窝。⑤夕：指傍晚时分。“鸡栖于埘”、“羊牛下来”尚有定时，而服役的人却没有归期。⑥如之何：怎么。⑦不日不月：没有定期。⑧有（yòu）：又，重新。佸（huó）：相会，团聚。⑨桀（jié）：亦作“橥”，指木桩，或以木桩支架起来的鸡棚。⑩括：来，到。

【译文】

丈夫去服役，不知道他的归期。他什么时候才能回来？鸡儿回窝，太阳也要落西山，羊牛都下了山坡。丈夫去服役，叫我怎能不苦苦思念？

丈夫去服役，没日没月，何时才能相聚？鸡儿回窝，太阳也要落西山，羊牛都下了山坡。丈夫去服役，是否受到饥渴折磨？

扬之水

【原文】

扬之水，不流束薪[①]。彼其之子，不与我戍申[②]。怀哉怀哉，曷月予还归哉[③]？

扬之水，不流束楚。彼其之子，不与我戍甫[④]。怀哉怀哉，曷月予还归哉？

扬之水，不流束蒲[⑤]。彼其之子，不与我戍许[⑥]。怀哉怀哉，曷月予还归哉？

【注解】

①扬：水流缓慢无力貌。束薪：一捆柴。古代以“束薪”表示新婚。②彼其之子：“彼”和“之”都是第三人称代词。其，语助词。之子，所怀念的人。戍申：在申地防守。③曷：何。④甫：吕国，在今河南省南阳西。⑤蒲：蒲柳。⑥许：国名，在今河南省许昌市。

【译文】

水流缓慢流淌，漂不起一捆薪柴。家乡的妻子呀，不来同我守申地。思念你呀思念你，何时才能回家去。

水流缓慢流淌，漂不起一捆荆条。家乡的妻子呀，不来同我守甫地。思念你呀思念你，何时才能回家去。

水流缓慢流淌，漂不起一捆菖蒲。家乡的妻子呀，不来同我守许地。思念你呀思念你，何时才能回家去。

采　葛

【原文】

彼采葛兮[①]，一日不见，如三月兮！

彼采萧兮[②]，一日不见，如三秋兮！

彼采艾兮[③]，一日不见，如三岁兮！

【注解】

①葛：植物名。其纤维可以织布，块根可以吃。②萧：植物名。一种蒿子，有香气，古人用它来祭礼。③艾：植物名，烧艾叶可以治病。

【译文】

那采葛的姑娘，一天不见，像隔了三月不相见！

那采萧的姑娘，一天不见，像隔了三季不相见！

那采艾的姑娘，一天不见，像隔了三年不相见！

风 雨

【原文】

风雨凄凄[①]，鸡鸣喈喈[②]。既见君子[③]，云胡不夷[④]？

风雨潇潇[⑤]，鸡鸣胶胶[⑥]。既见君子，云胡不瘳[⑦]？

风雨如晦[⑧]，鸡鸣不已[⑨]。既见君子，云胡不喜？

【注解】

①凄凄：寒凉，阴冷。②喈喈：鸡叫的声音。③既：终于。④云胡：为何，为什么。夷：平静。⑤潇潇（xiāo）：风雨急骤的样子。⑥胶胶：鸡叫的声音。⑦瘳（chōu）：病愈。⑧晦（huì）：昏暗。⑨已：停止。

既见君子，云胡不喜！

【译文】

风雨交加阴又冷，鸡鸣喈喈报五更。丈夫已经回家来，心情为何不平静？

疾风骤雨冷潇潇，鸡叫咯咯报天明。丈夫已经回家来，心病为何不痊愈？

凄风冷雨天地昏，雄鸡报晓不停歇。丈夫已经回家来，心中为何不高兴？

子 衿

【原文】

青青子衿[①]，悠悠我心[②]。纵我不往，子宁不嗣音[③]？

青青子佩[④]，悠悠我思。纵我不往，子宁不来？

挑兮达兮[⑤]，在城阙兮[⑥]。一日不见，如三月兮。

【注解】

①衿（jīn）：衣领。②悠悠：思念不已的样子。③宁：岂，难道。嗣（sì）：继续。音：音信。嗣音：即保持联系。④佩：指身上佩玉石的绶带。⑤挑：跳跃。达：放恣。《毛传》："挑达，往来相见貌。"⑥阙（què）：城门两边的高台。

【译文】

青青的是你衣领的颜色，悠悠思念的是我的心。即使我不去看你，你为何不捎个音信？

青青的是你佩带的颜色，悠悠的是我的思念。即使我不去看你，你为何不来？

走来走去，心神不宁，在城门边的高台里。只有一天没见面，好像隔了三个月！

伐檀

【原文】

坎坎伐檀兮①，寘之河之干兮②，河水清且涟猗③。不稼不穑④，胡取禾三百廛兮⑤？不狩不猎⑥，胡瞻尔庭有县貆兮⑦？彼君子兮⑧，不素餐兮⑨！

坎坎伐辐兮⑩，寘之河之侧兮⑪，河水清且直猗⑫。不稼不穑，胡取禾三百亿兮⑬？不狩不猎，胡瞻尔庭有县特兮⑭？彼君子兮，不素食兮！

坎坎伐轮兮⑮，寘之河之漘兮⑯，河水清且沦猗⑰。不稼不穑，胡取禾三百囷兮⑱？不狩不猎，胡瞻尔庭有县鹑兮⑲？彼君子兮，不素飧兮⑳！

【注解】

①坎坎：伐木声。檀：檀树。此树木质坚韧，可以造车。②寘：放。之：代词，它。指檀木。后一个"之"是结构助词。干：岸。③且：而且。涟（lián）：风吹水面所起的波纹。猗：同"兮"，表示感叹语气。④稼（jià）：耕种。穑（sè）：收获。稼穑：指农业劳动。⑤胡：为什么。禾：百谷的通称。三百：形容很多，不是确数。廛（chán）：一百亩，古代一个成年男子耕种的田。⑥狩（shòu）：冬天打猎。猎：夜间打猎。统称狩猎为打猎。⑦瞻：看，瞧。庭：院子。县：同"悬"，悬挂。貆（huān）：一种像狐狸的小兽，即獾猪。⑧彼：那，那些。⑨素：白白地。素餐：白吃饭。此为反语。⑩辐：车轮中辏集于中心的直木、辐条。⑪侧：旁边，一边。⑫直：平。⑬亿：周代以十万为亿，指禾把的数目。这里泛指多。⑭特：三岁的兽，大野兽。⑮轮：车轮。⑯漘（chún）：水边，岸。⑰沦（lún）：小而圆的波纹。⑱囷（qūn）：圆形的谷仓。⑲鹑：鸟名，即鹌鹑。这里泛指飞禽。⑳飧（sūn）：熟食。泛指吃饭。

【译文】

砍伐檀树叮当响，把它置于河岸上，河水清清起波纹。你们既不播种又不收割，为什么拿走三百家的庄稼？不出狩又不打猎，为什么院子里挂獾猪？那些"君子"

呀，可不白吃饭哪！

砍伐车辐叮当响，把它置于河边上，河水清清不见波澜。你们既不播种又不收割，为什么拿走三百捆的庄稼？不出狩又不打猎，为什么院子里挂大兽？那些“君子”呀，可不白吃饭哪！

砍伐车轮叮当响，把它置于河水边，河水清清旋起波纹。你们既不播种又不收割，为什么拿走三百囷的庄稼？不出狩又不打猎，为什么院子里挂鹌鹑？那些“君子”呀，可不白吃饭哪！

蒹 葭

【原文】

蒹葭苍苍[①]，白露为霜。所谓伊人[②]，在水一方[③]。溯洄从之[④]，道阻且长[⑤]。溯游从之[⑥]，宛[⑦]在水中央。

蒹葭凄凄[⑧]，白露未晞[⑨]。所谓伊人，在水之湄[⑩]。溯洄从之，道阻且跻[⑪]。溯游从之，宛在水中坻[⑫]。

蒹葭采采[⑬]，白露未已[⑭]。所谓伊人，在水之涘[⑮]。溯洄从之，道阻且右。溯游从之，宛在水中沚。

所谓伊人，在水一方。

【注解】

①蒹（jiān）：又称荻，细长的水草。葭（jiā）：初生的芦苇。苍苍：芦苇入秋后，颜色深青，茂盛鲜明的样子。②谓：说。伊：指示代词，那，那个。③方：通“旁”。边，侧。④溯（sù）：逆着水流的方向行走。洄（huí）：弯曲盘旋的水道。从：追随，追寻，寻求。⑤阻：险阻，阻碍。⑥溯游：顺流而下。⑦宛：宛然，仿佛，好像。⑧凄凄：湿润的样子。⑨晞（xī）：干，晒干。⑩湄（méi）：水草交接的地方，水边，也即是岸边。⑪跻（jī）：地势高起。⑫坻（chí）：水中小沙洲。⑬采采：众多稠密的样子。⑭已：止。⑮涘（sì）：水边。

【译文】

细长的荻苇青苍苍，白露凝成冰霜。我思念的人啊，在水的那一边。逆着河道追寻她，道路崎岖而漫长。顺着流水追寻她，她好像在水的中央。细长的荻苇萋萋生，露水还没晒干。我思念的人啊，在河的岸边。逆着河道追寻她，道路崎岖而高险。顺着流水追寻她，她仿佛在水中沙洲上。细长的荻苇密密长，露水还没有消失。我思念的人啊，在河的水边。逆着河道追寻她，道路崎岖而曲折。顺着流水追寻她，她仿佛在水中沙滩上。

无　衣

【原文】

岂曰无衣，与子同袍。王于兴师，修我戈矛，与子同仇。

岂曰无衣，与子同泽。王于兴师，修我矛戟，与子偕作。

岂曰无衣，与子同裳。王于兴师，修我甲兵，与子偕行。

【译文】

谁说没有衣裳？和你共穿一件战袍。君王要起兵兴师，修整我们的戈与矛。和你共同对付敌人。谁说没有衣裳？和你共穿一件衣衫。君王要起兵兴师，修整我们的矛与戟，和你一起作战到底。谁说没有衣裳？和你共穿一件战裙。君王要起兵兴师，修整我们的铠甲兵器，和你并肩上战场。

七　月

【原文】

七月流火①，九月授衣②。一之日觱发③，二之日栗烈④。无衣无褐⑤，何以卒岁⑥？三之日于耜⑦，四之日举趾⑧。同我妇子，馌彼南亩⑨，田畯至喜⑩。

七月流火，九月授衣。春日载阳⑪，有鸣仓庚⑫。女执懿筐⑬，遵彼微行⑭，爰求柔桑⑮。春日迟迟⑯，采蘩祁祁⑰。女心伤悲，殆及公子同归⑱。

七月流火，八月萑苇⑲。蚕月条桑⑳，取彼斧斨㉑。以伐远扬，猗彼女桑。七月鸣鵙，八月载绩。载玄载黄，我朱孔阳，为公子裳。

【注解】

①七月：夏历七月。流：向下行。火：星名，又名“大火”“心宿”，是天蝎星座中最亮的一颗星。每年夏历五月，火星出现在正南方，六月以后，渐偏西，七月里便向西行沉下去，天气渐渐寒冷。②授衣：将缝制冬衣的工作交给女工。③一之日：夏历十一月，也即周历正月。周历以夏历十一月为正月。以下“二之日”“三之日”“四之日”，以此类推。觱（bì）发（bō）：风寒冷。④栗烈：同“凛冽”，空气寒冷。⑤褐：麻织短衣，无袖。⑥卒：终了。⑦于：修理。耜（sì）：农具，犁

的一种，用来耕地翻土。⑧举趾：抬脚，下田耕种。⑨馌（yè）：送饭。南亩：泛指田地。⑩田畯（jùn）：掌管农事的官。⑪载：开始。阳：温暖，暖和。⑫仓庚：黄莺。⑬懿（yì）筐：深筐。⑭遵：顺着，沿着。微行：小路。⑮爰：于是。⑯迟迟：缓缓，形容春季日长。⑰蘩（fán）：白蒿，养蚕用。祁祁：众多的样子。⑱殆：将，只怕。及：与。同归：指被公子强行带走。⑲萑（huán）苇：芦苇一类的草，可以制作蚕箔。此作动词，指收割萑苇。⑳蚕月：即夏历三月，这是养蚕的月份。条：动词，修剪。㉑斧斨（qiāng）：斧类工具（椭圆的叫斧，方的叫斨）。

【译文】

七月火星偏西方，九月女工制冬衣。十一月北风呼呼吹，十二月寒气凛冽刺骨。粗布衣服都没有，如何熬过寒冬期？正月里修理锄犁，二月份下田犁地。耕作和妻子儿女一起，饭菜送到田地，农官看到满心欢喜。七月火星偏西方，九月女工制冬衣。春天太阳暖洋洋，黄莺对对婉转啼。姑娘手提深竹筐，沿着那小路在行走，采呀采那嫩桑叶。春天日子渐渐长，采蒿的姑娘闹嚷嚷。姑娘心中暗悲伤，怕公子强邀一同归。七月火星偏西方，八月收割芦苇。三月修剪桑树，取来那把斧头，砍掉又高又长的枝条。七月伯劳树上唱，八月纺麻织布忙。染色有黑又有黄，我的红布最鲜艳，为那公子做衣裳。

【原文】

四月秀葽①，五月鸣蜩②。八月其获③，十月陨萚④。一之日于貉⑤，取彼狐狸，为公子裘。二之日其同⑥，载缵武功⑦，言私其豵⑧，献豜⑨于公。

五月斯螽动股⑩，六月莎鸡振羽⑪。七月在野，八月在宇，九月在户，十月蟋蟀，入我床下⑫。穹窒熏鼠⑬，塞向墐户⑭。嗟我妇子，曰为改岁⑮，入此室处。

六月食郁及薁⑯，七月亨葵及菽⑰。八月剥枣⑱，十月获稻，为此春酒⑲，以介眉寿⑳。七月食瓜，八月断壶㉑，九月叔苴㉒。采荼薪樗㉓，食我农夫㉔。

【注解】

①秀：植物不开花而结实叫“秀”。葽（yāo）：药草名，今名“远志”。②蜩（tiáo）：蝉。③获：收获庄稼。④陨：落下。萚（tuò）：草木的落叶。⑤于：猎取。貉（hè）：兽名。似狐狸，毛深厚温暖。⑥同：会合，指聚众打猎。⑦缵（zuǎn）：继续。武功：武事。此处指田猎，古时田猎也属于军事演习。⑧言：语助词。私：私人占有。豵（zōng）：一岁的小猪。此指小兽。⑨豜（jiān）：三岁的大猪，此指大兽。⑩斯螽：虫名，

七月流火，九月授衣。

即蚱蜢。动股：相传斯螽以两股相切发声。⑪ 莎（suō）鸡：虫名，即纺织娘。振羽：两翼鼓动发声。⑫“七月在野”四句：此四句写蟋蟀由远而近，由室外躲进室内过冬。⑬ 穹（qióng）：空隙，孔洞。窒：堵塞。⑭ 向：朝北的窗子。墐（jìn）：用泥涂抹。户：门。⑮ 改岁：过年，更改一岁。⑯ 郁：一种李子。薁（yù）：野葡萄。⑰ 亨：“烹”本字，煮。葵：蔬菜名，又名冬苋菜。菽（shū）：大豆黄豆一类。⑱ 剥：通“扑”，敲打。⑲ 春酒：冬日酿酒，春日始成，所以叫“春酒”。⑳ 介：祈求。眉寿：长寿。长寿的人生有长眉，故称。㉑ 断：摘取。壶：葫芦之类。㉒ 叔：拾取。苴（jū）：青麻子，可食。㉓ 荼（tú）：一种苦菜。薪：采薪，用作动词。樗（chū）：臭椿。㉔ 食（sì）：养活。

【译文】

四月远志结子囊，五月知了声声唱。八月庄稼要收割，十月落叶随风扬。十一月捕貉子，剥取狐狸皮，好给公子做皮衣。十二月大伙儿聚一起，继续打猎练武忙。猎到小兽归自己，大兽献到公堂里。五月蚱蜢弹腿鸣，六月纺织娘振羽叫。七月蟋蟀野外鸣，八月屋檐底下唱，九月进到屋门里，十月钻到我床下。打扫垃圾熏老鼠，塞住北窗，泥抹门缝来御寒。可怜我的妻子儿女，眼看就要过年关，挤进这破屋居住。六月里，吃那郁李和葡萄，七月里，烹煮冬葵和大豆。八月把那枣儿打，十月收割稻米香。将它酿成好春酒，祝贺老爷寿命长。七月吃瓜，八月摘葫芦，九月拾取青麻。采摘苦菜又砍柴，养活咱们农家人。

【原文】

九月筑场圃[①]，十月纳禾稼[②]。黍稷重穋[③]，禾麻菽麦[④]。嗟我农夫，我稼既同[⑤]，上入执宫功[⑥]。昼尔于茅[⑦]，宵尔索绹[⑧]。亟其乘屋[⑨]，其始播百谷。

二之日凿冰冲冲[⑩]，三之日纳于凌阴[⑪]。四之日其蚤[⑫]，献羔祭韭[⑬]。九月肃霜[⑭]，十月涤场。朋酒斯飨，曰杀羔羊。跻彼公堂，称彼兕觥，万寿无疆！

【注解】

① 筑场圃：把菜园修筑为打谷场。古时场圃同地轮用，春夏为圃，秋冬平整筑实为场。② 纳：收进谷仓。禾稼：五谷的通称。③ 黍稷重穋：都是谷物。黍：黍子，性粘。稷：高粱，性不粘。重：早种晚熟的谷。穋：晚种早熟的谷。④ 禾：此处专指小米。⑤ 同：收齐集中。⑥ 上：通“尚”，还要。执：执行，负担。宫功：修建宫室之事。⑦ 尔：语助词。于茅：去割茅草。⑧ 索绹：用手搓绳。绹（táo）：绳子。⑨ 亟：同“急”，赶快。乘屋：爬上屋顶修缮房屋。⑩ 冲冲：凿冰的声音。⑪ 凌阴：冰窖。⑫ 蚤：“早”的古字。⑬ 献羔祭韭：古代一种祭祀仪式，仲春二月，在取冰之时，以羔羊和韭菜祭司寒之神。⑭ 霜：同“爽”。肃霜：天高气爽。

【译文】

九月里筑好打谷场，十月粮食进谷仓。黍子、高粱、早晚谷、米、麻、豆、麦都入仓。可叹我农家人，庄稼收完，又要服役修宫房。白天出外割茅草，夜晚搓绳长又长。急急忙忙盖屋顶，开春又忙种庄稼。腊月凿冰咚咚响，正月里送进冰窖藏。二月早取冰祭寒神，献上韭菜和羊羔。九月天高气又爽，十月清扫打谷场。两樽美酒共品尝，宰杀肥美小羔羊。登上公堂，举起那牛角杯，同声高祝“万寿无疆”！

鹿　鸣

【原文】

呦呦鹿鸣[①]，食野之苹[②]。我有嘉宾[③]，鼓瑟吹笙[④]。吹笙鼓簧[⑤]，承筐是将[⑥]。人之好[⑦]我，示我周行[⑧]。

呦呦鹿鸣，食野之蒿[⑨]。我有嘉宾，德音孔昭[⑩]。视民不恌[⑪]，君子是则是傚[⑫]。我有旨酒[⑬]，嘉宾式燕以敖[⑭]。

呦呦鹿鸣，食野之芩[⑮]。我有嘉宾，鼓瑟鼓琴[⑯]。鼓瑟鼓琴，和乐且湛[⑰]。我有旨酒，以燕乐嘉宾之心。

【注解】

①呦呦（yōu）：鹿鸣叫的声音。②苹：草名，一说为蒿草，一说为马帚，即北方的扫帚菜。③嘉宾：贵宾、佳客。④瑟：古代弹拨乐器。笙（shēng）：古代的一种簧管乐器。⑤簧（huáng）：笙中之簧叶。鼓簧：指吹笙，鼓动簧叶而发声。⑥承：奉（“捧”之古体）。筐：指盛币帛之竹筐。承筐：指主人命奴仆捧出盛币帛的竹筐。将：送。⑦好（hào）：爱护。⑧示：指示。周行（háng）：大道，正道。⑨蒿（hāo）：青蒿。⑩德音：好品德，美名。孔：很。昭：明。孔昭：很显著。⑪视：古“示”字。恌（tiāo）：轻浮，不正派。不恌，指正派厚道。⑫君子：指有道德修养有学问的人。则：准则。傚（xiào）：效仿。⑬旨：美，甘。旨酒：美酒。⑭式：语助词。燕：同宴，宴会。敖：即“遨”字，游乐，逍遥。⑮芩（qín）：草名，蒿草之类。⑯琴：古代弹拨乐器名。古人往往以琴瑟喻夫妇或友人情谊和谐。⑰湛（chén）：同“沈”，深。

【译文】

群鹿呦呦鸣叫，来吃田野青苹。我有佳客贵宾来啊，弹瑟又吹笙。吹笙吹笙，鼓簧鼓簧，捧出盈筐币帛，来赠我那尊贵的客人啊！贵宾对我无限厚爱，教我道理最欢喜。

我有嘉宾，鼓瑟吹笙。

群鹿呦呦鸣叫，来吃田野青蒿。我有佳客贵宾来啊，品德高尚有美名。示范人们不可轻佻，君子学习好典型。我有琼浆美酒，贵宾就请畅饮逍遥吧！

群鹿呦呦鸣叫，来吃田野芩草。我有佳客贵宾来啊，弹瑟弹琴来助兴。弹瑟又弹琴，宾主和乐又尽兴。我有琼浆美酒，贵宾沉醉乐开怀。

常 棣

【原文】

常棣之华[①]，鄂不韡韡[②]。凡今之人，莫如兄弟。

死丧之威[③]，兄弟孔怀[④]。原隰裒矣[⑤]，兄弟求矣。

脊令在原[⑥]，兄弟急难[⑦]。每有良朋，况也永叹。

兄弟阋于墙[⑧]，外御其务[⑨]。每有良朋，烝也无戎[⑩]。

丧乱既平，既安且宁。虽有兄弟，不如友生[⑪]。

傧尔笾豆[⑫]，饮酒之饫[⑬]。兄弟既具[⑭]，和乐且孺[⑮]。

妻子好合，如鼓瑟琴。兄弟既翕[⑯]，和乐且湛。

宜尔室家[⑰]，乐尔妻帑[⑱]。是究是图，亶其然乎[⑲]！

【注解】

①常棣（dì）：又名唐棣，数朵花为一簇，实如樱桃状。诗中以此表达兄弟情谊。②鄂：花萼。韡韡（wěi）：光明、光辉。此处形容花色鲜明。③威：通“畏”，可怕。④孔怀：非常关心。⑤裒（póu）：缺少其人。⑥脊令：是一种水鸟。在原：水鸟在原，比喻有难。⑦急难：火速抢救之意。⑧阋（xì）：互相争斗，相互怨恨，相互争讼。⑨务：即“侮”。⑩烝（zhēng）：众多。戎（róng）：相助。⑪生：语助词，无义。⑫傧（bīn）：陈列。笾、豆：均系古代用于盛放食品的器皿。⑬饫（yù）：指家宴。又训餍，满足。⑭具：俱，集。⑮孺：属。有亲慕之义。⑯翕（xī）：聚合，收敛。⑰宜：安。室家：家人，此指夫妇。⑱帑（nǔ）：通“孥”，子孙。⑲亶（dǎn）：信，诚。

【译文】

常棣花开一簇簇，花萼鲜艳又夺目。遍观当今世人啊，哪有像兄弟那样亲又亲。

死亡的事多么可怕啊，只有兄弟相牵挂。原野洼地少个人啦，只有兄弟来寻找。

水鸟脊令落郊原，兄弟急忙救急难。虽有良朋益友，徒唤奈何且长叹。

兄弟既翕，和乐且湛。

兄弟家内也有纷争，对外则同心共御敌。虽有良朋益友，众友芸芸无所助啊。

死丧祸乱平定了，生活幸福又安宁。虽有手足亲兄弟，不如好友情谊深。

摆列餐具享美食，开怀畅饮酒意酣。兄弟相聚在一起，融洽笃爱且和乐。

妻儿和谐恩情深，奏瑟弹琴心相印。兄弟们友爱又和睦，融洽欢乐无穷尽。

家庭美满又幸福，妻儿相依乐陶陶。深思熟虑理自明呀，情况就是这样！

采　薇

【原文】

采薇采薇①，薇亦作止②。曰归曰归，岁亦莫止③。靡室靡家④，猃狁之故⑤。不遑启居⑥，猃狁之故。

采薇采薇，薇亦柔止⑦。曰归曰归，心亦忧止。忧心烈烈⑧，载饥载渴⑨。我戍未定⑩，靡使归聘⑪。

采薇采薇，薇亦刚止⑫。曰归曰归，岁亦阳止⑬。王事靡盬⑭，不遑启处⑮。忧心孔疚⑯，我行不来⑰。

彼尔维何⑱？维常之华⑲。彼路斯何⑳？君子之车。戎车既驾㉑，四牡业业㉒。岂敢定居？一月三捷㉓。

驾彼四牡，四牡骙骙㉔。君子所依㉕，小人所腓㉖。四牡翼翼㉗，象弭鱼服㉘。岂不日戒，猃狁孔棘㉙。

昔我往矣㉚，杨柳依依㉛。今我来思㉜，雨雪霏霏㉝。行道迟迟，载渴载饥。我心伤悲，莫知我哀！

【注解】

①薇：即野豌豆苗，可以食用。②作：初生。止：语助词。③莫：古“暮”字。④靡：无。⑤猃（xiǎn）狁（yǔn）：我国北方的少数民族。西周时称猃狁，春秋时称北狄，战国以后称匈奴。⑥遑（huáng）：暇。启：跪坐。居：安坐。古人席地而坐，两膝着席，跪坐时腰板伸直，臀都跟足跟离开；安坐时臀部贴在足跟上。⑦柔：幼嫩。⑧烈烈：火势猛烈的样子，这里指忧心如焚。⑨载：又。⑩戍：戍守，指驻守的地方。⑪使：使者。聘：问候。归聘：带回问候家人的音信。⑫刚：粗硬。指薇菜将老，茎叶变粗变硬。⑬阳：阴历十月。⑭靡盬：没有止境。盬（gǔ）：停止。⑮启处：与上文“启居”同义。⑯孔：非常。疚：痛苦。⑰来：返回，归来。⑱尔：同“尔”，花盛开的样子。维何：是什么。⑲常：通“棠”，棠棣。华：古“花”字。⑳路：同“辂（lù）”，古代的一种大车。斯何：同“维何”。㉑戎车：兵车，战车。㉒牡：雄马。业业：高大健壮的样子。㉓捷：通“接”，即接战。㉔骙骙（kuí）：强壮的样子。㉕依：乘。㉖腓（féi）：蔽护，掩护。㉗翼翼：行列整齐的样子。㉘弭（mǐ）：弓的两头缚弦的地方。象弭：用象牙镶饰的弓。鱼服：用鱼皮做的箭袋。服：通“箙”，箭袋。㉙棘：同“急”。㉚昔：过去。㉛依依：柳条随风摇曳飘拂的样子。㉜思：语助词。㉝雨（yù）：降落，散落。霏霏：大雪纷飞的样子。

【译文】

采薇菜呀采薇菜，薇菜新芽已长大。回家乡呀回家乡，已盼到年终岁尾。抛弃亲人离家园，只因匈奴来侵犯；跪不宁来坐不安，只因匈奴来侵犯。采薇菜呀采薇菜，薇菜柔嫩刚发芽。回家乡呀回家乡，心里忧愁多牵挂。忧心如同被火焚，又饥又渴真苦煞。防地调动难定下，无法给家人捎音信！采薇菜呀采薇菜，薇茎渐渐长硬。回家乡啊回家乡，又到十月“小阳春”。王室差事无休无止，想要休息没闲暇。心中充满忧愁伤痛，远征在外难归还！那绚丽耀眼的是什么？那是棠棣的花朵。高大的马车属于谁？那是将军的战车。驾起兵车要出战，四匹雄马矫健齐奔腾。边地怎敢图安居？一月要争几回胜！驾着那四匹雄马，什么车儿高又大？将军乘坐在车中，小兵掩护也靠它。四匹马步调一致，象牙弓配着鱼皮箭袋。哪有一天不戒备？匈奴实在太猖狂！回想我当初出征时，杨柳依依随风吹。如今回来路途中，雪花纷纷飘落下。我行路艰难慢慢走，又饥又渴真劳累。满心伤感满腔悲，却没有谁人知道我的哀痛！

昔我往矣，杨柳依依。今我来思，雨雪霏霏。

鸿雁

【原文】

鸿雁于飞，肃肃其羽①。之子于征，劬劳于野②。爰及矜人③，哀此鳏寡④。

鸿雁于飞，集于中泽。之子于垣⑤，百堵皆作⑥。虽则劬劳，其究安宅⑦。

鸿雁于飞，哀鸣嗷嗷⑧。维此哲人，谓我劬劳。维彼愚人，谓我宣骄⑨。

【注解】

①肃肃：羽翼声。②劬（qú）：劳苦，劳病。③爰：焉，于是。矜人：受苦人。④鳏（guān）：老而无妻曰鳏。寡：死了丈夫的妇女。⑤垣：垣墙。此处作动词用，指筑垣墙。⑥百堵：百重墙。皆："偕"之借。作：起。⑦究：终究。宅：此处作动词。⑧嗷嗷：哀鸣声。⑨宣：侈大。骄：放纵。

【译文】

雁儿飞呀飞，两翅沙沙响。使臣在征途，在那旷野苦辛劳奔波。救济穷苦人，鳏寡更可哀。

雁儿飞呀飞，落在湖中央。使臣巡工地，筑起百堵墙。尝尽了辛劳，穷人有住房。

雁儿飞呀飞，嗷嗷哀鸣声。只有这些明理之人，说我真辛劳。那些愚昧者，说我讲排场。

鹤 鸣

【原文】

鹤鸣于九皋①，声闻于野。鱼潜在渊，或在于渚。乐彼之园，爰有树檀，其下维萚②。它山之石，可以为错③。

鹤鸣于九皋，声闻于天。鱼在于渚，或潜在渊。乐彼之园，爰有树檀，其下维榖④。它山之石，可以攻玉⑤。

【注解】

①九：虚数。皋：沼泽地。②萚（tuò）：枯叶。③错：砺石，磨石。④榖（gǔ）：楮树。叶似桑，树皮可制纸。⑤攻玉：雕琢玉器。

【译文】

鹤儿长鸣在那曲折沼泽中，鸣声嘹亮传四野。鱼儿潜在深水里，有时游出近小岛。那令人赏心悦目的林园，有檀树大又高，树下落叶已焦枯。那个山上的石头，能把那玉石琢。

鹤儿长鸣在那曲折沼泽中，声音飘荡在云霄。鱼儿游在沙洲边，或者潜在深水里。那令人赏心悦目的林园，有那檀树大又高，又有楮树矮又小。那个山上的石头，同样可以把玉雕。

申伯还南，谢于诚归。

斯 干

【原文】

秩秩斯干①，幽幽南山②。如竹苞矣③，如松茂矣。兄及弟矣，式相好矣④，无相犹矣⑤。

似续妣祖⑥，筑室百堵⑦，西南其户。爰居爰处⑧，爰笑爰语。

约之阁阁[⑨]，椓之橐橐[⑩]。风雨攸除[⑪]，鸟鼠攸去，君子攸芋[⑫]。

如跂斯翼[⑬]，如矢斯棘[⑭]，如鸟斯革[⑮]，如翚斯飞[⑯]，君子攸跻[⑰]。

殖殖其庭[⑱]，有觉其楹[⑲]。哙哙其正[⑳]，哕哕其冥[㉑]，君子攸宁。

下莞上簟[㉒]，乃安斯寝。乃寝乃兴[㉓]，乃占我梦[㉔]。吉梦维何[㉕]？维熊维罴[㉖]，维虺维蛇[㉗]。

大人占之[㉘]：维熊维罴，男子之祥[㉙]；维虺维蛇，女子之祥。

乃生男子，载寝之床。载衣之裳，载弄之璋[㉚]。其泣喤喤[㉛]，朱芾斯皇[㉜]，室家君王[㉝]。

乃生女子，载寝之地[㉞]。载衣之裼[㉟]，载弄之瓦[㊱]。无非无仪[㊲]，唯酒食是议，无父母诒罹[㊳]。

【注解】

①秩秩：水流的样子。斯：此。干：通“涧”。②幽：深远的样子。南山：即终南山，在今陕西西安市南。③苞：茂密的样子。④好（hào）：亲善。⑤犹：通“尤”，过失。⑥似：通“嗣”，承继。妣：指女性祖先。⑦堵：墙。⑧爰：于是。⑨之：指筑墙版。阁阁：捆筑版的声音。⑩椓（zhuó）：击打，指夯土。橐橐（tuó）：夯土声。⑪攸：助词。⑫芋：“宇”的假借字，居住。⑬跂（qì）：通“企”，提起脚跟，此指人直立。翼：比喻人张开双臂。⑭棘：棱用。⑮革：“鞆”的假借字，翅膀。⑯翚（huī）：五彩山鸡。⑰跻：登。指登阶入宫室。⑱殖殖：平整的样子。庭：堂前之地。⑲有觉：高大的样子。楹：柱子。⑳哙哙（kuài）：宽敞明亮的样子。正：居室正室在向明处，指屋内明亮。㉑哕哕（huì）：深暗的样子。㉒莞（guān）：蒲草制的席。簟（diān）：竹席。㉓兴：起。㉔占（zhān）：占卜。㉕维：是。㉖罴（pí）：熊的一种，比熊大。㉗虺（huǐ）：毒虫。㉘大人：指占梦官。㉙祥：吉兆。《郑笺》：“熊罴在山，阳之祥也，故为生男；虺蛇穴处，阴之祥也，故为生女。”㉚弄：戏玩。璋：玉器，长条形，顶尖作斜角，是贵族的礼器。㉛泣：哭。喤喤：婴儿响亮的哭声。㉜朱芾（fú）：红色蔽膝，是天子及诸侯的服饰。皇：盛美。㉝室家：一家的人。指周王室家。㉞地：古人坐卧于席，席铺于地。㉟裼（tì）：包婴儿的被。㊱瓦：古代陶制纺轮。㊲仪：仪容。无仪：指女子柔顺，不显容仪。㊳诒：留给。罹（lí）：忧。

【译文】

潺潺流水清溪涧，幽静深远终南山。绿竹繁密人口多，如松茂盛家族旺。哥哥弟弟一起住，团结友爱多和善，从不相互生责怨。

继承先妣与先祖，建筑宫室数百间，大门朝着东西南。大家这里来居住，欢声笑语心情畅。

捆起筑版咯咯响，夯土咚咚声音响。房屋建成避风雨，鸟和老鼠都赶走，君王到此来安居。

堂屋端正如人立，好比箭头棱角齐，好比鸟儿展双翼，富丽更似锦鸡艳。君王登阶心欢喜。

宫内前庭多平整，柱子高大又正直。正房向阳多敞亮，旁屋宽阔深又暗，君

爰居爰处，爰笑爰语。

王安宁住里边。

草席上面铺竹席，晚上睡觉最安宁。睡觉醒后就起来，请人占卜把梦说。好梦梦见啥东西？又是熊来又是罴，又是虺来又是蛇。

占梦之人说梦道：又是熊来又是罴，要生男孩是吉兆；又是虺来又是蛇，是生女孩的先兆。

倘若生个男孩子，让他睡在小床上，给他穿上小衣裳，给他玩那小玉璋。闹哭起来真响亮，朱红蔽膝定堂皇，不是国君便是王。

若是生个女孩子，让她睡在地上席，将她包在小被里，让她玩那纺线器。不犯过失最柔顺，家中酒饭勤料理，别给父母添忧虑。

采　绿

【原文】

终朝采绿①，不盈一匊②。予发曲局③，薄言归沐④。

终朝采蓝⑤，不盈一襜⑥。五日为期，六日不詹⑦。

之子于狩⑧，言韔其弓⑨。之子于钓，言纶之绳⑩。

其钓维何⑪？维鲂及鱮⑫。维鲂及鱮，薄言观者。

【注解】

①绿：草名，花色深绿，古时用它的汁作“黛”色着画。②匊（jū）：通“掬”，捧。③曲：指头发卷曲貌。④薄言：语助词，此句薄字，含有急忙之意。沐：洗头。⑤蓝：草名，即蓼（liǎo）蓝，可以染青。⑥襜（chān）：古称蔽膝。相当于现在妇女洗衣做饭时系的围裙。⑦詹：到。⑧之：指示代词，这。子：指男子。于：动词词头。狩：冬猎，这里泛指打猎。⑨言：发语词。韔（chàng）：弓袋。这里用作动词，将弓放进弓袋。⑩纶：钓鱼用的丝线。⑪维：是。⑫鲂：鱼名，即鳊鱼。鱮（xù）：鱼名，又名鲢鱼。

【译文】

采绿采了一大早，双手捧起不满捧。我的头发乱蓬蓬，回家洗头梳妆好。采蓝采了一大早，围裙兜起还不满。约好五天就归家，六天还不见踪影。丈夫出门去打猎，我愿帮他装弓箭。丈夫河边去钓鱼，我愿帮他缠鱼线。丈夫钓的什么鱼？是那鲂鱼和鲢鱼。是那鲂鱼和鲢鱼，让我看看有多少。

何草不黄

【原文】

何草不黄[①]？何日不行[②]？何人不将[③]，经营四方[④]？
何草不玄[⑤]？何人不矜[⑥]？哀我征夫，独为匪民[⑦]！
匪兕匪虎[⑧]，率彼旷野[⑨]。哀我征夫，朝夕不暇[⑩]。
有芃者狐[⑪]，率彼幽草[⑫]。有栈之车[⑬]，行彼周道[⑭]。

【注解】

①黄：枯黄。②行：行役。③将：义同“行”，出征。④经营：往来，操劳。⑤玄：赤黑色，指草由枯而腐烂。⑥矜（guān）：通“鳏”，劳瘁病苦。⑦匪：通“非”。⑧匪：通“彼”，那，那些。兕（sì）：只生一只角的野牛。⑨率：循着，沿着。⑩暇：空暇，闲暇。⑪有：助词，放在形容之前，无实义。有芃（péng）：同“芃芃”，草木茂盛的样子。此处形容蓬蓬松松的狐狸尾巴。⑫幽草：深茂的野草丛。⑬栈：高耸、高大的样子。⑭周道：大道。

哀我征夫，朝夕不暇。

【译文】

哪种草呀不枯黄？什么日子不出行？哪有人呀不去征役？往来经营走四方。
哪种草儿不枯萎？哪有人儿不经苦难？可怜我们出征人，偏偏不被当人看。
不是野牛，不是老虎，却要奔波在旷野上。哀痛我们出征人，从早到晚没空闲。
狐狸尾巴蓬松松，沿着路边钻草丛。高高的役车征夫坐，行在漫漫的大道上。

文　王

【原文】

文王在上[①]，于昭于天[②]。周虽旧邦[③]，其命维新[④]。有周不显[⑤]，帝命不时。文王陟降，在帝左右。

亹亹文王[⑥]，令闻不已[⑦]。陈锡哉周，侯文王孙子[⑧]。文王孙子，本支百世[9]，凡周之士[10]，不显亦世[11]。

世之不显，厥犹翼翼[12]。思皇多士[13]，生此王国。王国克生，维周之桢[14]。济济多士[15]，文王以宁。

穆穆文王[16]，於缉熙敬止[17]。假哉天命[18]，有商孙子[19]。商之孙子，其丽不亿[20]。上帝既命，侯于周服[21]。

侯服于周，天命靡常[22]。殷士肤敏[23]，祼将于京[24]。厥作祼将，常服黼冔[25]。王之荩臣[26]，无念尔祖。

亹亹文王，令闻不已。

无念尔祖[27]，聿修厥德[28]。永言配命[29]，自求多福。殷之未丧师[30]，克配上帝[31]。宜鉴于殷[32]，骏命不易[33]！

命之不易，无遏尔躬[34]。宣昭义问[35]，有虞殷自天[36]。上天之载，无声无臭。仪刑文王，万邦作孚[37]！

【注解】

①文王：即周文王姬昌。②于（wū）：感叹词。③旧邦：周自后稷开国，防纤夏王之业，故曰旧邦。④命：指天命。维新：指周朝新受命於天，故曰其命维新。⑤不：通“丕”，大。⑥亹亹（wěi）：勤勉貌。⑦令闻：好声誉。⑧“陈锡”两句：陈：犹敷也。一说陈，借为申，一再之意。锡：通“赐”。侯：维，只有。⑨本：冈王的嫡系。支：庶支。⑩士：指周之异姓群臣。⑪亦世：累世。⑫犹：煤。翼翼：小心的样子。⑬思：发语词。⑭桢：干，骨干。⑮济济：众多的样子。⑯穆穆：仪表美好的样子。⑰於：叹词。缉熙：光明正大。敬：恭谨。止：语助词。⑱假：大。⑲有：占有。⑳丽：数目。㉑侯：只有。服：臣服。㉒靡：无。㉓肤：美。敏：聪敏。㉔祼（guàn）：即灌祭，祭礼的一种仪式。㉕服：穿戴。黼（fǔ）：殷商礼服。冔（xǔ）：殷商礼帽。㉖荩（jìn）：忠进之臣。㉗无：语助词。㉘聿：发语词。㉙永：长。㉚师：众也。㉛上帝：天之主宰。㉜鉴：镜，借鉴。㉝骏：大。㉞遏：遏止，断绝。㉟宣昭：宣明。义问：美好的声望。问：通“闻”。㊱有：同“又”。虞：度，鉴戒。㊲孚：信。

【译文】

文王天上有英灵，远比上天还明亮。周朝虽然是旧邦，却是新受命于天。周朝前途很光明，上帝意志光万丈。文王神灵升与降，常伴天帝在天庭。

勤恳忙碌周文王，美好声誉传四方。广施洪福兴周邦。文王子孙都兴旺。文王子孙代代传，本宗庶支洪福广。凡为周朝文武臣，世世代代显荣光。

世世代代都荣光，谋事谨慎多仔细。贤士众多有美德，纷纷涌现在周邦。周国能出众贤士，均为周朝好栋梁。济济一堂来扶持，文王用以安家邦。

文王庄穆品行好，心地光明又美善。上天之命真伟大，殷商子孙繁衍多。殷商子孙数不完，数目岂止有万万。上帝已经下命令，殷商称臣服周邦。

对周称臣服周邦，天命无常不可违。殷商群臣多聪敏，齐聚周京祭周王。他们纷纷行灌礼，照穿黼裳戴殷冠。成王所冈诸贤臣，祖先功德记心间。

祖先功德记心间，继承其德祖业传。常顺天命不可违，要求幸福靠自强。殷商未失民众时，能应天命民不反。殷之兴亡应借鉴，国运永远不易主。

国命永昌实在难，切勿不要自绝天。发扬光大好名声，殷之兴亡实由天。上天之事不可测，没有声息无法猜。老老实实学文王，万国诸侯都敬仰。

思 齐

【原文】

思齐大任[①]，文王之母，思媚周姜[②]，京室之妇[③]。大姒嗣徽音[④]，则百斯男。惠于宗公，神罔时怨，神罔时恫[⑤]。刑于寡妻[⑥]，至于兄弟，以御于家邦。雝雝雍在宫[⑦]，肃肃在庙[⑧]。不显亦临，无射亦保[⑨]。肆戎疾不殄[⑩]，烈假不瑕。不闻亦式，不谏亦入[⑪]。肆成人有德，小子有造[⑫]。古之人无斁[⑬]，誉髦斯士[⑭]。

【注解】

① 思：发语词。齐：端庄。大任：即太任，王季之妻，文王的母亲。② 周姜：即太姜，古公父之妻，王季之母。③ 京室：即王室。④ 大姒：即太姒，文王之妻。⑤ 恫：伤心。⑥ 刑：指法律。⑦ 雝雝（yōng）：和睦的样子。⑧ 肃肃：严肃恭敬的样子。⑨ 不显：即“丕显”，明显的事。⑩ 肆：所以。戎疾：指明西戎的边患。殄：断绝。⑪ 入：采纳。⑫ 小子：儿童。⑬ 斁：厌。⑭ 誉：有声望。

【译文】

太任谨慎又端庄，她是文王的母亲。周姜为人最可爱，太王妻子住京城。太姒继承好名声，许多贵子先后生。文王顺奉先祖，神灵对他很满意，神灵对他很满意。他给妻子作礼法，一视同仁对兄弟，推行全国都遵从。他在宫中和睦又相亲，他在宗庙中肃穆又端庄。他在众人前最是清明理事，他在人后更是谨慎自制。大灾大难他已肃清，害人瘟疫不再发生。广采众言虚心纳谏，逆耳忠言也能听进去。如今成人品德好，小孩也能够深造。文王教育不知倦，英才辈出个个强。

板

【原文】

上帝板板[①]，下民卒瘅[②]。出话不然[③]，为犹不远[④]。靡圣管管[⑤]。不实于亶[⑥]。犹之未远，是用大谏。

天之方难，无然宪宪[⑦]。天之方蹶[⑧]，无然泄泄[⑨]。辞之辑矣[⑩]，民之洽矣[⑪]。辞之怿矣[⑫]，民之莫矣[⑬]。

我虽异事[⑭]，及尔同僚[⑮]。我即尔谋[⑯]，听我嚣嚣[⑰]。我言维服[⑱]，勿以为笑。先民有言[⑲]，询于刍荛[⑳]。

天之方虐，无言谑谑[㉑]。老夫灌灌[㉒]，小子跻跻[㉓]。匪我言耄[㉔]，尔用忧谑[㉕]。多将熇熇[㉖]，不可救药。

天之方侪[㉗]，无为夸毗。威仪卒迷[㉘]，善人载尸[㉙]。民之方殿屎[㉚]，则莫我敢葵[㉛]？丧乱蔑资[㉜]，会莫惠我师[㉝]。

天之牖民[㉞]，如埙如篪[㉟]，如璋如圭[㊱]，如取如携。携无曰益，牖民孔易[㊲]。民之多辟[㊳]，无自立辟[㊴]。

价人维藩[㊵]，大师维垣，大邦维屏，大宗维翰。怀德维宁，宗子维城。无俾城坏，无独斯畏。

敬天之怒，无敢戏豫。敬天之渝，无敢驰驱。昊天曰明，及尔出王。昊天曰旦，及尔游衍。

【注解】

①上帝：指周厉王。板板：反常。②卒：同“悴”，言积劳成疾。瘅（dàn）：因劳致病。③不然：不对。④犹：同“猷”，指政策。不远：没有远见。⑤靡圣：眼中没有圣人。管管：无所凭依而恣意放纵。⑥亶（dàn）：诚，信。⑦宪宪：喜悦的样子。⑧蹶：动乱。⑨泄泄：指妄发议论。⑩辞：王朝政令。辑：和，指政令宽缓协调。⑪洽：和谐。⑫怿：同“殬”，败坏。⑬莫：通“瘼”，病痛。⑭异事：即事异，职务不同。⑮同僚：同为王臣。⑯即：就。⑰嚣嚣：同“謷謷”，指听不进批评意见。⑱维：是。服：治。⑲先民：古人。⑳刍：草。荛：柴。刍荛：此处指樵夫。朱熹《诗集传》：“古人尚询及刍荛，况其僚友乎？”㉑谑谑：喜乐的样子。㉒灌灌：即“款款”，诚恳貌。㉓跻跻：指态度傲慢。㉔耄：老，这里指错乱糊涂的话。㉕忧谑：戏谑。㉖熇熇（hè）：火炽盛貌。㉗侪：怒。㉘迷：迷乱。㉙载：则。尸：《郑笺》：“君子贤人则如尸矣，不复言语。”㉚殿屎（xī）：呻吟。㉛葵：通“揆”，猜疑。㉜蔑：无。资：资财。㉝师：众庶。㉞牖：引导，诱导。㉟埙（xūn）：古代吹奏乐器。篪：古代竹制的一种管乐器。㊱璋、圭：朝廷所用的玉制礼器。㊲孔易：很容易。㊳辟：通“僻”，邪僻。㊴辟：法。立辟：即立法。㊵价：大，善。维：是。藩：藩篱。

【译文】

犹之未远，是用大谏。

上帝行为违反了常道，天下庶民都遭殃！你的话语不合情理，你的政策没有远见。目无圣人恣意放荡，不务实际经常食言。为政实在鼠目寸光，所以我来进行大谏！

老天正在降灾难，不要这样太高兴。老天正在降骚乱，切莫把话胡乱讲。政教协调和谐了，人民才能乐陶陶。政令混乱败坏了，人民苦难不得宁。

你我掌职务有别，同为王臣与友僚。与你一起商大计，你却不听也不理。我是在讲治国道，你莫以为是玩笑。先人曾经有话云：可找樵夫来商量。

上天肆意来作虐，切莫嬉乐而无节。老夫我忠心耿耿，小子你情态傲慢。并非老朽装糊涂，忧患岂可当笑谑。多做坏事难收拾，死到临头难救药。

老天正在发脾气，你别卑躬谗媚样。君臣礼仪尽迷乱，好人闭口如死尸。人民痛苦正呻吟，无人对我敢怀疑。丧乱流离资财尽，恩泽何曾施群黎！

上天诱导老百姓，好像吹调很平和，好像圭璋密契合，如提如携来相帮。提携生民无阻绝，诱导人民多容易。如今人间多乱子，枉自立法没用场！

贤良臣民是藩篱，大众黎庶是垣墙。诸侯大国是屏障，王宗大族是栋梁。施行善德民安康，王亲嫡子是干城。切莫把那城墙毁，不要施展你淫威！

恭肃对待上天怒，不要戏谑无拘忌。谨慎观察天变化，不敢恣纵任驰驱。老天眼睛最明亮，与你一起同出行。上帝眼睛最清朗，与你同行游四方。

维天之命

【原文】

维天之命①，於穆不已②。於乎不显③，文王之德之纯④！假以溢我⑤，我其收之⑥。骏惠我文王⑦，曾孙笃之⑧。

【注解】

①维：思。或为发语词，无义。②穆：美。不已：不止。③於乎：即“呜呼”，赞叹词。不：通“丕”，大。显：显耀，显明。④纯：大。⑤假：高亨《诗经今注》：“假，借为胡，何也。溢，

借为恤。”此句是问文王之神。⑥收：受。⑦骏：大。惠：顺。⑧曾孙：指后世子孙。笃：厚。

【译文】

天道在默默运行，庄严肃然不停息。多么显耀多光明，文王之德光明纯正。仁政使我得安宁，承受文王之德行。遵顺文王的意旨，后世子孙要力行。

烈 文

【原文】

烈文辟公①，锡兹祉福②。惠我无疆③，子孙保之。无封靡于尔邦④，维王其崇之⑤。念兹戎功⑥，继序其皇之⑦。无竞维人⑧，四方其训之⑨。不显维德⑩，百辟其刑之⑪。於乎，前王不忘！

【注解】

①烈：光明。文：有文采。辟（bì）公：诸侯。②锡：赐。祉：福。③惠：顺。④封靡：大罪。⑤崇：尊敬。⑥戎功：成功。⑦皇：光大。⑧竞：强。人：指贤人。⑨训：顺。⑩不显：大显。⑪百辟：众诸侯。刑：通“型”，典范，楷模。

无竞维人，四方其训之。

【译文】

功德齐备的众诸侯啊，先王赐你大福祥。对我周朝要驯顺，子孙长保世代昌。别让你国犯大罪，王将重重给封赏。想起先人大功劳，继承祖业更努力。得到贤人最要紧，四方定会竞相从。你们德行能昭明，天下诸侯都模仿。先祖典范应铭记。

尚书

尚书

《尚书》是中国最古的记言的历史典籍。这里的“尚”是上古的意思，也有崇尚之意，这里的“书”是公文的意思，它的性质相当于后世的档案，不是泛指图书。

《尚书》

时代　商至春秋时期

《尚书》保存了商、周特别是西周初期的一些重要史料，主要是虞、夏、商、周各代典、谟、训、诰、誓、命等文献，但虞、夏及商代部分的文献是根据传闻写成的，不太可靠。

内容　中国第一部上古历史文件

除了那些记录的文献之外，《尚书》还保留了当时的记言散文，其中有以人名为标题的，如《高宗肜日》《西伯戡黎》；还有以内容为标题的，如《洪范》《无逸》，也有叙事较多的，如《顾命》《尧典》，其中的《禹贡》，假托为夏禹治水的记录，但实为古地理志，与全书体例不一，应该是后人写的。

尧　典

【原文】

昔在帝尧，聪明文思[①]，光宅天下[②]。将逊于位，让于虞舜[③]，作《尧典》。

曰若稽古[④]，帝尧曰放勋，钦、明、文、思、安安[⑤]，允恭克让[⑥]，光被四表[⑦]，格于上下[⑧]。克明俊德[⑨]，以亲九族[⑩]。九族既睦，平章百姓[⑪]。百姓昭明，协和万邦。黎民于变时雍[⑫]。

乃命羲和[⑬]，钦若昊天[⑭]，历象——日月星辰[⑮]，敬授民时。分命羲仲宅隅夷[⑯]曰旸谷[⑰]。寅宾出日[⑱]，平秩东作[⑲]。日中[⑳]星鸟[㉑]，以殷仲春[㉒]。厥民析[㉓]，鸟兽孳尾[㉔]。申命羲叔宅南交[㉕]。平秩南为[㉖]，敬致[㉗]。日永[㉘]星火[㉙]，以正仲夏。厥民因[㉚]，鸟兽希革[㉛]。分命和仲宅西曰昧谷，寅饯纳日[㉜]，平秩西成[㉝]。宵中[㉞]、星虚[㉟]，以殷仲秋。厥民夷[㊱]，鸟兽毛毨[㊲]。申命和叔宅朔方[㊳]

曰幽都，平在朔易[39]。日短[40]、星昴[41]、以正仲冬。厥民隩[42]，鸟兽氄毛[43]。帝曰："咨[44]汝羲暨和[45]，期三百有六旬有六日[46]，以闰月定四时成岁。允厘百工[47]，庶绩咸熙[48]。

帝曰："畴咨若时登庸[49]？"

放齐曰："胤子朱启明[50]。"

帝曰："吁！嚚讼可乎[51]？"

帝曰："畴咨若予采[52]？"

驩兜曰："都！共工方鸠僝功[53]。"

帝曰："吁！静言庸违，象恭滔天[54]。"

帝曰："咨！四岳。汤汤洪水方割，荡荡怀山襄陵，浩浩滔天。下民其咨，有能俾乂[55]？"

佥曰："於！鲧哉[56]。"

帝曰："吁！咈哉，方命圮族[57]。"

岳曰："异哉！试可乃已[58]。"

帝曰，"往，钦哉[59]！"九载，绩用弗成。

帝曰："咨！四岳。朕在位七十载，汝能庸命，巽朕位[60]？"

岳曰："否德，忝帝位[61]。"

曰："明明扬侧陋[62]。"

师锡帝曰："有鳏在下[63]，曰虞舜。"

帝曰："俞[64]！予闻，如何？"

岳曰："瞽子，父顽，母嚚，象傲，克谐以孝，烝烝乂，不格奸[65]。"

帝曰："我其试哉！"女于时[66]，观厥刑于二女[67]。"厘降二女于妫汭，嫔于虞[68]。

帝曰："钦哉！"

尧帝命令羲氏与和氏，恭谨制定历法。

【注解】

①文：治理天下。思：考虑事情很果断，有计谋。②宅：充满。③逊：退避。让：禅让。④曰若：发语词，常用于追述往事的开端。稽：考察。⑤钦：恭敬。明：明察四方。安安：温和，宽容。钦、明、文、思、安安，概指尧的五德。⑥允：诚实。恭：恭谨。克：能够。让：

推贤尚善。⑦被：覆盖。四表：四海之外。⑧格：到达。上下：指天地。⑨俊：才智超人。⑩九族：君主的至亲，指高祖、曾祖、祖、父、自己、子、孙、曾孙、玄孙九代。⑪平：分辨。章：彰明。百姓：百官族姓。⑫黎：众。于变：相递变化。时：善。雍：和睦。⑬羲和：羲氏与和氏，相传都是重黎的后代，世世掌管天地和四时。⑭若：顺从。昊：广大。⑮历：推算。象：取法。⑯宅：居住。隅夷：地名，相传在东海之滨。⑰旸（yáng）谷：传说中日出的地方。⑱寅：恭敬。宾：迎。⑲平秩：辨别测定。作：始。⑳日中：指春分，这一天昼夜长短相等。㉑星鸟：星名，南方朱雀七宿。㉒殷：确定。仲：每季中间的那一个月。㉓厥：其。析：分散。㉔孳尾：生育繁衍。㉕申：重，又。交：地名，指交趾。㉖南为：指农业劳动。㉗致：归来。㉘日永：指夏至，这一天白昼最长。永：长。㉙星火：火星名，东方青龙七宿之一。㉚因：就高地而居。㉛希革：羽毛稀疏。㉜饯：送行。纳日：落日。㉝西成：太阳西落的时刻。成：终。㉞宵中：指秋分，这一天昼夜长短相等。㉟星虚：星名，北方玄武七宿之一。㊱夷：平，指回到平地居住。㊲毨（xiǎn）：羽毛更生。㊳朔方：北方。㊴平：辨别。在：观察。易：改易，这里指运行。㊵日短：指冬至，这一天白昼最短。㊶星昴（mǎo）：星名，西方白虎七宿之一。㊷隩（yù）：室，这里指入室避寒。㊸氄（rǒng）毛：柔软的细毛。㊹咨：叹词。㊺暨：与。㊻期：指一周年。有：通“又”。旬：十日。㊼允：用。厘：治。百工：百官。㊽庶：众。咸：都。熙：兴。㊾畴：谁。若：顺应。登庸：升用。㊿放齐：人名，尧帝之臣。胤（yìn）：后代。朱：指尧的儿子丹朱。启明：开明，指明白政事。51吁：惊异之词。嚚（yín）：不说忠信的话。讼：争辩。52采：政事。53“欢兜”两句：欢兜：人名，尧帝之臣，四凶之一。都：语气词，表赞美。共工：人名，尧帝之臣，四凶之一。方：通“防”，防止。鸠：通“救”，救护。僝（zhuàn）：具有。54“静言”两句：静言：巧言。庸：常。违：邪僻。象恭：貌似恭敬。滔：轻慢。55四岳：四方诸侯之长。汤汤（shāng）：水大的样子。方：普遍。割：危害。荡荡：广大的样子。怀：包围。襄：漫过。滔天：指巨浪冲天的样子。俾：使。乂（yì）：治理。56“佥曰”句：佥：都。於：叹词，表赞美。鲧：尧帝之臣，夏禹的父亲。57“咈哉”两句：咈（fú）：违背。方命：放弃教命。圮（pǐ）：毁坏。族：族类。58“异哉”两句：异：举，起用。已：用。59钦：敬。60“汝能”两句：庸：用。巽（xùn）：践：履行，升任。61否（pǐ）：鄙陋。忝（tiǎn）：辱，不配。62明明：明察贤明的人。扬：推举。侧陋：疏远隐匿，指地位卑微的人。63“师锡”句：师：众人。锡：提议。鳏：疾苦的人。64俞：对，表示肯定意义的应对副词。65瞽（gǔ）：瞎子，这里指舜的父亲乐官瞽瞍。顽：不依德义。象：指舜的异母弟弟。克：能够。烝烝：厚美。格：至。奸：邪恶。66女：嫁女。时：通“是”，指舜。67刑：法则。二女：指尧的两个女儿娥皇、女英。68厘：命令。妫（guī）：水名。汭（ruì）：河流弯曲之处，这里指舜居住的地方。嫔：嫁人为妇。

【译文】

帝尧在位时，睿智而果断，光辉普照天下。后来，帝尧想把帝位禅让给虞舜。史官据此写成《尧典》。

查考古代的旧事，可知尧帝的名字叫作放勋，他恭敬节俭，明察四方，智虑通达，待人宽厚，性格温和。他推贤让善，光辉普照四方，泽及天地。尧帝发挥大德，使亲族关系和睦。亲族之间和睦相处，他又辨明百官族姓的善恶。百官族姓的善恶辨明以后，又协调诸侯之间的关系。这样，天下百姓在相递变化之中和睦相处。

于是，尧帝命令羲氏、和氏恭谨地奉行天道，让他们推算日月星辰的运行规律，制定历法，以教导人民按照时令节气从事农业生产。尧帝又命令羲仲居住在东方的旸谷，让他恭敬地迎接日出，测定日出的时刻。昼夜长短相等，黄鸟在黄昏时

尧帝命令和叔确定仲冬时节。

出现于正南方，依照这种情况可以确定仲春时节。在这个时节，百姓开始分散于田间进行耕作，鸟兽开始生育繁殖。又命令羲叔住在南方的交趾，辨明测定太阳向南的运行规律，恭敬地迎接太阳南归。白天时间最长，火星在黄昏时出现于正南方，依照这种情况可以确定仲夏时节。在这个时节，百姓都迁居到高处，鸟兽的羽毛都稀疏了。尧帝又命令和仲住在西方一个名叫昧谷的地方，让他辨明测定日落的时刻。昼夜长短相等，虚星在黄昏时出现于正南方，依据这种情况可以确定仲秋时节。在这个时节，百姓又迁居到平地上，鸟兽长出新的羽毛。又命令和叔居住在北方一个名叫幽都的地方，让他谨慎观察太阳北行的规律。白天时间最短，昴星在黄昏时出现于天的正南，依据这种情况可以确定仲冬时节。在这个时节，百姓都躲在室内生火取暖（以躲避寒冷），鸟兽都长出了柔软细密的毛。尧帝说："啊！羲氏与和氏啊，你们以三百六十六天为一周年，要用加闰月的办法来确定四季而构成一年。在这个基础上，明确地划分百官的职责，这样各种事情就都兴起了。"

尧帝问："谁能顺应天命，可以提升任用呢？"

放齐说："您的儿子丹朱明白政事，可以担当重任。"

尧帝说："唉！丹朱为人浮夸，又喜好辩论，怎么能担此重任呢？"

尧帝问："谁能遵循我的法度处理政务呢？"

驩兜说："哦！共工防治水灾取得了很大的成绩，可以担当重任。"

尧帝说："唉！共工虚情假意，为人邪僻，看似恭敬谨慎，实则连上天都敢轻慢。"

尧帝说："啊！四方诸侯的君长啊，滔滔洪水为害人间，水势汹涌包围了大山，漫过了丘陵，浩浩荡荡，波浪滔天，百姓都在忧愁叹息，谁能治理洪水呢？"

诸侯们都说："啊！鲧可以担此重任。"

尧帝说："唉！不行啊，这个人违逆乖戾，常常不服从命令，危害同族。"

诸侯们说："起用他吧，让他试一试，如果不行，就罢免他的职务。"

尧帝说："那么你就去吧！鲧啊，你一定要谨慎行事啊！"鲧治水九年，未见成效。

尧帝说："啊！四方诸侯的君长啊，我在位已经七十年了，你们谁能承受天命，替代我而成为天子呢？"

诸侯们说："我们的德行鄙陋，恐难担当重任。"

尧帝说："可以考察贵族中的贤明之人，也可以举用身份卑微的贤良之士。"

诸侯们说："民间有一个贫苦的人，名字叫作虞舜。"

尧帝说："啊！这人我也听说过，他的为人到底怎么样呢？"

众人回答说："他是乐官瞽瞍的儿子，其父瞽瞍心术不正，继母爱说谎话，他的异母弟傲慢骄狂，但舜能够与他们和睦相处。因为他的品德厚美，既能很好处理与家人的关系，又不使自己沦于邪恶。"

尧帝说："我考验考验他吧。我要把两个女儿嫁给舜，以便从女儿那里考察舜的行事准则和道德修养。于是，尧帝命令自己的两个女儿到妫水的拐弯处，嫁给虞舜为妻。

尧帝勉励道："要恭敬地处理政事啊！"

益　稷

【原文】

帝曰："来，禹！汝亦昌言。"禹拜曰："都！帝，予何言？予思日孜孜[①]。"皋陶曰："吁！如何？"禹曰："洪水滔天，浩浩怀山襄陵[②]，下民昏垫[③]。予乘四载[④]，随山刊木[⑤]，暨益奏庶鲜食[⑥]。予决九川距四海[⑦]，濬畎浍距川[⑧]；暨稷播，奏庶艰食、鲜食[⑨]。懋迁有无[⑩]，化居[⑪]。烝民乃粒[⑫]，万邦作乂[⑬]。"皋陶曰："俞！师汝昌言[⑭]。"

禹曰："都，帝！慎乃在位[⑮]。"帝曰："俞！"禹曰："安汝止[⑯]，惟几惟康[⑰]，其弼直，惟动丕应。徯志以昭受上帝[⑱]，天其申命用休[⑲]。"

帝曰："吁！臣哉，邻哉[⑳]！邻哉，臣哉！"

禹曰："俞！"

帝曰："臣作朕股肱耳目[㉑]。予欲左右有民，汝翼[㉒]。予欲宣力四方，汝为[㉓]。予欲观古人之象[㉔]，——日、月、星、辰、山、龙、华虫、作会[㉕]；宗彝、藻、火、粉米、黼黻，絺绣[㉖]；——以五采彰施于五色[㉗]，作服，汝明。予欲闻六律、五声、八音[㉘]，在治忽[㉙]以出纳五言[㉚]，汝听。予违，汝弼。汝无面从，退有后言[㉛]。钦四邻[㉜]！庶顽谗说，若不在时，侯以明之[㉝]，挞以记之[㉞]；书用识哉[㉟]，欲并生哉！工以纳言，时而飏之[㊱]；格则承之庸之[㊲]，否则威之[㊳]。"

禹曰："俞哉！帝，光天之下，至于海隅苍生[㊴]，万邦黎献[㊵]，共惟帝臣，惟帝时举。敷纳以言，明庶以功[41]，车服以庸[42]。谁敢不让，敢不敬应？帝不时敷[43]，同，日奏，罔功。”

十二黼黻——日。

帝曰：“无若丹朱傲[44]，惟慢游是好，傲虐是作[45]。罔昼夜頟頟[46]，罔水行舟，朋淫于家[47]。用殄厥世[48]，予创若时[49]。”

禹曰：“娶于涂山，辛壬癸甲[50]；启呱呱而泣[51]，予弗子[52]，惟荒度土功[53]。弼成五服[54]，至于五千。州十有二师[55]。外薄四海，咸建五长，各迪有功[56]。苗顽弗即工[57]，帝其念哉！”

十二黼黻——月。

帝曰：“迪朕德，时乃功，惟叙。”

皋陶方祗厥叙，方施象刑，惟明[58]。

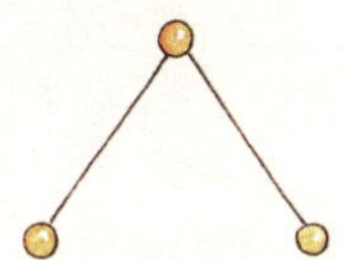

十二黼黻——星。

夔曰[59]：“戛击鸣球、搏拊[60]、琴瑟以咏。”祖考来格，虞宾在位，群后德让[61]。下管鼗鼓[62]，合止柷敔[63]，笙镛以间[64]，鸟兽跄跄[65]，《箫韶》九成[66]，凤皇来仪[67]。

夔曰：“於！予击石拊石，百兽率舞，庶尹允谐[68]。”

十二黼黻——山。

帝庸作歌[69]曰：“敕天之命[70]，惟时惟几。”乃歌曰：“股肱喜哉！元首起哉！百工熙哉！”

皋陶拜手稽首，飏言曰[71]：“念哉！率作兴事，慎乃宪[72]，钦哉！屡省乃成，钦哉！”乃赓载歌曰[73]：“元首明哉，股肱良哉，庶事康哉！”又歌曰：“元首丛脞哉[74]，股肱惰哉，万事堕哉！”

十二黼黻——火。

帝拜曰：“俞！往钦哉！”

【注解】

十二黼黻——龙。

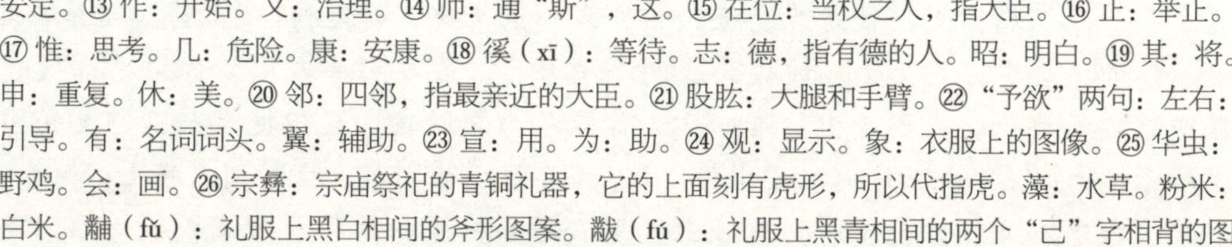

①孜孜：勤敏，努力不懈。②怀：包围。襄：漫上。③昏垫：沉没陷落。④四载：四种运载工具。陆行乘车，水行乘舟，泥行乘橇，山行乘轿。⑤刊：砍，砍伐树木作为路标。⑥暨：和。奏：进，送。鲜食：刚刚宰杀的鸟兽。⑦决：疏通。距：到达。⑧濬：深挖疏通。畎（quǎn）浍（kuài）：田间的水沟。⑨艰食：百谷。⑩懋迁：指贸易。⑪化居：指迁移积居的货物。⑫烝：众多。粒：通“立”，安定。⑬作：开始。乂：治理。⑭师：通“斯”，这。⑮在位：当权之人，指大臣。⑯止：举止。⑰惟：思考。几：危险。康：安康。⑱徯（xī）：等待。志：德，指有德的人。昭：明白。⑲其：将。申：重复。休：美。⑳邻：四邻，指最亲近的大臣。㉑股肱：大腿和手臂。㉒“予欲”两句：左右：引导。有：名词词头。翼：辅助。㉓宣：用。为：助。㉔观：显示。象：衣服上的图像。㉕华虫：野鸡。会：画。㉖宗彝：宗庙祭祀的青铜礼器，它的上面刻有虎形，所以代指虎。藻：水草。粉米：白米。黼（fǔ）：礼服上黑白相间的斧形图案。黻（fú）：礼服上黑青相间的两个“己”字相背的图案。絺（chī）：缝。㉗五采：五种颜料。㉘六律：古代有十二乐律，即黄钟、大吕、太簇、夹钟、姑洗、仲吕、蕤宾、林钟、夷则、南吕、无射、应钟。它们分为阴阳两类，单数者为阳律，称六律；

双数者为阴律，称六吕。五声：五种高低不同的音阶，即宫、商、角、徵、羽。八音：八种乐器，指金、石、丝、竹、匏、土、革、木。㉙在：察。治忽：治乱。㉚五言：东西南北中五方的言论。㉛“汝无”两句：无：不要。面从：当面听从。后言：背后议论。㉜四邻：天子身边的亲近大臣，即左辅、右弼、前疑、后丞。㉝侯：箭靶。古代以射侯之礼区分善恶，不贤之人不能参与射侯。㉞挞（tà）：打。记：诫。㉟识（zhì）：记录。㊱时：善。飏：通“扬”，宣扬。㊲格：正。承：进。庸：用。㊳威：惩罚。㊴隅：靠边沿的地方。苍生：黎民。㊵献：贤，指贤人。㊶庶：通“度”，考察。㊷庸：功劳。㊸敷：分辨。㊹若：像。丹朱：尧的儿子。㊺虐：同“谑”，戏谑，开玩笑。㊻罔：无论。额额（è）：不休息。㊼朋：群。㊽用：因此。殄：灭绝。世：父子相承。㊾创：悲伤。㊿“娶于”两句：涂山：指居住在涂山中的部落。辛壬癸甲：从辛日到甲日，指婚事的时间共四天。(51)启：禹的儿子。(52)子：爱抚。(53)荒：忙。度：考虑。土功：治理水土的事。(54)弼：重新。成：定。五服：五种服役地区，即甸服、侯服、绥服、要服、荒服。(55)师：二千五百人为师。十二师共三万人。(56)“外薄”三句：薄：靠近。建五长：每五个诸侯国设一个长。迪：领导。(57)即工：接受工作。(58)明：清明。(59)夔：人名，舜帝时的乐官。(60)“戛击”两句：戛（jiá）：敲击。鸣球：一种乐器，即玉磬。搏拊：一种皮革制成的打击乐器，像小鼓。(61)群后：各诸侯的国君。德：升堂。让：揖让。(62)下：庙堂之下。管：竹制乐器。鼗（táo）：一种小鼓。(63)合止：合乐和止乐。柷（zhù）：一种打击乐器，用于乐曲开始。敔（yǔ）：一种打击乐器，用于乐曲结束。(64)笙：一种管状乐器。镛：大钟。(65)跄跄（qiàng）跳动的样子。(66)九成：奏乐时要变更九次才结束。(67)来仪：成双成对地舞动。(68)尹：官长。(69)庸：因此。(70)敕：勤劳。(71)稽（qǐ）首：古代的一种跪拜礼，双膝下跪，叩头至地。(72)宪：法度。(73)赓（gēng）：继续。(74)丛脞（cuǒ）：细碎、烦琐。

【译文】

帝舜对禹说：“来吧，禹！你也说说你的好意见。”禹拜谢道：“啊！舜帝，让我说什么呢？我只是想每天孜孜不倦地为陛下工作罢了。”皋陶说：“啊！你是怎么做的呢？”禹说：“洪水弥漫连天，浩浩荡荡地包围了山岳，淹没了丘陵，老百姓有溺水之患。我乘坐四种运载工具，沿着山路砍削树木作为标识，和益一起把刚宰杀的鸟兽送给百姓。我疏通九州的大河，把河水引进大海，还挖深疏通了田地里的大水沟，把水引入大河之中。我又和稷一起种植粮食，把百谷和鸟兽之肉赠予百姓。我发展贸易，让人们互通有无，各诸侯国才得以安定。”皋陶在旁说：“对啊！你这番话说得真好啊！”

禹说：“啊！舜帝，你要特别小心谨慎地对待在位的大臣啊！”舜帝说：“是呀！”禹说：“举止要稳重，（不要当止而不停止，）要考虑天下的安危，任用刚直不阿的良臣辅佐你，这样，君主一有行动，就会立即得到万民的响应。等待有德之人明确地接受上帝的旨意，上帝就会再次告诉你施行美好的德政。”

舜帝说：“啊！大臣就是我的至亲啊！我的至亲就是大臣啊！”禹说：“是啊！”

舜帝接着说：“臣子应该成为我的手足耳目。我要引导人民，你应当辅佐我完成这样的大业。我要努力治理四方，你应尽力帮助我。我想把古人服饰上的图案展示给大家看，把日、月、星、辰、山、龙、野鸡等图案，绘制到衣服上；把虎、水草、白米以及各种花纹绣到衣服上。用五彩颜料按五种色别做成礼服，你们要把这些事都做好。我要听六律、五声、八音等各种乐律，通过声音来考察治乱，以听取各方面的意见，你要仔细听清楚；我有过失之处，你要匡正扶助我，你不要当面唯唯诺诺，下去就在背地里议论。我敬重前后左右的大臣，至于那些进谗言邀宠信的邪恶之徒，如果不能懂得做臣子的道理，那就用射侯之礼明确地教训他们；用鞭打惩戒他们；用刑书记录他们为非作歹的行为，要用这三种办法让他们重获新生。根据进纳的言论选用官吏，有善则扬，正确的意见要遵照执行，否则就要用刑罚来威慑他。”

十二黼黻——华虫。

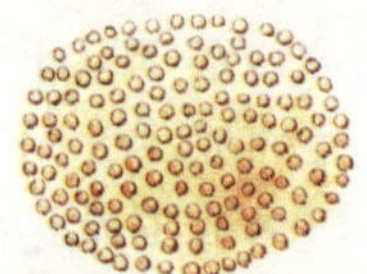
十二黼黻——米粉。

禹说：“好啊！舜帝，普天之下以至于四海之内的所有百姓，天下万邦的众多贤士，都是你的臣民，你要根据时势举拔任用。周到地倾听和采纳他们的意见，公正明确地任用他们，使其建立功勋，论功行赏，赐予他们不同等级的车马礼服，这样谁敢不让贤呢？谁敢不恭敬地响应帝命呢？”

十二黼黻——藻。

帝舜说：“不要像丹朱那样傲慢，不要只想着懒惰、嬉戏，不要日夜不停地纵情享乐。当大水退去时，他还让人载着他在浅水里推来拖去，供他玩耍，甚至在家里也肆意淫乱。因为这些情况，最终使他失去了继承帝位的资格。我实在为他感到悲哀啊！”

十二黼黻——宗彝。

禹说：“我娶了涂山氏的女儿为妻，在辛日那天成婚，只在家中度过壬日、癸日、甲日，就离家忙着去治理洪水了。儿子启出生以后在家呱呱地哭，我也顾不上爱抚他，只是忙着尽全力治理洪水。最终辅佐陛下完成了划天下为五服的大业，使四方疆域扩展到离王城五千里远的地方。每州征集三万人，从九州一直到四海边地，每五方诸侯各设一个诸侯长，让他按照正道领导治水事业。只有三苗不服管教，负隅抵抗。舜帝，你可要多加注意啊！”

舜帝说：“还是用德教去引导他们吧，三苗应该会顺从我。”

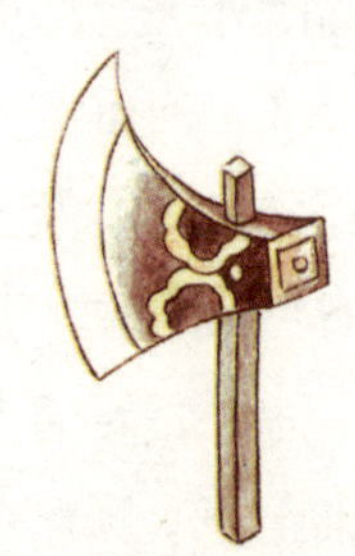
十二黼黻——黼。

现在皋陶正恭谨地从事自己的事业，正把各种刑罚的图案刻到器物上，用以警示民众，以使他们畏服。

夔说：“我们敲击石磬，打起搏拊，弹奏琴瑟，唱起歌来吧！”乐声感动了祖先，神灵全都降临。这时舜帝的宾客都就位了，各国诸侯登堂助祭，也都以德相互礼让。庙堂之下吹起管乐，小鼓和大鼓齐奏，用柷敔相配合，用匏笙和镛钟作为间奏，扮演飞禽走兽的舞队踏着节奏起舞。舜的大舞《箫韶》九曲演奏完毕以后，扮演凤凰的舞队也成双成对地翩翩起舞了。

十二黼黻——黻。

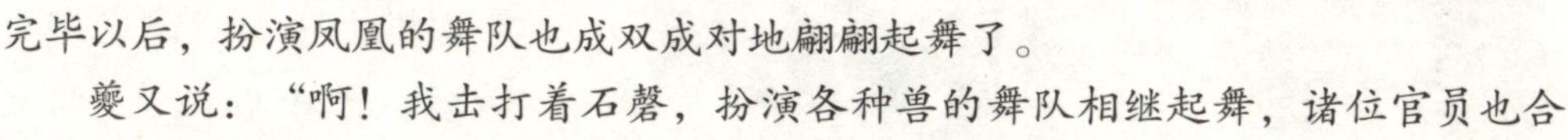
夔又说：“啊！我击打着石磬，扮演各种兽的舞队相继起舞，诸位官员也合着曲子一起跳舞吧。”

舜帝即兴唱了一首歌，他唱道："遵从上天的命令，像这样就差不多了。"接着唱道："大臣们欢欣鼓舞啊！君王们多么兴奋啊！百事待举啊！"

皋陶跪拜叩首，大声说道："要牢记君主的教导啊！要统率群臣勤于政事，慎行法令，要认真啊！还要不断地对自己的所作所为进行反思，使事业获得成功，更应该恭谨行事啊！"于是接着作歌唱道："君主英明啊！大臣都贤良啊！万事康达啊！"停了一会儿又唱道："君王不能忙着做细碎小事啊！大臣不能怠惰啊！各种事业不能荒废啊！"

舜帝行礼拜谢说："是啊！大家都去勤勉做事，来完成我们的事业吧！"

禹　贡

【原文】

禹别九州[1]，随山浚川，任土作贡[2]。

禹敷土，随山刊木，奠高山大川[3]。

冀州[4]。既载壶口，治梁及岐[5]。既修太原，至于岳阳[6]。覃怀厎绩，至于衡漳[7]。厥土惟白壤[8]，厥赋惟上上[9]，错[10]。厥田惟中中。恒卫既从[11]，大陆既作[12]。岛夷皮服[13]，夹右碣石入于河[14]。

济、河惟兖州[15]。九河既道[16]，雷夏既泽，澭、沮会同[17]。桑土既蚕，是降丘宅土[18]。厥土黑坟，厥草惟繇，厥木惟条[19]。厥田惟中下，厥赋贞[20]，作十有三载乃同。厥贡：漆丝，厥篚织文[21]。浮于济、漯[22]，达于河。

海、岱惟青州[23]。嵎夷既略，潍、淄其道[24]。厥土白坟，海滨广斥[25]。厥田惟上下。厥赋中上。厥贡：盐絺，海物惟错[26]。岱畎丝、枲、铅、松、怪石[27]。莱夷作牧[28]。厥篚檿丝[29]。浮于汶[30]，达于济。

海、岱及淮惟徐州[31]。淮、沂其乂[32]，蒙、羽其艺[33]。大野既猪，东原厎平[34]。厥土赤埴坟，草木渐包[35]。厥田惟上中，厥赋中中。厥贡：惟土五色[36]，羽畎夏翟，峄阳孤桐[37]，泗滨

禹根据土地贫瘠情况制定出贡税等级。

浮磬，淮夷蠙珠暨鱼[38]。厥篚玄纤缟[39]。浮于淮、泗，达于河[40]。

淮、海惟扬州[41]。彭蠡既猪，阳鸟攸居[42]。三江既入，震泽底定[43]。篠簜既敷，厥草惟夭，厥木惟乔[44]。厥土惟涂泥[45]。厥田惟下下，厥赋下上，上错。厥贡：惟金三品[46]，瑶、琨、篠、簜、齿、革、羽、毛惟木[47]。岛夷卉服[48]，厥篚织贝，厥包桔柚，锡贡[49]。沿于江、海，达于淮、泗。

荆及衡阳惟荆州[50]。江、汉朝宗于海[51]，九江孔殷[52]，沱、潜既道，云土梦作乂[53]。厥土惟涂泥，厥田惟下中，厥赋上下。厥贡羽、毛、齿、革惟金三品，杶、干、栝、柏[54]，砺、砥、砮、丹，惟菌、簵、楛[55]。三邦底贡厥名[56]，包匦菁茅，厥篚玄纁玑组，九江纳锡大龟[57]。浮于江、沱、潜、汉，逾于洛，至于南河[58]。

荆、河惟豫州[59]。伊、洛、瀍、涧既入于河，荥波既猪[60]。导菏泽，被孟猪[61]。厥土惟壤，下土坟垆[62]。厥田惟中上，厥赋错上中。厥贡：漆、枲、絺、纻，厥篚纤、纩，锡贡磬错[63]。浮于洛，达于河。

华阳、黑水惟梁州[64]。岷、嶓既艺[65]，沱、潜既道，蔡、蒙旅平，和夷厎绩[66]。厥土青黎，厥田惟下上，厥赋下中、三错[67]。厥贡：璆、铁、银、镂、砮、磬、熊、罴、狐、狸。织皮、西倾因桓是来[68]。浮于潜，逾于沔，入于渭，乱于河[69]。

黑水、西河惟雍州[70]。弱水既西，泾属渭汭，漆沮既从，沣水攸同[71]。荆、岐既旅，终南、惇物，至于鸟鼠[72]，原隰厎绩[73]，至于猪野。三危既宅，三苗丕叙[74]。厥土惟黄壤，厥田惟上上，厥赋中下。厥贡：惟球、琳、琅、玕[75]。浮于积石，至于龙门、西河[76]，会于渭汭。织皮昆仑、析支、渠搜，西戎即叙[77]。

导岍及岐[78]，至于荆山，逾于河。壶口、雷首至于太岳[79]。厎柱、析城至于王屋[80]。太行、恒山至于碣石[81]，入于海。

【注解】

①别：划分。②任土：根据土地的贫瘠。贡：贡赋。③敷：分。奠：定。④冀州：禹所划分的九州之一，在今山西省、河北省南部一带。⑤"既载"两句：载：施工。壶口：山名，在今山西省吉县南。梁：山名，在今陕西省韩城西。岐：通"歧"，山的支脉。⑥"既修"两句：太原：今山西省太原一带，位于汾水上游。岳阳：即太岳山，在今山西省霍县东，汾水流经这里。阳：山的南面。⑦"覃怀"两句：覃（tán）怀：地名，在今河南省武陟、沁阳一带。厎（zhǐ）：获得。衡：通"横"。漳：漳水，在覃怀的北边。⑧厥：其，指冀州。壤：柔土。⑨赋：赋税，指地方的土特产。上上：第一等。《禹贡》将土质和赋税分为九等，即上上、上中、上下、中上、中中、中下、下上、下中、下下。⑩错：错杂，夹杂。⑪恒：水名。卫：水名，滹沱河。从：顺着河道流入大海。⑫大陆：泽名，在今河北省巨鹿县西北。作：开始。⑬岛夷：住在海岛上的东方民族。夷：古代东方边远地区的民族。皮服：岛夷的贡品。⑭夹：接近。碣石：山名，在今河北省昌黎县。河：黄河。⑮济：水名，源出河南济源。兖州：禹划分的九州之一，在今河北东南、山东省一带。⑯九河：黄河的九条支流，即徒骇、太史、马颊、覆釜、胡苏、简、洁、钩盘、鬲津。道：疏通。⑰"雷夏"两句：雷夏：泽名，

人们从山丘上搬到兖州平地上居住。

在今山东菏泽东北。雍（yōng）：黄河的支流。沮（jù）：雍水的支流。二水今已不存在。⑱“桑土”两句：桑土：适于种植桑树的土地。降：下。宅：居住。⑲“厥土”三句：坟：肥沃。繇（yáo）：茂盛。条：长。⑳贞：下下等，第九等。㉑篚（fěi）：圆形竹器。织文：有花纹的丝织品。㉒漯（tà）：水名，黄河的支流。㉓海：今渤海。岱：泰山。青州：禹划分的九州之一，今山东半岛一带。㉔“嵎夷”两句：嵎（yú）夷：地名。略：治理。潍：水名，淄：水名。二水都在今山东境内。㉕斥：碱地。㉖“厥贡”两句：絺（chì）：细葛布。错：杂，多种多样。㉗畎：山谷。枲（xǐ）：大麻的一种，不结子。铅：锡。㉘莱夷：地名。㉙檿（yǎn）：山桑，即柞树。㉚汶：水名，源出今山东莱芜市。㉛海：指黄海。淮：淮河。徐州：禹划分的九州之一，在今江苏、安徽北部、山东南部一带。㉜沂：水名，在山东境内。乂：治理。㉝蒙：山名，在今山东蒙阴县西南。羽：山名，在今江苏省赣榆县西南。艺：种植。㉞“大野”两句：大野：指巨野泽，在今山东省巨野县。猪：同“潴”，水停聚的地方。东原：地名，在今山东省东平县一带。厎：得到。平：治理。㉟“厥土”两句：埴：粘土。包：同“苞”，丛生。㊱土五色：五色土，指青黄赤白黑五种颜色的土，五色土是古代君王分封诸侯的用品。㊲“羽畎”两句：夏：大。翟：山雉，其羽毛可做装饰品。峄（yì）：山名，在今江苏省邳州市境内。孤桐：特生的桐树。㊳“泗滨”两句：泗：水名，源出今山东省泗水县。浮磬：一种可以做磬的石头。蠙珠：蚌所产的珍珠。㊴玄：黑色。纤：细绸。缟：白绢。㊵河：应为“菏”，指菏泽，菏泽水与济水相通。㊶海：指黄海。扬州：禹划分的九州之一，在今扬州一带。㊷阳鸟：南方的岛屿，古代“鸟”“岛”通用。㊸“三江”两句：三江：指岷江、汉水、彭蠡。震泽：指江苏太湖。㊹“篠簜”三句：篠（xiǎo）：小竹。簜（dàng）：大竹。夭：茂盛。乔：高大。㊺涂泥：潮湿的泥土。㊻金三品：指金、银、铜三个等级。品：等级。㊼瑶：美玉。琨：美石。齿：象牙。革：犀牛皮。羽：鸟羽。毛：旄牛尾。惟：和。㊽岛夷：东南沿海各岛的人。卉服：指蓑衣、草笠之类。卉，草。㊾“厥篚”三句：织贝：把很小的贝用线串联起来，织成巾。包：包裹。锡：与“贡”同义。㊿荆：山名，在今湖北省南漳县。衡：即湖南境内的衡山。荆州：禹划分的九州之一，在今湖南、湖北一带。51江：指长江。汉：指汉水。朝宗：诸侯春天朝见天子叫朝，夏天朝见天子叫宗。52九江：即今洞庭湖。孔：大。殷：定。53“沱、潜”两句：沱：水名，长江的支流，在今湖北枝江。潜：水名，长江支流，在今湖北省潜江县。云土梦：即云梦，二泽名，江南为云，江北为梦。54杶（chūn）：椿树。干：柘木，可做弓。栝（guā）：桧树。55砺：粗磨刀石。砥：细磨刀石。砮（nǔ）：石制的箭镞。丹：朱砂。箘（jùn）、簬（lù）：两种竹子。楛（hù）：木名，可做箭杆。56三邦：湖泽附近的三个诸侯国。名：名产。57“包匦”三句：匦（guǐ）：杨梅。菁茅：一种带刺的茅草，可以滤酒。玄纁（xūn）：指彩色丝绸。纁：黄赤色。玑组：用丝带串起的珍珠串。玑：不圆的珍珠。组：丝带。纳锡：进贡。58“浮于”三句：浮：水运。逾：离船上岸陆行。南河：指洛阳巩义一段的黄河。59豫州：禹划分的九州之一，在黄河与湖北的荆山之间的地区。60“伊、洛”两句：伊：水名，源出今河南卢氏县。洛：水名，源出今陕西洛南县。瀍（chén）：水名，源出今河南孟津县。涧：水名，源出今河南渑池县。荥波：泽名，在今河南荥阳。61“导菏泽”两句：导：疏通，菏泽：在今山东定陶县。被：同“陂”，修筑堤防。孟猪：泽名，在河南商丘东北。㉜垆：黑色硬土。㉝“厥贡”三句：纻（zhù）：苎麻。纩（kuàng）：细棉。磬错：可以制磬的石头。错，石头，可以琢玉。㉞华：即华山，在陕西华阴南。黑水：怒江。梁州：禹划分的九州之一。㉟岷：山名，在四川北部。艺：治理。㊱“蔡、蒙”两句：蔡：山名，即峨眉山。蒙：山名，在今四川雅安北。旅：治理。和：名，即大渡河。㊲“厥土”三句：青：黑。黎：疏散。三错：杂出第七、第八、第九三个等级。㊳“厥贡”两句：璆（qiú）：美玉。镂（lòu）：可以刻镂的坚硬金属。罴：一种熊，又叫马熊。狸：野猫、山猫。织皮：指西戎之国。西倾：山名，在今甘肃与青海交界处。桓：水名，即白龙江。㊴“逾于”三句：沔（miǎn）：汉水的上游。渭：水名，源出甘肃渭源县。乱：横渡。㊵西河：在冀州西边黄河南北走向的一段。雍州：禹划分的九州之一。㊶“弱水”四句：弱水：即张掖河。泾：水名。渭：水名。泾水注入渭水，渭水流入黄河。属：注入。汭（ruì）：河流会合的地方。漆沮：代指洛水。沣水：水名，源出陕西省户县东南，注入渭水。同：会合。㊷“荆、岐”三句：荆：山名，在今陕西富平县西南。岐：山名，在陕西岐山县东北。终南：指秦岭。惇物：山名，太白山，在今陕西省眉县。鸟鼠：山名，在今甘肃省渭源县西南。㊸原隰（xī）：指豳（bīn）地，在今陕西旬邑和邠县一带。㊹“三危”两句：三危：山名，在鸟鼠西边。丕：大。叙：顺。㊺球：美五。琳：美石。琅玕：像珠子一样的美玉。㊻“浮于”两句：积石：山名，在今青海西宁西南。龙门：山名，在今陕西韩城东北。㊼“织皮”两句：析支：山名，在今青海省西宁市西南。渠搜：山名。西戎：古代我国西北少数民族的总称。即：就。㊽岍（qiān）：山名，在今陕西陇县南。㊾雷首：山名，在今山西永济。太岳：即霍太山。㊿底柱：即三门山，在今山西平陆县。析城：山名，在今山西阳城县西南。王屋：山名，在今山西垣曲县东。(81)太行：山名，在今山西、河北、河南的交界处。恒山：在今河北曲阳县西北，古称北岳。

【译文】

禹划分九州的疆界，顺着山势疏通河道，依照土地的贫瘠情况制定出贡税的等级。

禹划分九州的疆界，顺着山势砍削树木作为路标，依据高山大河奠定疆域。

禹顺着山势疏通河道。

冀州：壶口的工程施工以后，接着便治理梁山和它的支脉。太原附近的河道也治理好了，工程一直扩展到太岳山的南面。覃怀一带的水利工程也取得了很大的成绩，又治理了横流入河的漳水。冀州的土壤白细，土质松软，这里的臣民应献出一等赋税，也可夹杂二等赋税，这里的土地属第五等。恒水、卫水已经疏通好了，其水可以流入大海，大陆泽的治理工程也开始动工了。东方的岛夷人进贡皮服时，可以先接近右边的碣石山，然后再入黄河来贡。

济水与黄河一带的区域是兖州地区：黄河下游的九条河道疏通了，雷夏泽的治理工程也完成了，滩水、沮水会合流入雷夏泽。适合种植桑树的地方都可以养蚕了，于是人民便从小土山上搬下来，住在平地上。兖州的土地又黑又肥，这里的青草生长得茂盛，树木也长得修长。这里的土地属第六等，赋税是第九等，耕种十三年后，才和其他八州的赋税相同。这里的贡品主要是漆和丝，还有盛放在竹篮子里的带有各种花纹的丝织品。进贡时，可由济水、漯水乘船顺流入黄河。

渤海与泰山之间的区域是青州：嵎夷已经得到治理，潍水与淄水的河道都已经疏通了。这里的土壤呈白色，土地肥沃，沿海的广大地区都是盐碱地。这片土地在九州中属第三等，赋税是第四等。这里的贡品是盐、细葛布和各种各样的海产品。泰山一带出产丝、大麻、锡、松和奇特美好的怪石。莱夷一带可以放牧，除了畜产品外，还要把桑丝放入筐内作为贡品运来。运送贡品的船只可以由汶水直接入济水。

黄海与泰山及淮河之间的区域是徐州：淮水和沂水都已经治理好了，蒙山和羽山一带的土地，也可以种植庄稼了。大野泽蓄水以后，东原一带的土地得以平治。这里的土壤呈红色，又粘又肥，草木也长得越来越茂盛。这里的土地属第二等，赋税是第五等。贡品有五色土、羽山山谷的大山鸡、峄山南面的桐木、泗水之滨的制磬石料、淮夷之地的蚌珠和鱼类，还有用筐盛着的纤细的黑色丝绸和白绢。进贡时船只由淮水入泗水，而后再入菏泽。

淮河与黄海之间的区域是扬州：彭蠡泽已经储蓄了大量的水，南方岛屿上的人们也可以在上面安居了。三江之水已经顺畅地流入大海，震泽也得以治理。小竹和大竹普遍地生长起来，原野的青草生长得很茂盛，树木也都长得很高大。这里多潮湿的泥土，土地属第九等，赋税是第七等，也夹杂着第六等。其贡品是金、银、铜三种金属，还有美玉、美石、小竹、大竹、象牙、犀牛皮、鸟羽和旄牛尾、木材。沿海一带进贡草制的衣服，还要把贝锦放在筐内，把橘子和柚子打成包裹作为贡品进献给朝廷。进贡时船只沿着长江进入黄海，再转入淮河和泗水。

荆山和衡山南面之间的区域是荆州：长江和汉水像诸侯朝见天子一样向东奔流入海，洞庭湖水系形成了。沱水、潜水都已经疏通了，云梦泽一带也得到了治理。这里的土壤潮湿，土地属第八等，赋税是第三等。贡品有雉羽、旄牛尾、象牙、犀牛皮和金银铜三种金属，还有椿树、柘树、桧树、柏树，粗磨刀石、细磨刀石、制箭头的石头、丹砂以及美竹、楛树等。州内各国都贡上当地的名产；杨梅、青茅要包裹好，要把彩色的丝织品和串起的珍珠等物品放在竹筐内，一并贡来。洞庭湖还要进贡大龟。进贡时船只由长江顺流入其支流沱水、潜水、汉水，然后登岸由陆路到洛水，再由洛水进入黄河。

荆山与黄河之间的区域是豫州：伊水、洛水、瀍水、涧水都已经疏通而流入黄河了。荥波泽已经治理好了，可以储蓄大量的河水。又疏通菏泽，在孟猪泽筑建堤防。这里的土壤松软，土的底层肥沃，而且又黑又硬。这里的田地属第四等，赋税是第二等，也夹杂着第一等。贡品有漆、大麻、细葛布、苎麻，细绢和细绵要用筐子包装起来，还要进贡制磬的石料。进贡时船只由洛水直入黄河。

华山南面至怒江之间的区域是梁州：岷山和嶓冢山都已经能够种庄稼了，沱江和潜水也都疏通了。峨眉山和蒙山的治理工程也已完工，大渡河一带的治理取得了成效。这里的土壤黑而疏松，土地属第七等，赋税属第八等，也夹杂着第七等和第九等。贡品有美玉、铁、银、镂、做箭头的石头、磬、熊、罴、狐、狸等。织皮和西倾山的贡品可以沿着恒水运来。运送贡品的船只经过潜水和沔水，然后舍舟登陆，陆行至沔水，再进入渭水，然后由渭水横渡进入黄河。

黑水到西河一带之间的区域是雍州：弱水在疏通之后，便向西流去；泾水在渭水的转弯处注入渭水；漆水和沮水在疏通之后，向北流入渭水；沣水也与渭水会合。荆山和岐山的治理工程已经完工，终南山、惇物山一直到鸟鼠山都得到了治理。原隰的治理取得成效，一直到猪野泽一带都取得了很大成绩。三危山这个地方已经能够居住了，三苗人民于是得到了很好的安置。这里的土壤黄而松软，土地属第一等，赋税是第六等。贡品有美玉、美石和宝珠等。进贡时船只由积石山附近进入黄河，顺流至龙门山、西河，然后在渭河弯曲处与其他船只会合。西戎的民众居住在昆仑、析支、渠搜等地，西戎各族的百姓就能安定和顺了。

疏通了岍山和岐山的道路，一直到达荆山，越过黄河。又开通了壶口山、雷首山的道路，一直到达太岳山。还开通了厎柱山、析城山的道路，一直到达王屋山。开通了太行山、恒山的道路，一直到达碣石山，从这里就可以进入渤海了。

【原文】

西倾、朱圉、鸟鼠至于太华[①]。熊耳、外方、桐柏至于陪尾[②]。

导嶓冢至于荆山[③]。内方至于大别[④]；岷山之阳至于衡山，过九江，至于敷浅原[⑤]。

导弱水至于合黎，馀波入于流沙[⑥]。

导黑水至于三危，入于南海。

导河、积石至于龙门；南至于华阴[⑦]，东至于厎柱，又东至于孟津[⑧]，东过洛汭至于大伾[⑨]，北过降水[⑩]至于大陆，又北播为九河，同为逆河[⑪]，入于海。

嶓冢导漾[⑫]，东流为汉，又东为沧浪之水[⑬]；过三澨[⑭]至于大别，南入于江；东汇泽为彭蠡；东为北江，入于海。

岷山导江，东别为沱[⑮]，又东至于澧[⑯]，过九江至于东陵[⑰]，东迆北会于汇[⑱]；东为中江[⑲]，入于海。

导沇水[⑳]，东流为济，入于河，

禹疏导黑水，让它流到三危山。

溢为荥[21]；东出于陶丘北[22]，又东至于菏；又东北会于汶；又北东入于海。

导淮自桐柏，东会于泗、沂，东入于海。

导渭自鸟鼠同穴[23]，东会于沣，又东会于泾；又东过漆沮，入于河。

导洛自熊耳，东北会于涧、瀍；又东会于伊；又东北入于河。

九州攸同，四隩既宅[24]，九山刊旅[25]，九川涤源[26]，九泽既陂，四海会同[27]。六府孔修[28]，庶土交正[29]，厎慎财赋[30]，咸则三壤成赋[31]。中邦锡土、姓，祗台德先，不距朕行[32]。

五百里甸服[33]。百里赋纳总，二百里纳铚，三百里纳秸服[34]，四百里粟，五百里米。

五百里侯服[35]。百里采，二百里男邦，三百里诸侯[36]。

五百里绥服[37]。三百里揆文教，二百里奋武卫[38]。

五百里要服[39]。三百里夷，二百里蔡[40]。

五百里荒服[41]。三百里蛮，二百里流[42]。

东渐于海[43]，西被于流沙，朔南暨声教讫于四海[44]。禹锡玄圭[45]，告厥成功。

【注解】

①朱圉（yǔ）：在今甘肃甘谷县。太华：即西岳华山。②熊耳：山名，在今河南卢氏县东。外方：即中岳嵩山。桐柏：山名，在今河南桐柏县。陪尾：山名，在今湖北安陆。③嶓冢：山名，在今陕西宁强县西北。荆山：指湖北省南漳县的南条荆山。④内方：山名，在今湖北省钟祥西南。大别：指湖北与安徽交界处的大别山。⑤敷浅原：指江西的庐山。⑥馀波：指水的下游。流沙：指居延泽一带的沙漠。⑦华阴：华山的北面。⑧孟津：地名，今河南孟津县。⑨大伾：山名，在今河南浚县西南。⑩降水：指漳、洚合流的漳水。⑪"播为"两句：播：分布。九河：指兖州一带的黄河支流。逆河：黄河分出的支流在下游又合在一起。⑫漾：水名，指汉水的上游。⑬沧浪：即汉水。⑭三澨（shì）：水名，源出湖北省京山县，东流入汉水。⑮沱：水名，长江的支流。⑯澧：水名，在今湖南省北部，流入洞庭湖。⑰东陵：地名，在今湖北省黄梅县。⑱汇：指淮河。⑲中江：指岷江。⑳沇（yǔn）：水名，济水的上游。㉑溢：水动荡奔突而出。荥：荥泽，汉代已成平地。㉒陶丘：地名，在今山东定陶县。㉓鸟鼠同穴：指鸟鼠山。㉔隩（ào）：可以定居的地方。㉕刊：削。旅：治理。㉖涤源：疏通水源。㉗四海：指九夷、八狄、七戎、六蛮。㉘六府：水火金木土谷。孔：很。修：治理。㉙交：都。正：征收。㉚厎：定。㉛则：准则。三壤：上中下三等土壤。成：定。㉜"中邦"两句：中邦：中央之邦，指九州。锡：赐。祗：敬。台（yí）：我。距：违背。㉝甸服：古代天子在领地外围，每五百里划分为一种服役地带，按远近分为甸服、侯服、绥服、要服、荒服。甸服就是为天子治田种谷。㉞"百里"三句：纳：交纳。总：把成熟庄稼完整交出。铚：一种短镰，这里指禾穗。秸服：带稃的谷粒。㉟侯服：服侍天子。㊱"百里采"三句：采：替天子服差役。男邦：担任国家的差事。男：任。诸侯：指侦察放哨。㊲绥服：替天子做安抚之事。㊳奋武卫：奋扬武威，保卫天子。㊴要服：接受王者约束而服侍。㊵"三百里夷"两句：夷：和平相处。蔡：相约遵守法令。㊶荒服：替天子守边。荒：远。㊷"三百里蛮"两句：蛮：尊重他们的风俗，维持隶属关系。流：流动不定居，有时纳贡，有时不纳贡。㊸渐：入。㊹"西被"两句：被：及。讫：到。㊺玄圭：天

青色的瑞玉。

禹开通了西倾山的道路。

【译文】

开通西倾山、朱围山、鸟鼠山，一直到达太华山。接着又开通熊耳山、嵩山、桐柏山，直到陪尾山。

开通嶓冢山，一直到达南条荆山。接着开通内方山，一直到达大别山。再开通岷山之南的道路，到达衡山。接着再过洞庭湖，直到庐山。

疏导弱水，让其向西流到合黎山下，它的下游流入沙漠。

疏导黑水，让其流到三危山下，最后流入南海。

疏导黄河，从积石山开始，直到龙门山；再向南到达华山之北；再向东到达厎柱山；又向东到达孟津，继续向东经过洛水弯曲处，就到了大伾山；然后折而北流，经过降水，再向前流入大陆泽；继续向北，分布为九条河道，这九个支流再汇合后注入大海。

从嶓冢山开始疏导漾水，向东流则为汉水。再向东流，便成了沧浪之水，经过三澨水，到达大别山，再向南就流入了长江。又东流汇聚为大泽，叫作彭蠡泽；自彭蠡泽再东出称为北江，最后流入大海。

从岷山开始疏导长江，向东另外分出一条支流，称为沱水；再向东到达醴水，然后流过洞庭湖，到达东陵；再自东陵东去，逶迤北流，与淮水会合，再东出称为中江，最后流入大海。

疏导沇水，向东流去称为济水，注入黄河，接着越过黄河向南溢出为荥泽；再自荥泽东出到陶丘北，再东流至于菏泽；又向东北流，与汶水会合；然后向北转向东，流入大海。

疏导淮水从桐柏山开始，向东与泗水、沂水会合，然后向东流入大海。

疏导渭水从鸟鼠山开始，向东与沣水会合，再向东与泾水会合，又向东流经漆水、沮水，然后流入黄河。

疏导洛水从熊耳山开始，向东北流，与涧水、瀍水会合；又向东会合伊水；再向东北，流入黄河。

这时九州的治理工程都已经完成了：四方的土地都可以安居了，九条山脉都治理得可以通行了，九条大河都已疏通水源了，九个湖泽都已修筑起堤防了，四海之内的进贡之道都已经畅通无阻了。六府之事都已经治理得很好了，普天之下的土地都可以征收赋税了，但必须谨慎规定财物赋税的数量和品种，这是根据土地的上中下三个等级而确定的贡赋制度。九州之内的土地都分封给了各国诸侯，并赐予他们姓氏，还告诫他们说要把敬修我的德业放在第一位，不要违背我的德教原则。

国都以外五百里的地域称为甸服。离国都一百里远的要缴纳连秆的庄稼，二百里远的要缴纳禾穗，三百里远的要缴纳带稃的谷粒，四百里远的要缴纳粗米，五百里远的要缴纳精米。

甸服以外五百里的地域称为侯服。离甸服一百里远的应该替天子服差役，二百里远的应该替国家服差役，三百里远的应当承担侦察放哨的工作。

侯服以外五百里的地域称为绥服。离侯服三百里远的要推行天子的文教，二百里远的要奋勇威武地保卫天子。

绥服以外五百里的地域称为要服。离绥服三百里远的要遵约和平相处，二百里远的要遵守天子的法令制度。

要服以外五百里的地域称为荒服。离要服三百里远的可以有自己的风俗，二百里远的是否进贡没有定制。

我们的大地东边至于大海，西边至于沙漠，无论北方还是南方，都已推行了政教法令，华夏的声威达于四海。于是帝舜赏赐给禹天青色的瑞玉，用以表彰禹所建立的巨大功业。

甘 誓

【原文】

启与有扈战于甘之野[①]，作《干誓》。

大战于甘，乃召六卿[②]，王曰："嗟！六事之人[③]，予誓告汝：有扈氏威侮五行[④]，怠弃三正[⑤]，天用剿绝其命[⑥]，今予惟共行天之罚。

"左不攻于左[⑦]，汝不恭命；右不攻于右，汝不恭命；御非其马之正[⑧]，汝不恭命。用命赏于祖[⑨]。弗用命，戮于社[⑩]；予则孥戮汝[⑪]。"

【注解】

①有扈：诸侯国名，其旧城在今陕西省户县。②六卿：六军的主将。③六事之人：六军的全体将士。④威：当为"烕"，通"蔑"，轻视。五行：指金木水火土五种物质。⑤怠：懈怠。三正：指正德、利用、厚生三大政事。⑥用：因此。剿：消灭。⑦左：车左。攻：善。⑧御：驾车的人。非：违背。正：事。⑨赏于祖：古代天子亲自出征，必以车载着祖庙的神主。行赏都在神主前进行，表示不敢专断。⑩戮：杀。社：社主。⑪孥（nú）：同"奴"，降为奴隶。

【译文】

启与有扈氏在甘的郊野开战，史官把启战前的誓词记录下来，写成《甘誓》。

启要在甘这个地方与有扈氏作战，于是把六军的将领召来。启说："啊，六军的将士们啊！我告诫你们：有扈氏轻慢五行，废弃正德、利用、厚生三大政事，上天因此要断绝他的国运，现在我将奉行上天的这种惩罚。

“所有在战车左侧的战士，如果不善于射箭，你们就是不奉行我的命令；在战车右侧的战士，如果不善于用戈矛刺杀敌人，你们也是不奉行我的命令；驾驭战车的战士，如果不胜任御车的任务，你们也是不奉行我的命令。努力奉行命令的，我就在祖庙里奖赏他；不努力奉行命令的，我就在社神的神位前惩罚他，或者把他降为奴隶，或者将其杀掉！”

汤誓

【原文】

伊尹相汤伐桀，升自陑①，遂与桀战于鸣条之野②，作《汤誓》。

王曰：“格，尔众庶③，悉听朕言：非台小子敢行称乱④；有夏多罪，天命殛之⑤。今尔有众，汝曰：‘我后不恤我众⑥，舍我穑事而割正夏⑦。’予惟闻汝众言⑧；夏氏有罪，予畏上帝，不敢不正！今汝其曰⑨：‘夏罪其如台⑩？’夏王率遏众力，率割夏邑⑪。有众率怠弗协，曰：‘时日曷丧⑫？予及汝皆亡！’夏德若兹，今朕必往。”

“尔尚辅予一人，致天之罚，予其大赉汝⑬！尔无不信⑭，朕不食言⑮。尔不从誓言，予则孥戮汝⑯，罔有攸赦⑰。”

【注解】

①“伊尹”两句：相（xiàng）：辅佐。桀：名履癸，禹的第十四代孙，夏的最后一个君主。陑（ér）：地名，在今陕西潼关附近。②鸣条：地名，在黄河的北面，安邑之西。③格：来。④“非台”两句：台（yí）：我。小子；对自己的谦称。称：举，发动。⑤殛（jí）：诛杀。⑥后：国君。恤：关心体贴。⑦割：通“曷”，为什么。正：征伐。⑧惟：虽然。⑨其：恐怕，表揣测的副词。⑩如台（yí）：如何。⑪“夏王”两句：率：语气助词。遏（jié）：同“竭”，尽。割：剥削。⑫时：

汤王誓师告诫将士，讨伐夏桀。

这个。日：喻夏桀。曷：什么时候。⑬ 赉（lài）：赏赐。⑭ 无：不要。⑮ 食言：说话不算数。食：吞没。⑯ 孥：同“奴”，降为奴隶。⑰ 攸：所。

【译文】

伊尹辅佐商汤讨伐夏桀，从陑地北上，于是与夏桀在鸣条的郊野开战。开战之前，商汤誓师告诫将士们。史官把这段誓词记录下来，写成了《汤誓》。

王说：“来吧，你们各位，都来听我说。不是我敢于犯上作乱！实在是因为夏王犯了许多罪行，上天命令我去讨伐他。现在你们大家或许会问：‘我们的国君不关心体贴我们大家，让我们把农事抛在一边，而去征讨夏王，这是为什么呢？’我虽然明白你们的意思，但是夏桀有罪，我敬畏上帝，不敢不去征讨啊。现在你们恐怕要问：‘夏桀的罪行到底怎么样呢？’夏桀耗尽了民力，剥削夏国百姓。民众懈怠涣散，对他很不友好，都咒骂他说：‘你这个太阳什么时候才能坠落啊？我们宁可和你一起灭亡！’夏桀的德行败坏到这种地步，现在我一定要去讨伐消灭他。

“你们要辅佐帮助我，执行上天对夏桀的惩罚，我将大大的赏赐你们！你们不要不相信我的话，我决不会自食诺言。如果你们不听从我的告诫，我就把你们降为奴隶，或者杀掉，决不赦免你们！”

伊　训

【原文】

成汤既没[①]，太甲元年，伊尹作《伊训》《肆命》《徂后》[②]。

惟元祀十有二月乙丑[③]，伊尹祠于先王[④]，奉嗣王祗见厥祖[⑤]。侯甸群后咸在[⑥]，百官总己以听冢宰[⑦]。伊尹乃明言烈祖之成德[⑧]，以训于王，曰：“呜呼！古有夏先后，方懋厥德[⑨]，罔有天灾，山川鬼神亦莫不宁，暨鸟兽鱼鳖咸若[⑩]。于其子孙弗率[⑪]，皇天降灾，假手于我有命：造攻自鸣条[⑫]，朕哉自亳。惟我商王，布昭圣武[⑬]，代虐以宽，兆民允怀。今王嗣厥德，罔不在初[⑭]：立爱惟亲，立敬惟长，始于家邦[⑮]，终于四海。

“呜呼！先王肇修人纪[⑯]，从谏弗咈，先民时若[⑰]；居上克明，为下克终，与人不求备[⑱]，检身若不及：以至于有万邦，兹惟艰哉！

“敷求哲人，俾辅于尔后嗣。制官刑，儆于有位[⑲]，曰：‘敢有恒舞于宫，酣歌于室，时谓巫风[⑳]。敢有殉于货色，恒于游畋，时谓淫风[㉑]。敢有侮圣言，逆忠直，远耆德，比顽童，时谓乱风[㉒]。惟兹三风十愆[㉓]，卿士有一于身，家必丧；

邦君有一于身，国必亡。臣下不匡㉔，其刑墨。'具训于蒙士㉕。

"呜呼！嗣王祗厥身，念哉！圣谟洋洋㉖，嘉言孔彰。惟上帝不常；作善，降之百祥，作不善，降之百殃。尔惟德罔小，万邦惟庆。尔惟不德罔大，坠厥宗㉗！"

太甲继承帝位后，伊尹勉励太甲敬身行德。

【注解】

①没（mò）：死亡。②《肆命》《徂后》：都是《尚书》的篇名，已亡佚。③祀：年。夏代叫岁，商代叫祀，周代叫年，唐虞时叫载。④祠：祭祀。先王：指汤。⑤嗣王：王位的继承人。祗（zhī）：恭敬。⑥侯甸：指侯服和甸服。参见《禹贡》。⑦总己：统领自己的官员。冢宰：周代官名，为六卿之首，又叫大宰。冢，大。宰，治。⑧烈祖：建立了功业的祖先。烈，功绩。成德：盛德。⑨先后：先王，指夏禹。⑩暨（jì）：同。若：顺遂。⑪率：遵循。⑫造：开始。⑬昭：显示。圣武：威德。⑭在：察。初：开头。⑮家：卿大夫的封地。邦：诸侯的封地。⑯肇：努力。人纪：做人的纲纪。⑰若：顺从。⑱与：结交。备：完美。⑲儆（jǐng）：告诫。⑳巫：以祈祷鬼神为职业的人。㉑"敢有"三句：殉：贪求。货：财物。游：游乐。畋（tián）：打猎。淫：邪恶。㉒"敢有侮"五句：侮：轻慢。耆（qí）德：年长有德的人。比：亲近。乱：荒乱悖理。㉓十愆（qiān）：指上述的十种罪过，即恒舞于宫、酣歌于室、贪图财货、沉迷女色、终日游乐、成天打猎、轻侮圣言、违逆忠良、疏远年长有德者、亲昵愚顽稚童。㉔匡：匡正。㉕具：详尽。蒙士：下士。㉖洋洋：美善。㉗宗：宗庙，代指国家。

【译文】

成汤死后，太甲继承了帝位。太甲元年，伊尹写作了《伊训》《肆命》《徂后》（用来教导太甲）。

太甲元年十二月乙丑日，伊尹祭祀先王成汤。他侍奉刚刚继承王位的太甲恭敬地叩拜祖先的神位，侯服、甸服的众位君长都参加了祭祀仪式，百官率领自己的官员，听从大宰伊尹的命令。伊尹于是明确地阐述成汤建功立业的盛德，来教导太甲。

伊尹说："啊！从前夏的先王大禹努力施行德政的时候，没有发生天灾，山川的鬼神也没有不安宁的，就连鸟兽鱼鳖也都顺遂孳长。可是到了他的子孙登上帝位后，就不遵循他的德政了，上天降下灾祸，借助于我们汤王的手，从鸣条开始讨伐夏桀，从亳开始施行德政。我们的商王，显示出威武圣德，用宽仁代替暴虐，天下万民确实怀念他。当今的太甲继承其美德，不能不考虑开始的情况，树立友爱的风气要从亲近的开始，树立尊敬的风气要从尊敬长者开始。这样，从自己的封地开始施行，最终会推广到天下。

“啊！先王努力地讲求做人的纲纪，采纳众人的谏言，顺从前贤的主张。身处高位能够明察下情，使臣下能够尽忠效力，结交别人不求全责备，反省自己唯恐比不上别人，因此终于达到拥有万邦而登上帝位，这是多么难能可贵的啊！

“汤王还广泛地寻求智者，让他们辅佐你们这样的继承人，制定惩罚官吏的刑罚来警诫做官的人。成汤说：‘胆敢在宫廷内经常纵情舞蹈，在房中放声唱歌，这叫作巫风。胆敢贪求财物、沉迷女色，经常出游打猎，这叫作淫风。胆敢轻慢圣贤的教诲，不听忠直诚劝，疏远年长有德的人，亲近愚顽稚童，这叫作乱风。这三种风气和十种罪过，卿士身上如果有一种，他的封地一定会丧失；诸侯身上如果有一种，他的国家必然会灭亡。而臣下如果不能匡正君主的过失，就要受到墨刑的惩治，还要用这些详细地教导下士。’

“啊！太甲你要谨记这些教诲，要念念不忘啊！圣人汤王的谋略完美无缺，他的教导也很明白。虽然上天赐福降灾没有不变的常规，但对行善者赐予各种吉祥，对不行善的人降下各种灾祸。你行德不管多小，天下的人都会感到庆幸；你行不善，即使不大，也会丧失你的宗庙，导致亡国。”

西伯戡黎

【原文】

殷始咎周①，周人乘黎②。祖伊恐，奔告于受③，作《西伯戡黎》。

西伯既戡黎。祖伊恐，奔告于王，曰：“天子！天既讫我殷命④，格人元龟⑤，罔敢知吉⑥。非先王不相我后人⑦，惟王淫戏用自绝⑧。故天弃我，不有康食⑨。不虞天性⑩，不迪率典⑪；今我民罔弗欲丧，曰：‘天曷不降威⑫？’大命不挚⑬，今王其如台？”

王曰：“呜呼！我生不有命在天？”

祖伊反，曰：“呜呼！乃罪多，参在上⑭，乃能责命于天⑮？殷之即丧，指乃功⑯，不无戮于尔邦⑰！”

【注解】

①咎：憎恶。周：与商族同时存在的一个部落，姬姓。②乘：战胜。③“祖伊恐”两句：祖伊：祖己的后代，商纣王的贤臣。受：指商纣王。纣王号受德。④既：通“其”，恐怕。讫：终止。殷命：指殷商的国运。⑤格人：能知天地凶吉的圣人。元：大。⑥罔敢：不能。知：察觉。⑦相：帮助。⑧淫：过度。戏：纵酒好色。用：以。⑨康：安宁。⑩虞：揣度。⑪迪：遵行。率典：常法。⑫曷：

为什么。⑬ 挚：到来。⑭ 参：懒惰懈怠。⑮ 乃：通“宁”，难道。⑯ 指：指示。⑰ 戮：合力。

纣不听祖伊谏言，祖伊认为殷被周灭就在眼前。

【译文】

当殷商开始憎恶周国的时候，周国刚刚打败了黎国。祖伊很担心，急忙跑来禀报纣王，史官据此写成《西伯戡黎》。

西伯姬昌打败了黎国，祖伊非常恐慌，赶紧跑去禀报纣王。

祖伊说：“天子啊！恐怕上天快要终结我殷朝的国运了。不管是懂得天命的贤人，还是传达天意的大龟，都没有看见吉兆。这并不是我们的祖先不保佑他们的后代，而是君王您放纵淫逸而自绝于上天啊。所以上天才抛弃我们，不让我们安居有饭吃。君王不揣度上帝的意志，不遵守常法。现在我们的民众没有不希望殷朝灭亡的，都说：‘上天为什么不降下惩罚来啊？’上天的惩罚（暂时）还没有降下来，现在君王您想怎么做呢？”

纣王说：“啊！我的命运不是从一生下来就由上天决定的吗？”

祖伊反驳说：“啊！您的罪行够多了，身为君王而懒惰懈怠，难道还能向上天祈求福命吗？殷朝即将灭亡了，您要指导政事，不可不努力为国家做事啊！”

牧 誓

【原文】

武王戎车三百两[①]，虎贲三百人[②]，与受战于牧野，作《牧誓》。

时甲子昧爽[③]，王朝至于商郊牧野[④]，乃誓。王左杖黄钺，右秉白旄以麾[⑤]，曰：“逖矣[⑥]，西土之人！”王曰：“嗟！我友邦冢君御事[⑦]，司徒、司马、司空[⑧]，亚旅、师氏[⑨]，千夫长、百夫长[⑩]，及庸、蜀、羌、髳、微、卢、彭、濮人[⑪]，称尔戈，比尔干，立尔矛[⑫]，予其誓。”

王曰：“古人有言曰：‘牝鸡无晨[⑬]；牝鸡之晨，惟家之索[⑭]。’今商王受，惟妇言是用[⑮]；昏弃厥肆祀，弗答[⑯]；昏弃厥遗王父母弟，不迪[⑰]；乃惟四方之多罪逋逃[⑱]，是崇是长，是信是使[⑲]，是以为大夫卿士，俾暴虐于百姓，以奸宄于商邑。今予发，惟恭行天之罚。今日之事，不愆于六步七步[20]，乃止齐焉[21]。夫子勖哉[22]！不愆于四伐、五伐、六伐、七伐[23]，乃止齐焉。勖哉夫子！尚桓桓[24]，如虎如貔[25]，如熊如罴[26]！于商郊[27]！弗迓克奔，以役西土[28]，勖哉夫子！尔所弗勖[29]，其于尔躬有戮[30]！”

【注解】

在商国都城郊外的牧野，周武王举行誓师仪式强调战时纪律。

①戎车：战车。两：辆。②虎贲（bēn）：勇士。三百人：应为三千人。③昧爽：太阳将要出升的时候。④商郊：商都朝歌的远郊。⑤“王左杖”两句：杖：拿着。钺（yuè）：大斧。秉：持。旄（máo）：旄牛尾。麾：指挥用的旗子。⑥逖（tì）：远。⑦御事：邦国的治事大臣。⑧司徒、司马、司空：官名，司徒掌管民事，司马掌管兵事，司空掌管土地。⑨亚旅：官名，上大夫。师氏：官名，中大夫。⑩千夫长：官名，师的统帅。百夫长：官名，旅的统帅。⑪庸、蜀、羌、髳（máo）、微、卢、彭、濮：当时周族西南方的八个诸侯国，大约位于现在的湖北、四川、甘肃、陕西等省。⑫“称尔戈”两句：称：举。戈：古代兵器，横刃、长柄。比：排列。干：古代兵器，盾牌。矛：古代兵器，直刺、长柄。⑬牝（pìn）鸡：母鸡。⑭索：空，衰落。⑮妇：指妲己。用：听。⑯昏：轻视。肆：祭祀名，指祭祀祖先。⑰迪：用。⑱逋（bū）：逃亡。⑲“是崇”两句：是：就。崇：尊重。长：尊敬。信：信任。使：任用。⑳愆（qiān）：超过。㉑止齐：等待队伍走整齐。㉒勖（xù）：努力。㉓伐：击刺。一击一刺称为一伐。㉔桓桓：威武的样子。㉕貔（pí）：豹类猛兽。㉖罴（pí）：熊的一种。㉗于：往。㉘迓（yà）：禁止。役：帮助。㉙所：如果。㉚躬：身。戮：杀。

【译文】

周武王出动战车三百辆，勇士三千人，与商纣在牧野决战。史官把这件事记录下来，写成《牧誓》。

甲子日黎明时分，周武王率军来到商都郊外的牧野，举行誓师。武王左手拿着黄色大斧，右手挥舞着白色旄牛尾做的旗子，说：“你们长途跋涉，辛苦啦，西方的将士们！”接着说道：“啊！我们友好之邦的国君们和办事的大臣们，司徒、司马、司空，亚旅、师氏，千夫长、百夫长，以及庸、蜀、羌、髳、微、卢、彭、濮各国的军士们，举起你们的戈，排好你们的盾，竖起你们的矛，我将要宣读誓词了。”

武王说：“古人说：‘母鸡不报晓；如果母鸡报晓，那么这户人家就要衰落了。’现在商纣王只听信妇人的话，轻视并抛弃祖宗祭祀而不闻不问，轻视并舍弃同祖兄弟而不任用，对四方重罪逃犯，则推崇尊敬，信任重用，让他们担任大夫、卿士。这些人对百姓施行暴政，在商国的都城违法作乱。现在，我姬发奉天命进行惩讨。今天作战的时候，我们的阵列前后距离，不得超过六步、七步，要保持整齐，不得拖拉。将士们，要努力呀！刺击敌人时，不要超过四至七次，也要保持整齐，不得畏缩不前。努力吧，众位将士！希望你们威武雄壮，像虎貔熊罴一样勇猛，直奔商都的郊外。在战斗中，不要拒绝来投降的人，要用他们来加强我们自己。努力吧，将士们！你们如果不努力，就会被杀戮！”

君奭

【原文】

召公为保，周公为师①，相成王为左右②。召公不说③，周公作《君奭》。

周公若曰：“君奭！弗吊天降丧于殷④，殷既坠厥命⑤，我有周既受。我不敢知：曰厥基永孚于休⑥。若天棐忱⑦，我亦不敢知：曰其终出于不祥。

“呜呼！君已曰：‘时我⑧！’我亦不敢宁于上帝命⑨，弗永远念天威越我民罔尤违⑩：惟人。在我后嗣子孙⑪，大弗克恭上下，遏佚前人光在家⑫，不知天命不易，天难谌⑬，乃其坠命，弗克经历⑭。嗣前人，恭明德，在今。

“予小子旦非克有正⑮，迪惟前人光，施于我冲子⑯。又曰：‘天不可信。’我道惟宁王德延⑰，天不庸释于文王受命⑱。”

公曰：“君奭！我闻在昔成汤既受命，时则有若伊尹⑲，格于皇天⑳。在太甲㉑，时则有若保衡㉒。在太戊㉓，时则有若伊陟、臣扈㉔，格于上帝。巫咸乂王家㉕。在祖乙，时则有若巫贤㉖。在武丁，时则有若甘盘㉗。

“率惟兹有陈㉘，保乂有殷，故殷礼陟配天㉙，多历年所㉚。天惟纯佑命㉛，则商实百姓、王人㉜，罔不秉德明恤㉝。小臣屏侯甸，矧咸奔走㉞。惟兹惟德称，用乂厥辟㉟，故一人有事于四方，若卜筮，罔不是孚㊱。”

公曰：“君奭！天寿平格㊲，保乂有殷，有殷嗣，天灭威㊳。今汝永念，则有固命，厥乱明我新造邦㊴。”

公曰：“君奭：在昔上帝割申劝宁王之德㊵，其集大命于厥躬㊶。惟文王尚克修和我有夏㊷。亦惟有若虢叔，有若闳夭，有若散宜生，有若泰颠，有若南宫括㊸。”

又曰：“无能往来，兹迪彝教㊹，文王蔑德降于国人㊺。亦惟纯佑秉德，迪知天威。乃惟时昭文王，迪见冒㊻闻于上帝，惟时受有殷命哉！

"武王惟兹四人尚迪有禄[47]，后暨武王诞将天威，咸刘厥敌[48]。惟兹四人昭武王，惟冒丕单称德[49]。

"今在予小子旦，若游大川，予往，暨汝奭其济[50]。小子同未在位[51]，诞无我责；收罔勖不及[52]，耇造德不降[53]，我则鸣鸟不闻，矧曰其有能格[54]？"

公曰："呜呼！君肆其监于兹[55]！我受命无疆惟休，亦大惟艰。告君：乃猷裕我[56]，不以后人迷[57]。"

公曰："前人敷乃心[58]，乃悉命汝，作汝民极[59]，曰：'汝明勖偶王[60]，在亶乘兹大命[61]，惟文王德丕承，无疆之恤[62]。'"

公曰："君！告汝：朕允保奭[63]。其汝克敬以予监于殷丧大否[64]，肆念我天威[65]。予不允惟若兹诰[66]，予惟曰：'襄我二人，汝有合哉[67]？'言曰：'在时二人，天休滋至[68]；惟时二人弗戡[69]。'其汝克敬德，明我俊民[70]，在让后人于丕时[71]。

"呜呼！笃棐时二人[72]，我式克至于今日休[73]？我咸成文王功于[74]不怠丕冒，海隅出日[75]，罔不率俾[76]。"

公曰："君！予不惠若兹多诰[77]，予惟用闵于天越民[78]。"

公曰："呜呼！君！惟乃知：民德亦罔不能厥初[79]，惟其终[80]。祗若兹[81]，往，敬用治[82]。"

【注解】

①师：太师，官名，三公之一。②相：辅佐。左右：这里指君王身边的辅弼大臣。③说：通"悦"，高兴。④吊：善。⑤坠：丧失。⑥基：始。孚：通"付"，给予。休：美。⑦若：顺从。棐（fěi）：辅助。忱：诚信。⑧时：通"恃"，依靠。⑨宁：安。⑩尤：过失。违：违误。⑪在：考察。⑫遏：止。佚：失。⑬谌（chén）：信。⑭经历：长久。⑮旦：周公旦。正：改正。⑯施：延及，传给。冲子：童子，指后辈。⑰道：同"迪"，语助词。宁王：文王。⑱庸释：舍弃。⑲时：当时。若：这。伊尹：成汤的大臣。⑳格：嘉许。㉑太甲：成汤的孙子。㉒保衡：指伊尹。伊尹名衡，任太保之职。㉓太戊：太甲的孙子。㉔伊陟、臣扈：都是太戊的贤臣。㉕巫咸：太戊的大臣。乂：治理。㉖巫贤：祖乙的大臣。㉗甘盘：武丁的贤臣。㉘率：语助词。有陈：有道的贤臣。陈，道。㉙陟：升，指帝王之死。㉚所：时。㉛纯：专心。佑：帮助。㉜百姓：指王室的异姓官员。王人：王室的同姓官员。㉝恤：谨慎。㉞矧：也。奔走：指效劳。㉟乂：同"艾"，辅助。辟：君王。㊱孚：信。㊲平格：中正和平。㊳灭：断绝。威：罚。㊴乱：治理。明：光大。造：建。㊵割（hé）：通"曷"，为什么。申：重复。劝：劝勉。㊶集：降下。㊷修：治理。和：和谐。有夏：指中国，中央之国。㊸若：此。南宫括：文王时的贤臣。㊹兹：通"孜"，努力。迪：开导。彝：常。㊺蔑：无。㊻惟时：于是。昭：通"诏"，帮助。迪：治道。见：显著。冒：进。㊼四人：武王时，虢叔已死，还剩闳夭、散宜生、泰颠、南宫括四人。迪：犹，还。有禄：指活着。㊽刘：杀。㊾单：尽。称：称赞。㊿其：谋求。51小子：周公谦称。同未：通"侗昧"，无知。52勖：勉励。53耇造德：老成有德之臣。54矧：何况。格：嘉许。55肆：今。监：看。56猷裕：教导。57以：使。58前人：指武王。敷：表明。乃：其。59悉：详

尽。极：表率。⑥⓪明勖：努力。偶：通“耦”，辅助。⑥①亶：诚心。乘：承受。⑥②恤：忧虑。⑥③允：信任。保：太保。⑥④其：表祈请。以：与。大否：大祸。⑥⑤肆：长。⑥⑥允：语助词。惟：只。⑥⑦合：合意，志同道合。⑥⑧滋：更加。⑥⑨戡：胜任。⑦⓪明：显用，提拔。⑦①在：终。让：通“襄”，帮助。丕时：继承。⑦②笃：确实。棐：通“匪”，不是。⑦③式：还。休：美。⑦④咸：共同。于：乎。⑦⑤隅：边远之地。⑦⑥率俾：顺从。⑦⑦惠：通“惟”，想。⑦⑧闵：忧虑。越：与。⑦⑨德：行为。能：善。初：开头。⑧⓪终：结尾。⑧①若：善。⑧②往：勤劳。用：以。

【译文】

周成王时，召公任太保，周公任太师，他们一起辅佐成王，成为成王身边的辅弼大臣。召公在处理朝政时感到不悦，周公对他谈了自己的意见。史官把周公的谈话记录下来，写成《君奭》。

周公这样说：“君奭啊！由于殷人不能很好地奉行天命，所以上天把丧亡之祸降给了殷人。现在殷人已经丧失了他们的福命，而我们周室承受了天命。但是我不敢说我们周室已开始的基业就能永久地延续下去。顺从上天，诚信地顺从天意，我也不敢断言王业的结局将是不美好的。

“啊！你曾经说过：‘依靠我们自己，就能治理好国家，但是我们也不敢安于天命，也不敢不长久地顾念上天的威严和安抚我们的人民。要想没有过错，全在于人。考察我们的后嗣子孙，大多不能奉承恭顺上天，不能继承发扬先王的光辉事业，不知道天命难得，天意也难以信赖，他们将失去天命，不能长久。继承文王、武王的德业，恭敬地施行德政，就在今天了！’

“我姬旦无法纠正你的错误看法，只想把文王的光辉德业传给我们的后辈。你还说过：‘上天是不可信赖的。’我们只有继承和发扬文王的美德，才会使上天不厌弃文王所承受的福命！”

周公说：“君奭啊！我听说昔日商王成汤受了天命后，当时就有伊尹这样的贤臣辅助他，受到了上天的嘉许。殷王太甲即位后，则有贤臣太保衡（的辅佐）。太戊时有贤臣伊陟、臣扈，也得到了上帝的嘉许；还有贤臣巫咸辅助他治理周朝。祖乙即位后，当时就有贤臣巫贤。武丁时期，则有贤臣甘盘（的辅佐）。

“因为有了这些贤臣处理殷商的朝政，所以殷礼规定，君王死后，其神灵能够配享上天的祭祀，这种礼制延续了很多年，未曾改变。上天专心帮助教导下民，于是商朝所有异姓之臣和同姓之臣莫不秉承其德业，明恤其政事了。君王身边的亲近重臣及诸侯官员，也都奔走效

召公处理朝政感到不悦，周公谈了自己的意见。

命。诸臣因为有美德而被推举，来辅佐我们的君王，所以君王施政于四方，天下的臣民就像信奉卜筮的灵验一样，没有不信奉君王的教令的。”

周公说：“君奭啊！上天使中正平和的官员长寿，让他们安心治理殷商，于是商王世代相继，上天也不给殷商降下灾祸。现在你可以深入思考这些问题，并探知天命，以治理我们这个新建的国家。”

周公说：“君奭啊！上帝以前为什么再三勉励文王修德，把大命集中在他的身上呢？因为只有我们文王能够使华夏的部落团结起来，也因为当时有虢叔、闳夭、散宜生、泰颠、南宫括等贤臣辅佐他。”

周公又说：“如果没有这些贤臣辅佐文王，努力施行常教，文王也就无法施恩惠给民众了。也因为上天全力帮助文王保持美德，了解上天的威严，于是诸位贤臣辅佐文王治道显著，上帝知道了，因此才使文王承受了殷的天命！

“武王的时候，这五位贤臣中还有四人健在，他们四位后来跟随武王敬奉天威，诛杀敌人商纣。因为他们四人辅佐武王很努力，所以天下人都称赞他们的美德。

“现在我姬旦像是在大江大河中游行，我需要和你一起渡河才能取得成功。现在我无知却登上大位，如果你不能提出匡正我的意见，也就没有人纠正我的不足了。你这老成有德的人不指导我，我就听不到凤凰的叫声，更何况说受到上天的嘉许呢？”

周公说：“啊！阁下，您现在要看到这些！我们承受天命，虽然有着无穷的好处，却也面临着极大的困难。请你谋划出可以使周室兴盛的种种措施，不要让后人迷惑啊！”

周公说：“我们的前人武王表明了他的心愿，他悉心教导你，命你做民众的表率。并且说：‘你要勤勉地辅佐君主，尽心尽力地承担起这个重要的使命啊！要继承文王的圣德，要知道还有无穷的祸患啊！’”

周公说：“君啊！请求你，我所深信的太保奭啊！希望你能恭谨地和我一道吸取殷人亡国的教训，长久地顾虑上天的惩罚。我不但这样向你告请，我还想说：‘除了我们两个人，还有与我们同心同德的人吗？’你会说：‘正是有我们二人共辅王室，上天才降下更多的喜庆。不过我二人不能独自承担如此重大的天命。’希望你能敬重贤良之士，提拔贤能之人，帮助我王继承先王的德业。

“啊！如果真的没有我们二人，我们周朝能有今日这样的美好吗？我和你都应该成就文王的功业而不懈怠，要使那海边日出之地，也没有人不顺从我们。”

周公说：“君啊！我不愿再三劝说了，我只想关心天命和安抚我们的人民啊。”

周公说：“啊！君！你知道民众行事，开始时没有不好好干的，但是却很少有人能够始终如一，坚持到底。我们要恭谨地善待他们，勤劳恭敬地治理国家！”

秦誓

【原文】

秦穆公伐郑[①]。晋襄公帅师败诸崤，还归[②]，作《秦誓》。

公曰："嗟！我士，听无哗[③]！予誓告汝群言之首[④]。

"古人有言曰：'民讫自若[⑤]，是多盘[⑥]。责人斯无难。惟受责俾如流[⑦]，是惟艰哉！'我心之忧，日月逾迈[⑧]，若弗云来[⑨]。

"惟古之谋人，则曰'未就予忌'[⑩]。惟今之谋人，姑将以为亲[⑪]。虽则云然，尚猷询兹黄发[⑫]，则罔所愆[⑬]。

"番番良士[⑭]，旅力既愆[⑮]，我尚有之[⑯]。仡仡勇夫[⑰]，射御不违[⑱]，我尚不欲[⑲]。惟截截善谝言[⑳]，俾君子易辞[㉑]，我皇多有之[㉒]。

"昧昧我思之[㉓]：如有一介臣，断断猗无他技[㉔]，其心休休焉[㉕]，其如有容[㉖]。人之有技，若己有之。人之彦圣[㉗]，其心好之，不啻若自其口出[㉘]。是能容之，以保我子孙黎民，亦职有利哉[㉙]！

"人之有技，冒疾以恶之[㉚]；人之彦圣，而违之，俾不达[㉛]。是不能容。以不能保我子孙黎民，亦曰殆哉[㉜]！

"邦之杌陧[㉝]，曰由一人。邦之荣怀[㉞]，亦尚一人之庆！"

【注解】

①郑：郑国，今河南省新郑一带。②还归：指晋国释放秦军三帅孟明视、西乞术、白乙丙还归秦国。③哗：同"哗"，喧哗。④首：首要，紧要处。⑤讫：尽。若：顺。自若：随心所欲。⑥盘：通"般"，邪僻。⑦俾：依从。⑧逾：过。迈：行。⑨云：旋，回转。⑩就：顺从。忌：志，意志。⑪姑：姑且，将。亲：亲近。⑫猷：还。询：征询意见。黄发：老人，这里指蹇叔等老臣。⑬愆：过失。⑭番番：白发苍苍的样子。⑮旅：通"膂"，脊骨。旅力：体力。愆：通"骞"，亏损。⑯有：亲近。⑰仡仡（yì）：壮健勇武的样子。⑱射御：射箭和驾车。违：失误。

战败主帅被释回秦，秦穆公沉痛总结失败教训。

⑲欲：喜欢。⑳截截：浅薄的样子。谝（piǎn）：花言巧语。㉑俾：使。易辞：轻忽，懈怠。㉒皇：更，大。㉓昧：暗。㉔断断：精诚专一。猗：语中助词。㉕休休：宽厚。㉖如：能。容：容纳。㉗彦：才能过人。圣：圣明，品德高尚。㉘啻（chì）：但，仅仅。自：从。㉙职：尚，当。㉚冒疾：妒忌。㉛违：阻止。达：通达。㉜殆：危险。㉝杌（wù）陧（niè）：不安。㉞荣怀：光荣和安宁。

【译文】

秦穆公讨伐郑国。晋襄公率军在崤山大败秦军，晋国释放秦军的主帅回归秦国，（秦穆公）作了一篇《秦誓》。

穆公说："喂，我的君臣众士们，你们都听着，不要喧哗，我有重要的话告诉你们。

"古人这样说过：'人若随心所欲，就会出现很多差错。'责备别人并不是难事，被别人责备却能从善如流，这才是困难的啊！我心里所忧虑的，是往事像日月行进那样一去不复返了，（那样的话）懊悔也来不及了。

"对于以前的谋臣，我曾认为他们不顺着我的意志来谋划；对于现在的谋臣，我将要把他们当做最亲近的人。话虽如此，对于军国大事，我还是应当去征询那些德高望重的老成人的意见，这样才不会有过失。

"满头白发的忠臣良士，虽然已年老体衰，我还是要亲近他们。勇猛强壮的武夫，虽然是射御的好手，我却不大喜欢。而那些浅薄善辩的人，使君子轻忽怠惰的人，我竟然非常亲近他们。

"我默默思考，如果有这样一班臣子，他们纯正专一，没有其他技能，胸怀宽广而有容人的雅量。看到别人有技能，就像自己有一样高兴；别人品德高尚、才能出众，他从心里喜欢，不只是从口中称赞出来而已（这就真的是宽容大度了）。任用这样的臣子当政，来保护我的子孙、黎民，这应该是很有利的啊！

"（又有另一种人，）看到别人有才能，就妒忌，就厌恶；看到别人才能出众、品德高尚，就想方设法扼杀阻碍他，这是一种完全不能容忍他人（优点）的人。任用这样的人，不但不能保护我的子孙、黎民，也是很危险的啊！

"国家的不安定，就是由于君王一人的过失所致；而国家的繁荣稳定，也正是由于君王一人的善行所致啊！"

易经

易经

《易》有三种:《周官·春官·太卜》云:“《太卜》掌三《易》之法。一曰《连山》,二曰《归藏》,三曰《周易》。”

《连山》,夏之《易》,以艮卦为首。

《归藏》,商之《易》,以坤卦为首。

《周易》,周之《易》,以乾卦为首。

《周易》

时代 商至春秋时期

《周易》的“周”指的是周朝,“易”指的是变化。《周易》就是一本产生于周朝的变化之书。本来《易》的内容成书更早,但文王为其定下更为具体的规范,后孔子为其做解释,我们只把成书定为这个时期。值得庆幸的是,由于李斯将《周易》列在医术占卜书一类,让《周易》躲过了焚书的劫难,完整地保留下来。

内容 变化之书

从表面上看,《周易》好像是专论阴阳八卦的著作,但实际上它论述的核心问题,是在讲一个对立与统一的宇宙观,以及如何利用它来得到未来的信息。《周易》上论天文,下讲地理,中谈人事,包罗万象,无所不有。

易经

主要讲六十四卦,并分别加以解释和演说。

易传

“传”有七种十篇,古人把这十篇“传”叫作“十翼”,就如同是附属于“经”的羽翼,即用来解说“经”的内容。但实际上,是“传”的作者借解说经文来发挥自己的思想观点。

彖:专门对《易经》卦名和卦辞的注释。

象:对《易经》卦名和爻辞的注释。

文言:对《乾》《坤》两卦作进一步的解释。

乾 卦

【原文】

飞龙在天。

《乾》 元亨，利贞①。

初九② 潜龙，勿用。

九二 见龙在田③，利见大人。

九三 君子终日乾乾④，夕惕若⑤，厉，无咎⑥。

九四 或跃在渊，无咎⑦。

九五 飞龙在天，利见大人。

上九 亢龙，有悔⑧。

用九⑨ 见群龙无首，吉。

【注解】

①乾：卦名。元：大。亨：亨通。利：有利。贞：正。②初九：指倒数第一枚阳爻（“九”表示阳爻）。③见：读音同“现”，出现。④乾乾：勤勉。⑤惕：警惕。若：语气助词。⑥厉：危险。⑦咎：祸害。⑧亢：过度。⑨用九：通九，指六爻都是“九”（阳爻）。用九是乾卦特有的爻题。

【译文】

《乾》 元始，亨通，和合有利，贞正坚固。

初九 龙藏水中，暂时不宜妄动。

九二 龙出现田间，见大人有利。

九三 君子整天勤勉不懈，晚上谨小慎微，纵使遇险也能化险为夷。

九四 （龙或飞腾上天），或遁守深渊：无害。

九五 龙飞在天上，见大人有利。

上九 飞得过高的龙会有麻烦、陷于困境。

用九 群龙出现，都不以首领自居：吉祥。

【原文】

《象》曰①：大哉乾元②，万物资始③，乃统天④。云行雨施⑤，品物流形⑥。大明终始⑦，六位时成⑧。时乘六龙以御天⑨。乾道变化，各正性命⑩。保合大和⑪，乃利贞。首出庶物⑫，万国咸宁⑬。

【注解】

①《彖》：指《彖传》，又叫《彖辞传》。《彖传》是解读六十四卦卦名、卦义以及卦辞的文字。②元：创始。《易传》释卦辞“元亨利贞”四字，断为元、亨、利、贞，元释为“创始、大”，亨释为“亨通”，利释为“有利”，贞释为“正”。③资：依赖。④统：属于。⑤施：降下。⑥品：种类。“品物”指万物。流形：指形态千变万化。⑦大明：太阳。⑧六位：指上下和东西南北六个方位。时：于是。⑨御：行。⑩性命：指事物的特性和命运。⑪保：保持。下文的“合”指成就。⑫首：始。下文的“庶”指众多，“庶物”指万物。⑬咸：都。

【译文】

《彖传》说：真是伟大啊，乾的创始！万物都依赖它诞生，万物都是属于天的。云朵飘浮，雨水降下，万物的形态千变万化。太阳东升西落，于是上下和东西南北这六个方位就定下了。太阳按时驾着六条龙在天上往返。乾道不断变化，使万物各归其位，使宇宙保持着大和谐的状态，于是万物受益、正道运行。乾道始生天下万物，使万国都得到了安定。

【原文】

《象[①]》曰：天行健[②]，君子以自强不息。

初九　“潜龙勿用”[③]，阳在下也[④]。

九二　“见龙在田”[⑤]，德施普也。

九三　“终日乾乾”，反复道也。

九四　“或跃在渊”，进无咎也。

九五　“飞龙在天”，大人造也[⑥]。

上九　“亢龙有悔”，盈不可久也[⑦]。

用九　“用九”，天德不可为首也。

【注解】

①象：指《象传》。《象传》是解读六十四卦卦名、卦义（没有解释卦辞）以及三百八十六爻爻辞的文字。②天行健：《乾》卦下乾上乾，乾是天，又是健，所以说“天行健”。刚健是天道的秉质，自强是君子的标志，所以下文说“君子以自强不息”。（天行：天道；以：取法。）③潜龙勿用：潜，藏。勿用，无所举动，不宜作为。④阳在下：本爻初九是阳爻，居下卦下位，所以说“阳在下”。“阳在下”象征君子尚居下位。⑤见龙在田：见，即“现”；田，田野。⑥造：作。⑦盈：满，指过度。

见龙在田。

【译文】

《象传》说：天道刚健，君子取法天道，自强不息。

初九　“潜龙勿用”，这是因为君子还居于下位。

九二　“见龙在田”，表明君子要广施德泽于天下了。

九三　“终日乾乾”，这是说君子反复行道。

九四　“或跃在渊”，这是说明审时度势向前进取而无害。

九五　“飞龙在天”，这是说大人可以大有作为。

上九　“亢龙有悔”，说明凡事过度就久不了。

用九　“用九”，天道之德即天道的特点，六爻（六龙）都在运行变化中，不见端际。

【原文】

《文言[①]》曰：“元”者善之长也[②]，“亨”者嘉之会也[③]，“利”者义之和也，“贞”者事之干也[④]。君子体仁足以长人[⑤]，嘉会足以合礼，利物足以和义[⑥]，贞固足以干事[⑦]。君子行此四德者[⑧]，故曰：“乾，元、亨、利、贞。”

亢龙有悔。

【注解】

①文言：《文言》即《文言传》，是专门解释乾坤两卦的文字，其他卦无。②长：始。③嘉：美。会：荟萃。④干：主干，指根据。⑤体：践行。长人：为人君长。⑥和：响应。⑦贞：即正，指正道。固：固定，指坚守。⑧四德：指仁、礼、义、正。

【译文】

《文言》说：元，是善的开始；亨，是美的荟萃；利，是义的和谐；贞，是行事的根据。君子践行仁德，足以为人君长；荟萃美好，足以合乎礼仪；利人利物，足以响应道义；坚守正道，足以干出事业。君子能践行仁、礼、义、正这四德，所以说：“乾：表现着创始、亨通、和谐有利、贞正坚固。”

【原文】

初九曰“潜龙勿用”，何谓也？子曰[①]：“龙，德而隐者也[②]。不易世[③]，不成名，遁世无闷，不见是而无闷[④]。乐则行之，忧则违之[⑤]，确乎其不可拔[⑥]，潜龙也。”

九二曰“见龙在田，利见大人”，何谓也？子曰：“龙，德而正中者也[⑦]。

君子终日乾乾，勤奋学习。

庸言之信[⑧]，庸行之谨，闲邪存其诚[⑨]，善世而不伐[⑩]，德博而化。《易》曰：‘见龙在田，利见大人’，君德也。”

九三曰“君子终日乾乾，夕惕若。厉，无咎”，何谓也？子曰：“君子进德修业，忠信，所以进德也，修辞立其诚[⑪]，所以居业也[⑫]。知至至之[⑬]，可与言几也[⑭]；知终终之[⑮]，可与存义也。是故，居上位而不骄，在下位而不忧，故乾乾因其时而惕[⑯]，虽危无咎矣。”

九四曰“或跃在渊，无咎”，何谓也？子曰：“上下无常，非为邪也。进退无恒，非离群也。君子进德修业，欲及时也，故无咎。”

九五曰“飞龙在天，利见大人。”何谓也？子曰：“同声相应，同气相求。水流湿，火就燥，云从龙，风从虎，圣人作而万物睹[⑰]。本乎天者亲上，本乎地者亲下，则各从其类也。”

上九曰“亢龙有悔”，何谓也？子曰：“贵而无位[⑱]，高而无民，贤人在下位而无辅，是以动而有悔也。”

【注解】

①子：指孔子。②龙德：具有龙一样的德行。这是以君子之人解释潜龙之义。③易：转移。④是：赞同。⑤违：避开。⑥确：坚定。⑦正中：即中正。⑧庸：常。⑨闲：防范。⑩善：益。伐：夸耀。⑪修辞：指说话。⑫居：积累。⑬至：事物发展的方向。⑭几：精微。⑮终：目标。⑯因：随着。⑰作：兴起。物：指人。睹：仰望。⑱位：与尊位相宜的美德，指君德。

【译文】

初九说：“潜龙勿用”，这是什么意思呢？孔子说：“潜龙，是指有德的隐者，他不为世俗所转移，不求虚名，避世却不觉苦闷，不被世人赞同也不苦闷，心以为乐的事就去做，心以为忧恼的事就避开，意志坚定不移，这就是潜龙。”

九二说：“见龙在田，利见大人”，这是什么意思呢？孔子说：“龙，是指有德又中正的人，他平时总是言有信，日常行为谨慎有节，防范邪僻，秉持真诚，有益于世却不自夸，德泽广大感化了天下。《周易》说：‘见龙在田，利见大人’，这就是君主的品德。”

九三说："君子终日乾乾，夕惕若，厉，无咎"，这是什么意思呢？孔子说："这说的是君子增进道德，治理事业。忠信可以增进道德，说话都要出于真诚，可以积累功业。知道方向并努力实现目标，就可以跟他谈事业的精微的道理了；知道方向并达成了目标，就可以和他一道秉守事业的大义了。所以君子居高位时却不骄傲，处低位时却不忧愁，随时勤勉警惕，纵使遇险也能化险为夷了。"

九四说："或龙或跃出渊，或潜入渊"，这是什么意思呢？孔子说："（君子像龙一样）或上或下不定，不是出于邪念；或进或退不定，不是脱离群众。君子增进道德，治理事业，只是想把握时机罢了，所以是无害的。"

九五说："龙高飞在天，有利于出现大人物"，这是什么意思呢？孔子说："同类的声音互相应和，同种的气息互相觅求；水流向湿处，火烧向干处；云伴从龙，风伴从虎。圣人兴起就会万人仰望。本属天的亲近上面，本属地的亲近下面，那么万物就都能各得其所了。"

上九说："龙飞至穷极之处，终将有所悔恨"，这是什么意思呢？孔子说："尊贵却没有君德，居高却脱离群众，贤人屈居下位而丧失辅助，所以君主一轻举妄动就有悔恨。"

【原文】

"潜龙勿用"，下也①。"见龙在田"，时舍也②。"终日乾乾"，行事也。"或跃在渊"，自试也。"飞龙在天"，上治也。"亢龙有悔"，穷之灾也③。乾元"用九"，天下治也。

【注解】

①下：本爻初九居下卦下位，是君子尚居下位的象征。②舍：舒展。"时舍"指时机到了。③穷：本爻上九居上卦上位，在一卦的尽头，是穷尽、极端的象征。

【译文】

"潜龙勿用"，是因为君子尚居下位；"见龙在田"，说明时势舒展开了；"终日乾乾"，是说君子勤勉行事；"或跃在渊"，是说君子用实践自检验才能；"飞龙在天"，是说君子居高治国，出现最好的局面；"亢龙有悔"，因为穷极而将有灾了；乾元"用九"，是说天下大治。

【原文】

"潜龙勿用"，阳气潜藏。"见龙在田"，天下文明①。"终日乾乾"，与时偕行②。"或跃在渊"，乾道乃革③。"飞龙在天"，乃位乎天德④。"亢龙有悔"，与时偕极⑤。乾元"用九"，乃见天则⑥。

【注解】

①文明：文采光明，指万物焕然有光彩。②偕：俱。③乾道：天道。革：改变。④位：具有。

⑤极：穷。⑥则：规律。

【译文】

“潜龙勿用”，因为阳气还在潜伏中；“见龙在田”，因为万物正当焕然光明；“终日乾乾”，是说君子与时俱进；“或跃在渊”，是说天道开始变化了；“飞龙在天”，是说君子具有天一样的品德；“亢龙有悔”，说明人和事情已发展到极端了；乾元“用九”，“用九”体现了天的规律。

【原文】

《乾》“元[①]”者，始而亨者也。“利贞”者，性情也。乾始能以美利利天下，不言所利，大矣哉！大哉乾乎！刚健中正，纯粹精也。六爻发挥[②]，旁通情也[③]。“时乘六龙”，以“御天”也；“云行雨施”，天下平也。

【注解】

①元：当作“元亨”。②发挥：推演变化。③旁：广。

【译文】

《乾》卦中的“元亨”，是说天创始和亨通万物；“利贞”，是说天具有利益和规正万物的性情。天创始时用美利来利益天下，却不夸耀它对天下的利益，真是伟大啊！真是伟大啊，天！它刚健中正，达到了纯精的地步。《乾》卦的六爻推演变化，就能广通万物的情状。太阳按时驾着六条龙，为的是在天上运行；云朵飘行，雨水降下，于是天下太平。

【原文】

君子以成德为行[①]，日可见之行也。“潜”之为言也，隐而未见，行而未成，是以君子“弗用”也。

君子学以聚之，问以辩之[②]，宽以居之，仁以行之。《易》曰：“见龙在田，利见大人”，君德也。

九三重刚而不中[③]，上不在天[④]，下不在田[⑤]。故乾乾因其时而惕，虽危无咎矣。

亢龙有悔。

九四重刚而不中，上不在天，下不在田，中不在人[⑥]，故“或”之。“或”之者，疑之也，故“无咎”。

夫“大人”者与天地合其德[⑦]，与日月合其明，与四时合其序，与鬼神合其吉凶，先天而天弗违，后天而奉天时。天且弗违，而况于人乎？况于鬼神乎？

"亢"之为言也，知进而不知退，知存而不知亡，知得而不知丧。其唯圣人乎[⑧]，知进退存亡而不失其正者，其唯圣人乎！

【注解】

①行：目标。②辩：同"辨"，辨别。③重刚：本爻九三是阳爻，居九二阳爻上，阳爻是刚，两刚重叠，所以说"重刚"。下文"九四重刚"中的"重刚"与此同理。不中：六十四卦中，一卦又分为上卦（上卦又是外卦）和下卦（下卦又是内卦），上下卦各占三个爻位，下卦的三爻位是初二三，上卦的三爻位是四五上，下卦以中间的一个爻位为中位，即第二爻位，叫下卦中位；上卦以中间的一个爻位为中位，即第五爻位，叫上卦中位。本爻九三既不居上卦中位，又不居下卦中位，所以说"不中"。④天：指天位。六十四卦中，一卦中的第二爻位象征地位，第三爻位象征人位，第五爻位象征天位。本爻九三未居第五爻位，所以说"不在天"。⑤田：指地位。⑥人：指人位。本爻九四未居第三爻位，所以说"不在人"。⑦合：等同，指比得上。⑧其：大概。

【译文】

初九　君子以成就德业为目标，每天都可看见他在行动。说是"潜"，是因为君子隐伏不露，行动未有成绩，所以君子不妄动。

九二　君子通过学习积累知识，通过问询辨别是非，宽容处世，仁慈办事。《周易》说："见龙在田，利见大人"，这就是君主的品德。

九三　九三爻处于两个阳爻之上，故曰重刚，又未居上卦或下卦中位，上不在天位，下不在地位，所以只要随时勤勉警惕，纵使有危险，也能转危为安。

九四　处于两个重叠的阳爻之上称为重刚，又未居上卦或下卦中位，上不在天位，下不在地位，中不在人位，所以说"或"。所谓"或"，是说君子的位置疑而未定，所以说"无咎"。

九五　所谓"大人"，他的品德可比天地覆载万物，贤明可比日月照亮大地，行为有序可比四季，察知吉凶可比鬼神。先于天的变化而行动，天的变化正好和他的行动一致，他若后于天的变化而行动，也能遵循天的变化规律。天道尚且不违背他，何况人呢，何况鬼神呢？

上九　说是"亢"，是因为君子知进而不知退，知存而不知亡，知得而不知失。大概只有圣人吧——既知道进退存亡，又不失正道的，大概只有圣人吧。

坤　卦

【原文】

《坤[①]》　元亨，利牝马之贞[②]。君子有攸往[③]，先迷后得主。利西南得朋，东北丧朋。安贞吉[④]。

初六[5] 履霜，坚冰至。

六二　直方大[6]，不习[7]，无不利。

六三　含章可贞[8]；或从王事，无成有终。

六四　括囊[9]：无咎无誉。

六五　黄裳[10]：元吉。

上六　龙战于野，其血玄黄。

用六[11] 利永贞。

【注解】

① 坤：卦名。② 牝马：母马。③ 攸：所。④ 安：平安。⑤ 初六：指倒数第一阴爻（“六”表示阴爻）。以下六二、六三、六四、六五分别指倒数第二、三、四、五阴爻，上六指最上阴爻。⑥ 直方大：按经意，直读为《诗·宛丘》“值其鹭羽”之值，手持。方，方舟。习，熟练。方舟是并船，不熟练也不易颠覆。直，正直。方，端方。大，博大，指宽容。⑦ 习：学习，熟习。⑧ 章：文采。⑨ 括：捆。⑩ 黄裳：黄下衣。古人认为黄色是尊贵吉祥之色，故黄裳象征尊贵吉祥。⑪ 用六：通六，指六爻都是“六”（阴爻）。用六是乾卦特有的爻题。

【译文】

《坤》　元始，亨通，像雌马一样柔顺而守正道必然吉祥；安详守正就会吉祥。

初六　当脚踩到秋霜时，寒冬的坚冰也将来临。

六二　操持方舟，不熟练也没有什么不利。

六三　内蕴文采，占问之事可行，或从事君王的事业，不能成功也有好结果。

六四　捆紧囊袋（比喻遇事缄口，不理是非）：无害也无赞誉。

六五　黄下衣（象征富贵）：大吉。

上六　二龙在野外搏斗，淌出黑黄色的血。

用六　永远坚守正道就会有利。

坤元亨，利牝马之贞。

【原文】

《象》曰：至哉坤“元”[1]，万物资生，乃顺承天。坤厚载物，德合无疆[2]。含弘光大[3]，品物咸“亨”。“牝马”地类[4]，行地无疆，柔顺“利贞”。“君子”攸行，“先迷”失道，“后”顺“得”常[5]。“西南得朋”，乃与类行[6]；

"东北丧朋"，乃终有庆[⑦]。"安贞"之吉，应地无疆[⑧]。

【注解】

①至：极致。②合：配合。③弘：大。光：光借为"广"。"光大"指地面广大。④地类：与地同类。"牡马"属阴性，地也属阴性，所以说"牡马地类"。⑤常：正路。⑥类：朋友，即"西南得朋"中的"朋"。⑦庆：福庆。⑧应：适应。

【译文】

《彖传》说：真是达到了极致啊！坤的创始！万物都依赖它诞生长成，它是顺承着天道的。坤道的大地深厚，承载万物，坤德配合乾德，没有止境。大地涵容一切，广阔无垠，万物都亨通畅达。母马和地同类，在地上奔驰无疆，它性情柔顺，利于秉守正道。君子出行，起初因抢行而先迷失道路，后来随于人后顺利得回正路。往西南去得到朋友，于是伴友同行；往东北去失去朋友，却能终获福庆。安守正道是吉祥的，能适应大地的广大无边。

【原文】

《象》曰：地势坤[①]。君子以厚德载物[②]。

初六　"履霜坚冰"[③]，阴始凝也。驯致其道[④]，至"坚冰"也。

六二　六二之动[⑤]，"直"以"方"也[⑥]；"不习无不利"，地道光也[⑦]。

六三　"含章可贞"，以时发也[⑧]。"或从王事"，知光大也[⑨]。

六四　"括囊无咎"，慎不害也。

六五　"黄裳元吉"，文在中也[⑩]。

上六　"龙战于野"，其道穷也[⑪]。

用六　"用六永贞"，以大终也。

【注解】

①地势坤：《坤》卦下坤上坤，坤是地，其形虽曲，其义为顺，所以说"地势坤"。载物是厚重的大地的秉质。②厚：增厚。③坚冰："坚冰"两字当是衍文。④驯：顺着。致：发展。道：指自然规律。⑤动：指人的行动。⑥以：且。⑦地道光：本爻六二是阴爻，居第二爻位，是地位，所以说"地道光"。地道博大柔顺，人若博大柔顺，即使不熟悉环境也无不利，所以说"'不习无不利'，地道光也"。⑧时：适时。发：使用。⑨知：同"智"，智慧。⑩文：指美德。中：心中。⑪道穷：本爻上六居上卦上位，在一卦的尽头，是坤阴之道已发展至穷尽的象征。

【译文】

《象传》说：地势柔顺，君子取法大地厚德载物。

初六　"履霜"，这是说阴气开始凝结了；顺着自然规律发展下去，就会形成"坚冰"。

六二　六二中的“直方”，是说人办事正直端方；“不习无不利”，这是因为地道广大。

六三　有德正直，这要适时使用；“或从王事”，这是因为他智慧大。

六四　“括囊无咎”这是说君子行事谨慎就会无害。

六五　“黄裳元吉”，这是因为君子心怀美德。

上六　“龙战于野”，这是说君子途穷了。

用六　用六说，永远正直，这样就会大有结果。

【原文】

《文言》曰：《坤》至柔而动也刚[①]，至静而德方[②]，后得主而有常[③]，含万物而化光。坤道其顺乎，承天而时行。

积善之家必有余庆[④]，积不善之家必有余殃。臣弑其君[⑤]，子弑其父，非一朝一夕之故，其所由来者渐矣，由辩之不早辩也[⑥]。《易》曰：“履霜，坚冰至”，盖言顺也[⑦]。

“直”其正也，“方”其义也。君子敬以直内，义以方外，敬义立而德不孤[⑧]。“直、方、大，不习，无不利”，则不疑其所行也。

阴虽有美，“含”之以从王事[⑨]，弗敢成也[⑩]。地道也，妻道也，臣道也。地道“无成”而代“有终”也[⑪]。

天地变化，草木蕃[⑫]。天地闭，贤人隐。《易》曰：“括囊，无咎无誉”，盖言谨也。

君子“黄[⑬]”中通理[⑭]，正位居体[⑮]，美在其中而畅于四支[⑯]，发于事业，美之至也。

阴疑于阳必“战”[⑰]，为其嫌于无阳也[⑱]，故称“龙[⑲]”焉。犹未离其类也[⑳]，故称“血”焉。夫“玄黄”者，天地之杂也，天玄而地黄。

“括囊无咎”是说君子行事谨慎就会无害。

【注解】

①动：指地生养万物的运动。②德方：地道方正。古人见大地上的山川湖海等，都不移位，不能旋转，认为是由具有方正秉质的地道所致，所以说“德方”。德：道。③后得主：地道是取法天道的，后天道而运动，以天道为主人，所以说“后得主”。常：规律。④余：多。⑤弑：以下杀上叫作“弑”。⑥辩：同“辨”，指察觉。

⑦盖：大概。顺：指趋势。⑧孤：孤立。⑨含：内敛。⑩成：以成功自居。⑪代：代替。⑫蕃：茂盛。⑬黄：指本爻六五中的“黄裳”。“黄裳”象征美德。⑭中：内心。通理：通达事理。⑮体：体借为“礼”，仪礼。⑯畅：达，指外现。支：同“肢”。⑰疑：疑读音同“拟”，拟等。本爻上六是阴爻，居上卦上位，在一卦是尽头，达到了阴的极盛，可与阳势均力敌，所以说“阴疑于阳”。⑱嫌：与上文的“疑”同义。无：“无”当为衍字。⑲龙：本爻上六是阴属，龙是阳属，因上六可与阳势均力敌，所以上六也可称“龙”。⑳类：指阴类。上六虽可与阳势均力敌，毕竟仍是阴属，“血”也是阴属，所以说“犹未离其类也，故称‘血’焉”。

【译文】

《文言》说：大地极其柔顺，但运动却是刚健的；大地极其宁静，但地道却是方正的。地道随后，以天道为主人，有稳固的规律。地包容万物而化育广大。地道是柔顺的呵，顺承天道且按时运行。

积善的人家，必然多福庆，积不善的人家，必然多灾殃。臣弑君，儿弑父，不是一朝一夕的缘故，它所以变成这样是渐成的，是由可以察觉却没有早点察觉造成的。《周易》说：“踩上霜，坚冰也将来临”，大概说的就是这种事物发展的必然趋势吧。

“直”，是指正直，“方”，是指行事合乎道义。君子通过诚敬成就内在的正直，通过道义成就外在的方正。诚敬、道义确立了，德行就不会孤立了。“直方大，不习无不利”，那么人们就不会怀疑他所做的了。

臣子虽有美德，却能收敛着从事王事，不敢以成功自居。地道就是妻道、臣道。地道无所谓成功，它只是替天道成功罢了。

天地变化，草木就旺盛，天地闭塞，贤人就退隐。《周易》说：“括囊，无咎无誉”，大概说的就是谨慎处世的道理吧。

君子内怀美德，通达事理，端正位置，秉守仪礼，美德在心中，外现在四肢上，发扬在事业上，美德真是达到了极致啊。

阴和阳势均力敌时，一定起争斗，本是阴与阳战而说成“龙战”，是因为怕人们误以为无阳，但上六还没脱离它的阴类属性，不能离开阳，所以称“血”表示阴阳交合。所谓“玄黄”，这是天地杂合的颜色，天是玄色，地是黄色。

泰卦

【原文】

《泰》　小往大来，吉，亨。

初九　拔茅茹以其汇[①]。征吉。

九二　包荒[②]，用冯河[③]，不遐遗[④]。朋亡[⑤]，得尚于中行[⑥]。

九三　无平不陂[⑦]，无往不复。艰贞无咎。勿恤其孚，于食有福[⑧]。

六四　翩翩[⑨]，不富以其邻，不戒以孚。

六五　帝乙归妹[⑩]，以祉[⑪]元吉。

上六　城复于隍[⑫]，勿用师，自邑告命，贞吝。

【注解】

①茅茹：茅草的根。以：连及。汇：种类。②包：通“匏”，葫芦。荒：空。③冯：假借为“淜”。冯河就是徒步过河，浮水渡河。④不遐：不至于。遗：坠。⑤朋：朋友。⑥中行：半路上。⑦陂：倾斜。⑧福：通“富”，富足。⑨翩翩：鸟疾飞的样子。这里比喻人像鸟一样。⑩帝乙：商纣王的父亲。归：嫁。妹：少女的通称。⑪祉：福。⑫复：通“覆”，倒塌。隍：城墙外的壕沟。

【译文】

《泰》象征和畅通泰：小的去了大的来，吉祥，亨通。

初九　拔茅草的根，连同茅草的同类也一同拔起来；如此同根同志地团结出征，吉祥。

九二　有包容大川的胸怀，涉越长河的能力，不遗弃远方的贤人，也不溺于私情，要中道行事。

同根同志地团结出征，吉祥。

九三　没有哪种平坦，永远不会倾斜，没有哪种失去，永远不会得回；事情艰难也要坚守正道，自然是无害的；不用忧虑无法取信于人，生活是会变富足的。

六四　像鸟飞那样轻飘自得，难保财富。但与邻居相互信任不必加以戒备。

六五　帝乙出嫁少女，因而得福，大吉。

上六　城墙倒塌在壕沟里。命令说是不要用兵，只能自我检讨，坚守正道来防止危害。

【原文】

《彖》曰：“《泰》：小往大来，吉，亨。”则是天地交而万物通也，上下交而其志同也。内阳而外阴，内健而外顺，内君子而外小人，君子道长，小人道消也。

【译文】

《彖传》说：“《泰》：小往大来。吉，亨。”这是说天地阴阳二气相交就会万物亨通，君臣相互沟通就能心意一致。《泰》卦内卦是阳，外卦是阴，内卦是健，外卦是顺，内卦是君子，外卦是小人。君子的道将要发展，小人的道将要衰落。

【原文】

《象》曰：天地交[①]，《泰》。后以财成天地之道，辅相天地之宜，以左右民。

初九　“拔茅征吉”，志在外也。

九二　“包荒，得尚于中行”，以光大也。

九三　“无往不复”，天地际也[②]。

六四　“翩翩不富”，皆失实也[③]。“不戒以孚”，中心愿也。

六五　“以祉元吉”，中以行愿也[④]。

上六　“城复于隍”，其命乱也。

【注解】

① 天地交：《泰》卦下乾上坤，坤是地，乾是天，所以说“天地交”。天地相交是自然规律，君主治国宜顺应规律，所以下文说“后以财成天地之道，辅相天地之宜，以左右民”。（后：君主；财：同“裁”，制定；天地之道：指符合天地之道的制度；天地之宜：适宜在天地生长的作物，这里指生产。）② 天地际：本爻九三居下卦乾（天）和上卦坤（地）的交接处，所以说“天地际”。“天地际”象征事物发展的临界点。③ 实：财物。④ 中：本爻九五是阳爻居上卦中位。行愿：指行事。

【译文】

《象传》说：天地阴阳二气相交，这就是《泰》卦的象征。君主取法《泰》卦，制定符合天地之道的制度，辅助百姓从事生产，以便统治百姓。

初九　“拔茅征吉”，这是说君子志在向外发展。

九二　“包荒，得尚于中行”，这是因为君子光明正大。

九三　“无往不复”，这是说事情发展到了临界点（就要转变了）。

六四　“翩翩不富”，这是说君子丧失财物；有诚信不戒备，这是君子的心愿。

六五　“以祉元吉”，这是因为君子行事中正。

上六　“城复于隍”，这是说统帅的命令错乱失当。

否　卦

【原文】

《否》　否之匪人[①]。不利君子贞。大往小来。

初六　拔茅茹，以其汇。贞吉，亨。

六二　包承[②]，小人吉，大人否。亨。

六三　包羞[③]。

九四　有命，无咎，畴离祉[④]。

九五　休否，大人吉。其亡其亡[⑤]，系于苞桑。

上九　倾否[⑥]，先否后喜。

【注解】

①“否之”两句：否：闭塞，指排斥。匪：即“非”，否定。②包承：包容承受。③羞：羞辱，一说通“馐”。④畴：畴通“俦”，同类。离：离借为“丽”，附丽。祉：福祉。⑤其：将。⑥倾：倾覆。

【译文】

《否》卦象征天下闭塞不通：否闭之世排斥贤人，君子此时应坚守贞正；大的阳刚去了，小的阴柔来了。事业由盛转衰。

初六　拔茅草的根，连同茅草的同类也一起拔起：君子应当坚守正道，吉祥亨通。

六二　被包容并顺承尊者：小人吉祥，大人闭塞，以后才亨通。

六三　位置不当，包藏羞辱。

九四　保有天命，无害，同志都来会一起享有福祉。

九五　终止闭塞的局面，大人才能吉祥，但还要时刻警惕（将要灭亡，将要灭亡），才会像桑树一样安然无恙。

上九　倾覆闭塞的局面，起初闭塞，后来通泰喜悦。

【原文】

《彖》曰：“否之匪人。不利君子贞。大往小来。”则是天地不交而万物不通也[①]，上下不交而天下无邦也；内阴而外阳，内柔而外刚，内小人而外君子，小人道长，君子道消也。

【注解】

①天地不交：《否》卦下坤上乾，坤是地，乾是天，天地都只各居其位不动，没有相交的迹象，所以说“天地不交”。《否》卦的内卦是坤卦，外卦是乾卦，乾卦又是阳卦，象征君主、刚健、君子，坤卦又是阴卦，象征臣子、柔顺、小人，所以下文说“上（君）下（臣）不交”“内阴而外阳”“内柔而外刚”“内小人而外君子”。

【译文】

《彖传》说：“《泰》：小往大来。吉，亨。”这是说天地阴阳二气不相交，就会万物不亨通，君臣不相沟通，就会国家衰亡。《否》卦内卦是阴，外卦是阳，内卦是柔，外卦是刚，内卦是小人，外卦是君子。小人的道将要发展，君子的道将要衰落。

【原文】

《象》曰：天地不交[1]，《否》。君子以俭德辟难，不可荣以禄。

初六　“拔茅贞吉”，志在君也。

六二　“大人否亨”，不乱群也[2]。

六三　“包羞”，位不当也[3]。

九四　“有命无咎”，志行也。

九五　“大人”之“吉”，位正当也[4]。

上九　“否”终则“倾”，何可长也。

【注解】

①天地不交：《否》卦下坤上乾，坤是地，乾是天，天地都只各居其位不动，没有相交的迹象，所以说“天地不交”。“天地不交”象征君臣隔阂，统治腐化，进仕危险，所以下文说“君子以俭德辟难，不可荣以禄”。（辟，通“避”，躲避）②群：指小人。③位不当：本爻六三是阴爻居阳位，是“位不当”。④位正当：本爻九五是阳爻居阳位，是“位正当”。

【译文】

《象传》说：天地阴阳二气不相交，这就是《否》卦的象征。君子取法《否》卦，崇尚俭德，躲避祸难，不以利禄为荣。

初六　“拔茅贞吉”，初六不忘上应阳刚，坚持正道则吉祥，这是说君子志在辅助君王。

六二　“大人否亨”，这是因为大人不和小人厮混。

六三　“包羞”，这是因为地位失当。

君子取法《否》卦，崇尚俭德，躲避祸难，不以利禄为荣。

九四　“有命无咎”，这是说君子得志了。

九五　大人是吉祥的，这是因为他地位得当。

上九　事情闭塞到了极点就要变了，怎么可能长久不变呢？

谦 卦

【原文】

《谦》 亨。君子有终。

初六 谦谦[①]君子，用涉大川，吉。

六二 鸣谦[②]，贞吉。

九三 劳谦[③]君子，有终，吉。

六四 无不利，㧑谦[④]。

六五 不富以其邻，利用侵伐，无不利。

上六 “鸣谦”，利用行师征邑国。

【注解】

① 谦谦：非常谦虚。② 鸣：有名。③ 劳：功劳。④ 㧑：通“挥”，发扬。

【译文】

《谦》卦象征谦虚：亨通，君子能保持谦虚最终有好结果。

初六 谦虚而又谦虚的君子，这种态度可以渡过大河，吉祥。

六二 名声在外，但仍能保持谦虚：吉祥。

九三 功劳很大，但仍能保持谦虚：吉祥。

六四 在事业上发扬谦虚，没有不利。

六五 不能和邻国共富的国家，可以对它进行征伐，没有不利。

上六 名声在外，但仍能保持谦虚：用这种态度出兵征讨邑国有利。

【原文】

《彖》曰：《谦》，“亨”。天道下济而光明[①]，地道卑而上行[②]。天道亏盈而益谦[③]，地道变盈而流谦[④]，鬼神害盈而福谦，人道恶盈而好谦。谦，尊而光，卑而不可逾[⑤]，君子之终也。

【注解】

① 天道下济而光明：即“天道光明而下济”，与下文“地道卑而上行”相对。“光明”是为了使“明”“行”谐韵而调后。光明：指尊贵；济：成就。② 上行：指地气上升。③ 亏：减损。④ 变：毁坏。流：增益。⑤ 逾：越，指羞辱。

【译文】

谦谦君子，时刻自我约束保持谦逊。

《象传》说：《谦》卦是亨通的。天道屈尊向下，照耀成就地上的万物，地道谦逊卑下，从而使得地气得以上升。天道减损盈满的，补充谦虚的；地道毁坏盈满的，增益谦虚的；鬼神道伤害盈满的，造福谦虚的；人道厌恶盈满的，喜爱谦虚的。秉守谦虚，居尊位时是光荣，居卑位时也不会遭人羞辱，这就是君子的好结果。

【原文】

《象》曰：地中有山[①]，《谦》。君子以裒多益寡，称物平施。

初六　“谦谦君子”，卑以自牧也[②]。

六二　“鸣谦贞吉”，中心得也[③]。

九三　“劳谦君子”，万民服也。

六四　“无不利，㧑谦”，不违则也。

六五　“利用侵伐”，征不服也。

上六　“鸣谦”，志未得也。可“用行师”，征邑国也。

【注解】

①地中有山：《谦》卦下艮上坤，坤是地，艮是山，所以说“地中有山”。山上突，是有余，地下凹，是不足，“地中有山”象征不公平的社会现象，所以下文说“君子以裒多益寡，称物平施”。（裒：取；称：称量；平：平均。）②牧：培养。③中心得：即“心得中”，心中获得中正。“得”字是为了和前文“吉”字谐韵而调后。

【译文】

《象传》说：地中有山，这就是《谦》卦的象征。君子取法《谦》卦取多补少，称物平分。

初六　“谦谦君子”，是君子就要培养谦逊。

六二　“鸣谦贞吉”，这是因为君子心怀中正。

九三　“劳谦君子”，使万民都敬服了。

六四　“无不利，㧑谦”，这是因为没有违反法则。

六五　“利用侵伐”，君子前去讨伐的是不臣服的国家。

上六　“鸣谦”，这是因为尚未得志。出兵征伐不臣服的邑国是可以的。

观　卦

【原文】

《观》　盥而不荐[①]，有孚颙若[②]。

初六　童观[③]，小人无咎，君子吝。

六二　窥观[④]，利女贞。

六三　观我生[⑤]，进退。

六四　观国之光，利用宾于王。

九五　观我生，君子无咎。

上九　观其生，君子无咎。

【注解】

①盥：祭祀前洗手，一说祭祀时用酒洒地迎神。荐：供献。②孚：诚信。颙：虔敬的样子。③童：幼稚。④窥：从缝隙中偷看。⑤生：成长。

【译文】

《观》象征观仰：观看用酒洒地迎神，即使没看到神供献祭品，心中已充满了虔信恭敬。

初六　像儿童一样幼稚地观仰事物，在小人不算过失，在君子则有害。

六二　从暗中偷偷地观仰，有利于女子坚守正道（但对于君子来说就不好了）。

六三　观察自己的成长过程，以决定进退。

六四　观仰国家的光荣，明白这时出仕辅佐君主有利。

九五　观察自己的成长，（时时自省）这样君子就可以无咎害了。

上九　观察别人的成长，（从中借鉴）这样君子就可以无咎害了。

【原文】

《彖》曰：大观在上[①]，顺而巽[②]，中正以观天下，《观》。“盥而不荐，有孚颙若”，下观而化也。观天之神道，而四时不忒，圣人以神道设教，而天下服矣。

【注解】

①大观：遍观。一说为众人仰观。②顺而巽：《观》卦下坤上巽，（巽是谦逊）坤是顺，所

以说“顺而巽”。“顺而巽”象征君主柔顺谦逊。

【译文】

《彖传》说：君主遍观下民，柔顺谦逊，观察天下时能秉守中正，这就是《观》卦的象征。“盥而不荐，有孚颙若”，这是为了使下面的臣民看到并受感化。圣人观察上天神妙的规律，发现四季循环不会出错；圣人根据这种神妙的规律设立教化，使得天下都顺服了。

观察别人的成长，（从中借鉴）这样君子就可以无咎害了。

【原文】

《象》曰：风行地上[①]，《观》。先王以省方观民设教。

初六　“初六童观”，“小人”道也。

六二　“窥观女贞”，亦可丑也。

六三　“观我生进退”，未失道也。

六四　“观国之光”，尚“宾”也[②]。

九五　“观我生”，观民也。

上九　“观其生”，志未平也[③]。

【注解】

①风行地上：《观》卦下坤上巽，巽是风，坤是地，所以说“风行地上”。风象征德教，“风行地上”象征德教在各地推行，所以下文说“先王以省方观民设教”。（省：视察；方：邦国。）②尚宾：注重做君主的宾客，指出仕从政。③平：实现。

【译文】

《象传》说：风刮在地上，这就是《观》卦的象征。先王取法《观》卦视察邦国，观察民情，设立教化。

初六　“初六童观”，这是小人的观察方法。

六二　“窥观女贞”，这是丑陋的行为。

六三　“观我生进退”，这是说君子没有迷失正道。

六四　“观国之光”，这是说君子是时候出仕从政了。

九五　反观自己的生命历程，也是说君主观察民生。

上九　“观其生”，这是因为君子尚未得志。

复卦

【原文】

《复》　亨，出入无疾，朋来无咎。反复其道，七日来复。利有攸往。

初九　不远复，无祇悔①，元吉。

六二　休复②，吉。

六三　频复③，厉，无咎。

六四　中行独复④。

六五　敦复⑤，无悔。

上六　迷复，凶，有灾眚⑥。用行师，终有大败，以其国君凶⑦，至于十年不克征⑧。

【注解】

①祇：大。②休：美好的。③频：通“颦”皱眉。④中行：半路。⑤敦：敦促，指匆忙。一说敦厚。⑥眚：灾祸。⑦以：连及。⑧克：能。

【译文】

《复》象征阳气回复事物复兴：亨通，出入无病，朋友也都挺好，从路上往来，七天就可一个来回；前往有利。

初九　走出不远就返回正道来：没有大悔恨，大吉。

六二　美好的回复：吉祥。

六三　皱着眉头回来：有危险，终获无害。

六四　中路独自回来。

六五　诚恳地返回：无悔。

上六　迷失回来的路：凶险，有祸；行军打仗，结果大败，连他的国君也有凶险，以至十年不能出兵作战。

【原文】

《彖》曰：《复》“亨”。刚反①，动而以顺行②。是以“出入无疾，朋来无咎”。“反复其道，七日来复③”，天行也。“利有攸往”，刚长也④。《复》，其见天地之心乎⑤。

【注解】

①刚反：《复》的内卦是震，外卦是坤，坤是柔，震是刚，刚返居内卦，所以说“刚反”。“刚反”象征君子回归正道。②动而以顺行：《复》卦下震上坤，坤是顺，震是动，所以说“动而以顺行”。“动而以顺行”象征顺应规律办事。③反复其道，七日来复：这句是万物以七为周期单位循环往复的象征。④刚长：《复》卦由五枚阴爻和一枚阳爻组成，初九是阳爻，是刚，居低爻位，有向上增长的力量和空间，所以说“刚长”。“刚长”象征君子刚健增长。⑤心：指规律。

出行不远，便回归正道，无悔，大吉。

【译文】

《彖传》说：《复》卦是亨通的。君子将回归正道，顺应规律办事，所以说“出入无疾，朋来无咎”。万物循环往复，以七为周期单位，这就是天道。“利有攸往”，这是因为君子的刚健在增长。《复》卦大概就体现了这种天地循环的规律吧。

【原文】

《象》曰：雷在地中[①]，《复》。先王以至日闭关，商旅不行，后不省方。

初九　“不远”之“复”，以修身也。

六二　“休复”之“吉”，以下仁也。

六三　“频复”之“厉”，义“无咎”也。

六四　“中行独复”，以从道也。

六五　“敦复无悔”，中以自考也[②]。

上六　“迷复”之“凶”，反君道也。

【注解】

①雷在地中：《复》卦下震上坤，坤是地，震是雷，所以说“雷在地中”。古人认为天寒时，雷会进入地泽中休息；冬天是百姓休养生息的时候，所以下文说“先王以至日闭关，商旅不行，后不省方”。（至日：冬至日；后：君主；省：视察；方：邦国。）②中：本爻六五是阴爻居上卦中位，是中道的象征。考：省察。

【译文】

《象传》说：雷在地中，这就是《复》卦的象征。先王取法《复》卦，冬至日时关闭城门，杜绝商旅出行，君主停止视察邦国。

初九　才走不远就回来了，这是为了修身养性（如果人偏离了正道，最可贵的是及时回复）。

六二　“休复”是吉祥的，这是因为君主能谦恭地亲近贤人。

六三　“频复”是危险的，不过按理终获无害。

六四　“中行独复”，这是为了顺从正道。

六五　“敦复无悔”，这是因为君子能用中道内省。

上六　“迷复”是凶险的，这是因为君主违反为君之道。

颐　卦

【原文】

《颐》　贞吉。观颐[①]，自求口实[②]。

初九　舍尔灵龟[③]，观我朵颐[④]，凶。

六二　颠颐[⑤]拂经于丘颐，征凶。

六三　拂颐，贞凶，十年勿用，无攸利。

六四　颠颐，吉。虎视眈眈[⑥]，其欲逐逐[⑦]，无咎。

六五　拂经，居贞吉，不可涉大川。

上九　由颐[⑧]，厉，吉。利涉大川。

【注解】

①颐：腮帮。人吃东西时腮帮会鼓起来，这里借指食物、谋食。②口实：口粮。③灵龟：古人认为龟能咽息不食，明智而不求食于外。④朵：腮帮鼓动的样子。⑤颠：颠倒。⑥眈眈：瞪眼紧盯的样子。⑦逐逐：紧追不舍的样子。⑧由：指循着正道。

【译文】

《颐》象征颐养：谨守贞正可获吉祥。观察天下的颐养之道，就知人应该自己努力用正道求得食物。

初九　舍掉灵龟的自养美德，却贪看我吃得鼓起来的腮帮：凶险。

六二　既颠倒向下求获颐养，又反常理跑去高丘向尊者乞食，前往就凶险了。

六三　违反颐养常道，要坚守贞正以防凶险，十年不能有所行动，无利可得。

六四　颠倒向下寻求颐养，再用以养人，吉祥；像老虎紧盯猎物，对它的猎物紧追不舍：无害。

六五　违背常理，静居守正可获吉祥，不可渡大河。

上九　天下君民都赖他颐养：有危险，终获吉祥；渡大河有利。

【原文】

《彖》曰：《颐[1]》"贞吉"，养正则吉也。"观颐"，观其所养也。"自求口实[2]"，观其自养也。天地养万物，圣人养贤以及万民，《颐》之时大矣哉！

君子的颐养之道，是固守中正。

【注解】

①颐：面颊。②口实：口粮。

【译文】

《彖传》说：《颐》卦中的"贞吉"，是说君子循着正道养身就会吉祥；"观颐"，是说观察他人的养生法；"自求口实"，是说观察怎样自我养育。天地养育万物，圣人养育贤人和百姓。《颐》卦这种养生的道理真是大啊！

【原文】

《象》曰：山下有雷[1]，《颐》。君子从慎言语，节饮食。

初九　"观我朵颐"，亦不足贵也。

六二　"六二征凶"，行失类也[2]。

六三　"十年勿用"，道大悖也。

六四　"颠颐"之"吉"，上施光也。

六五　"居贞"之"吉"，顺以从上也[3]。

上九　"由颐厉吉"，大有庆也。

【注解】

①山下有雷：《颐》卦下震上艮，艮是山，震是雷，所以说"山下有雷"。山象征王侯，雷象征刑罚，王侯用刑，时势严峻，所以下文说"君子从慎言语，节饮食"。②类：准则。③顺以从上：本爻六五是阴爻，居上九阳爻下，是柔顺从刚、君子顺从上级的象征。

【译文】

《象传》说：山下有雷，这就是《颐》卦的象征。君子取法《颐》卦，谨慎说话，节制饮食。

初九　"观我朵颐"，这种行为是不值一提的（吃喝之风有害健康）。

六二　六二说"征凶"，这是因为行为失轨。

六三　“十年勿用”，这是因为大大违背了颐养之道。

六四　“颠颐”是吉祥的，六四在上而有德之光辉（六四居上而向下问道，以德自养）。

六五　“居贞”是吉祥的，这是因为六五能顺从上九。

上九　“由颐厉吉”，这是说君子大获福庆。

坎　卦

【原文】

《习坎[①]》　有孚维心，亨。行有尚[②]。

初六　习坎，入于坎，窞[③]，凶。

九二　坎有险，求小得。

六三　来之坎，坎险且枕[④]，入于坎，窞勿用。

六四　樽酒簋贰用缶[⑤]，纳约[⑥]自牖[⑦]，终无咎。

九五　坎不盈，祇既平[⑧]，无咎。

上六　系用徽纆[⑨]，寘于丛棘[⑩]，三岁不得，凶。

【注解】

①习坎：两坑重叠。习：重叠；坎：坑。②尚：读音同“赏”，嘉赏。③窞：深坑。④枕：同“沉”，深。⑤簋贰：两碗饭。（簋：盛饭的器具。）缶：瓦器。⑥约：取出。⑦牖：窗户。⑧祇：祇借为“坻”，水中小丘。⑨徽纆：绳子。⑩丛棘：这里指监狱。

【译文】

《习坎》象征坎险重重：用诚信维系人心，亨通，努力前行必得成功。

初六　坑中有坑，进入坑中，掉进深处：凶险。

九二　在坑穴中遇有危险，可以先从小处努力，能有所得。

六三　来去都在坎险之中，进退都难，进入坑中，掉进深处，这意味着不可盲目行动。

六四　一樽酒，两碗饭，用陶器装着，从窗口里送进取出，终获无害。

九五　坑还没填满，小丘的土已被铲平：无咎害。

上六　被绳子捆住了，投进监狱，三年不得放：凶险。

【原文】

《彖》曰：“习坎”，重险也。水流而不盈。行险而不失其信。“维心亨”，乃以刚中也[1]。"行有尚"，往有功也。天险，不可升也。地险，山川丘陵也。王公设险以守其国。险之时用大矣哉！

习坎，入于坎窞。

【注解】

①刚中：九五、九二是阳爻，分居上下卦中位。

【译文】

《彖传》说：习坎，指双重坑险，水流进坑中都不能满坑。君子遇险却不失诚信，顺利地维系众人的心，这是因为他刚健中正。"行有尚"，这是说前往有收获。天险，是指天高不可攀；地险，是指地面山川丘陵密布。但王公却能设置险障来守卫他的国家。这种"险"能因时而用的道理真是大啊！

【原文】

《象》曰：水洊至[1]，《习坎》。君子以常德行，习教事。

初六　"习坎入坎"，失道"凶"也。

九二　"求小得"，未出中也[2]。

六三　"来之坎坎"，终无功也。

六四　"樽酒簋贰"，刚柔际也[3]。

九五　"坎不盈"，中未大也[4]。

上六　"上六"失道，"凶""三岁"也。

【注解】

①水洊至：《坎》卦下坎上坎，坎是水，两坎相重，水流不断，所以说"水洊至"。水象征道德，道德宜不断进步，所以下文说"君子以常德行，习教事"。（洊：再；常：通"尚"，崇尚。）②中：本爻九二是阳爻居下卦中位。③刚柔际：本爻六四是阴爻，居九五阳爻下，所以说"刚柔际"。"刚柔际"象征统治者压迫百姓。④中：本爻九五是阳爻居上卦中位。

【译文】

《象传》说：水不断涌至，两坎相重，这就是《坎》卦的象征，君子取法《坎》卦崇尚德行，熟习政教。

初六　"习坎入坎"，这是说君子迷失了正道，会有凶险。

九二　"求小得"，这是因为君子没有偏离中道。

六三　“来之坎坎”——任何行动结果是毫无收获。

六四　“樽酒簋贰”，这是说用于刚柔交际的礼品。

九五　“坎不盈”，这是说中正之道尚未光大。

上六　上六说犯人受囚——这是因为他迷失了正道，所以有受囚三年的凶险。

离卦

【原文】

《离》　利贞。亨。畜牝牛吉。

初九　履错然[①]，敬之无咎。

六二　黄离，元吉。

九三　日昃之离[②]，不鼓缶而歌，则大耋之嗟[③]，凶。

九四　突如，其来如，焚如，死如，弃如。

六五　出涕沱若[④]，戚嗟若[⑤]，吉。

上九　王用出征，有嘉折首[⑥]，获匪其丑[⑦]，无咎。

【注解】

①履：鞋子。错：用金涂饰。②昃：太阳西斜。③耋：老年人。④沱：泪水滂沱的样子。⑤戚：哀愁。⑥嘉：一说喜事；一说指有嘉国（周初国名）。⑦匪：彼，指敌人。丑：胁从的众人。

【译文】

《离》　象征附丽：守贞正之道有利，亨通，蓄养母牛可获吉祥。

初九　见到鞋子有金饰（象征贵人）恭敬待他：无害。

六二　（见到）附丽着黄金色彩的物品，（指富贵之物）：大吉。

九三　（见到）太阳西斜，附着天边的云彩，如果不及时敲起瓦盆纵歌，那么就会因为老朽而叹气：凶险。

九四　突然而来，像是火在燃烧，会有生命危险，会被抛弃。

做人做事最忌暴息暴兴，“突如其来如，焚如，死如，弃如”。

六五 践大位，为新君，为悼念先君泪水滂沱，哀愁叹息：吉祥。

上九 君主带兵征战，建功业，斩获了敌首，捉住了他们许多人：无害。

【原文】

《彖》曰：《离》，丽也。日月丽乎天，百谷草木丽乎土。重明以丽乎正①，乃化成天下。柔丽乎中正②，故“亨”，是以“畜牝牛吉”也。

【注解】

①重明：《离》卦下离上离，离是明，两离相重，所以说“重明”。“重明”象征君子不息的明察力。②柔丽乎中正：六五、六二都是阴爻，是柔，分居上下卦中位。

【译文】

《彖传》说：离，指附丽。日月附丽在天上，百谷草木附丽在地上。君子不息的明察力附丽在正道上，于是促成天下；柔顺附丽在中正上，所以亨通，所以能够“畜牝牛吉”。

【原文】

《象》曰：明两作①，《离》。大人以继明照于四方。

初九 “履错”之“敬”，以辟咎也②。

六二 “黄离元吉”，得中道也③。

九三 “日昃之离”，何可久也？

九四 “突如其来如”，无所容也。

六五 “六五”之“吉”，离王公也。

上九 “王用出征”，以正邦也。“获匪其丑”，大有功也。

【注解】

①明两作：《离》卦下离上离，离是明，两离相重，所以说“明两作”。“明”又是日，“明两作”指太阳重复升起。太阳以光芒照彻万物，大人用明察洞悉四方，所以下文说“大人以继明照于四方”。②辟：通“避”，避免。③得中道：本爻六二是阴爻居下卦中位。

【译文】

《象传》说：太阳重复升起，这就是《离》卦的象征。大人取法《离》卦，用不息的明察力洞悉四方。

初九 步履错落有致，保持恭敬，这是为了避免过错。

六二 “黄离元吉”，这是因为合乎中道。

九三 “日昃之离”，这种状况怎能长久呢？

九四 “突如其来如”，这是说六四无处容身了。

六五　六五说“吉”，这是因为攀附上了王公贵族。

上九　“王用出征”，这是为了安定国家。

遁卦

【原文】

《遁》　亨，小利贞。

初六　遁尾[①]，厉，勿用有攸往。

六二　执之用黄牛之革，莫之胜，说[②]。

九三　系遁，有疾厉，畜臣妾吉。

九四　好遁[③]，君子吉，小人否。

九五　嘉遁[④]，贞吉。

上九　肥遁[⑤]，无不利。

【注解】

①遁：隐遁，退避。尾：后面。②胜：能。说：通“脱”，逃脱。③好：喜爱。④嘉：赞美。⑤肥：通“飞”，远走高飞。

【译文】

《遁》象征退避：亨通，是阴长阳消之时，有小利，但不失正道。

初六　退避时落在后面，危险；不宜前往。

六二　用黄牛皮绳捆住，谁也脱不掉。

九三　心怀系恋，未能退避，身患疾病，有危险；蓄养男臣女妾，吉祥。

九四　好端端的毅然退避：君子吉祥，小人办不到。

九五　嘉美而及时的隐遁：坚守贞正获吉祥。

上九　远走高飞去隐遁：没有不利。

【原文】

《彖》曰：《遁》“亨”，遁而亨也。刚当位而应[①]，与时行也。“小利贞”，浸而长也[②]。《遁》之时义大矣哉！

【注解】

①刚当位而应：九五是阳爻居上卦中位，和居下卦中位的六二阴爻相应。②浸：逐渐。

【译文】

《彖传》说：《遁》卦是亨通的，说明必先退避而后亨通。阳刚者中正地位得当，而能与下位阴柔者相应和，这是因为他识时务。“小利贞”，这是因为阴气浸润在逐渐渐长。《遁》卦这种识时务知适时退避的意义真是重大啊！

嘉遁。

【原文】

《象》曰：天下有山[1]，《遁》。君子以远小人，不恶而严。

初六　“遁尾”之“厉”，不往何灾也？

六二　“执用黄牛”，固志也。

九三　“系遁”之“厉”，有疾惫也。“畜臣妾吉”，不可大事也。

九四　“君子好遁，小人否”也。

九五　“嘉遁贞吉”，以正志也。

上九　“肥遁无不利”，无所疑也。

【注解】

① 天下有山：《遁》卦下艮上乾，乾是天，艮是山，所以说“天下有山”。天象征朝廷，山象征贤人，“天下有山”象征贤人退隐朝外，朝中小人猖獗，所以下文说“君子以远小人，不恶而严”。

【译文】

《象传》说：天下有山，这就是《遁》卦的象征。君子取法《遁》卦远离小人，不动声色却严守自我。

初六　隐遁时落在后面是危险的，不隐遁又会有什么灾祸呢？

六二　“执用黄牛”，这是说君子志向坚决。

九三　不隐遁是危险的，君子将病得疲乏。“畜臣妾吉”，这是说这时不宜干大事。

九四　君子爱退隐，小人不退隐会不妙。

九五　“嘉遁贞吉”，这是因为君子志向正当。

上九　“高飞远退无不利”，这是因为君子退隐时毫不迟疑。

明夷卦

【原文】

《明夷》 利艰贞。

初九 明夷于飞，垂其翼。君子于行，三日不食。有攸往，主人有言。

六二 明夷夷于左股[①]，用拯马，壮[②]吉。

九三 明夷于南狩，得其大首，不可疾贞。

六四 入于左腹，获明夷之心于前往庭。

六五 箕子之明夷[③]，利贞。

上六 不明，晦。初登于天，后入于地。

【注解】

①夷：损伤。股：大腿。②拯：救。③箕子：商纣王的叔父。

【译文】

《明夷》象征光明损伤：利于牢记艰难，守贞正固。

初九 在光明受到损害之时向外飞，低垂着羽翼；君子前往，几天没饭吃；前往办事，所到之处都受主人责备。

六二 光明不见了，伤了左腿，得到壮马搭救吉祥。

九三 光明殒伤时去南方行猎，君子捕得大野兽；不宜操之过急，还要守持贞正。

六四 退处于左方腹地，洞悉了光明殒伤的中心情况，终于跨出大门向远方走去。

六五 像箕子一样处于光明殒伤之时，守贞则有利。

上六 天色不明，昏暗一片，(太阳)先是升空，后来落地。

“南狩”之志，乃大得也。

【原文】

《象》曰：明入地中[①]，《明夷》。内文明而外柔顺[②]，以蒙大难，文王以之[③]。“利艰贞”，晦其明也[④]，内难而能正其志，箕子以之。

【注解】

①明入地中：《明夷》卦下离上坤，坤是地，离是明（日），所以说“明入地中”。②内文明而外柔顺：《明夷》卦的内卦是离，外卦是坤，坤是柔顺，离是文明，所以说“内文明而外柔顺”。③以：似。④晦：隐藏。

【译文】

《彖传》说：太阳落下地面，光明殒伤这就是《明夷》卦的象征。君子内有文明美德，外有柔顺之象，却蒙受大难，周文王的情况就像这样。“利艰贞”，这是说君子隐藏他的光明。君子身陷内难，仍能志向正直，箕子的情况就像这样。

【原文】

《象》曰：明入地中[①]，《明夷》。君子以莅众用晦而明。

初九　“君子于行”，义“不食”也。

六二　“六二”之“吉”，顺以则也[②]。

九三　“南狩”之志，乃大得也。

六四　“入于左腹”，获心意也。

六五　“箕子”之“贞”，“明”不可息也[③]。

上六　“初登于天”，照四国也。“后入于地”，失则也。

【注解】

①明入地中：《明夷》卦下离上坤，坤是地，离是明（日），所以说“明入地中”。明象征明察，地象征人的腹心，君子治理百姓，宜明察在心，所以下文说“君子以莅众用晦而明”。（莅：指治理；用晦：指不动声色。）②顺以则：本爻六二是阴爻，居九三阳爻下，是顺从的象征。③息：熄灭。

【译文】

《象传》说：太阳落下地面，象征光明受到殒伤，这就是《明夷》卦。君子取法《明夷》卦，治理众人时要深藏智慧而不显但已明察在心。

初九　君子前往，三天不吃东西，不吃是为了节操为重。

六二　六二说“吉”，这是因为行事时柔顺而能坚守中天规则。

九三　君子向南狩猎的目的，是要有大收获。

六四　（鹈鹕）飞入左边山洞，（君子捉它）是为了获知真实的情况。

六五　箕子是正直的，他的光明是不可熄灭的。

上六　“初登于天”，这是说君子德耀四方；“后入于地”，这是说君子失掉了准则了。

困卦

【原文】

《困》 亨。贞大人吉，无咎。有言不信。

初六 臀困于株木[①]，入于幽谷，三岁不觌[②]。

九二 困于酒食，朱绂方来[③]，利用享祀。征凶，无咎。

六三 困于石，据于蒺藜[④]，入于其宫，不见其妻，凶。

九四 来徐徐，困于金车[⑤]，吝，有终。

九五 劓刖[⑥]，困于赤绂[⑦]，乃徐有说[⑧]，利用祭祀。

上六 困于葛藟[⑨]，于臲卼，曰动悔有悔[⑩]，征吉。

【注解】

①困：受困。②觌：见。③朱绂：古代贵族穿的一种红色服饰，指官位。方：正在。④据：按。蒺藜：一种带刺的蔓草。⑤金车：贵人所坐的装饰有金属的车子，指贵人。⑥劓刖：当作“臲卼”，不安的样子。⑦赤绂：即“朱绂”，指贵人。⑧说：同“脱”，逃脱。⑨葛藟：蔓生带刺的植物。⑩曰：发语词。悔：后悔；后一个“悔”用作名词，指悔恨的事。

【译文】

《困》象征困穷：努力脱困可获亨通，坚守正道的大人可获吉祥，无祸害；此时节说什么话也不会有人信从。

初六 臀部被困在枯的树干之上不能安稳坐处，隐入幽深的山谷，几年不露面。

九二 为酒食所困（指酒食匮乏），但荣禄正在到来（酒食将变丰富），这对祭祀有利；急于出征有凶险，但终获无害。

六三 为乱石所困，手按在蒺藜上（受伤），走进自己的屋里，也见不到妻子，有凶险。

九四 缓缓而来，却为金车所困（比喻受到贵人的为难），有憾惜，但会有好结果。

九五 心神不安，受到贵人的为难，后来逐渐逃脱了，宜祭祀谢神。

上六 为葛藟所困，心神不安，此时若能汲取动辄生悔的教训而有所悔恨，悔恨前往必可脱离困境以获吉祥。

【原文】

《彖》曰：《困》，刚掩也[①]。险以说[②]，困而不失其所，“亨”，其唯君子乎。“贞大人吉”，以刚中也[③]。“有言不信”，尚口乃穷也。

【注解】

①刚掩：《困》卦下坎上兑，兑是阴卦，坎是阳卦，兑在坎上，是柔掩盖刚的象征，所以说“刚掩”。②险以说：《困》卦下坎上兑，兑是悦（说），坎是险，所以说“险以说”。③刚中：九五、九二都是阳爻，分居上下卦中位。

【译文】

《彖传》说：《困》卦的象征是，阳刚被掩盖而难以伸展。遇险却能和悦应对，困顿却能不失其本色，这种亨通，大概只有君子能得到吧。“贞大人吉”，这是因为君子刚健中正；“有言不信”，这是说信奉空谈是行不通的。

困于石。

【原文】

《象》曰：泽无水[①]，《困》。君子以致命遂志。

初六　“入于幽谷”，幽不明也。

九二　“困于酒食”，中有庆也[②]。

六三　“据于蒺藜”，乘刚也[③]。“入于其宫，不见其妻”，不祥也。

九四　“来徐徐”，志在下也。虽不当位[④]，有与也[⑤]。

九五　“劓刖”，志未得也；“乃徐有说”，以中直也[⑥]；“利用祭祀”，受福也。

上六　“困于葛藟”，未当也。“动悔有悔”，吉行也。

【注解】

①泽无水：《困》卦下坎上兑，兑是泽，坎是水，泽在水上，是泽面干旱的迹象，所以说“泽无水”。“泽无水”象征理想受困，只有不惜生命硬干，所以下文说“君子以致命遂志”。②中：本爻九二是阳爻居下卦中位。③乘刚：本爻六三是阴爻，居九二阳爻上，是柔凌驾刚、小人凌驾君子的象征。④不当位：本爻九四是阳爻居阴位，是“不当位”。⑤与：帮助。⑥中直：本爻九五是阳爻居上卦中位。直：正。

【译文】

《象传》说：泽中无水，这就是《困》卦的象征。君子取法《困》卦，不惜舍命达成理想。

初六　“入于幽谷”，这是说君子处境黑暗。

九二　“困于酒食”，这是说秉守中道就会赢得福庆。

六三　“据于蒺藜”，这是说小人凌驾君子；“入于其宫，不见其妻”，这是不祥的兆头。

九四　“来徐徐”，这是说君子甘居下位，虽然地位失当，仍能得人帮助。

九五　“劓刖”，这是说君子尚未得志；“乃徐有说”，这是因为君子中正；“利用祭祀”，这是说祭祀使人蒙福。

上六　“困于葛藟”，这是因为君子行为不当；“动悔有悔”，这样吉祥就来了。

震卦

【原文】

《震》　亨。震来虩虩[①]，笑言哑哑[②]，震惊百里，不丧匕鬯[③]。

初九　“震来虩虩”，后“笑言哑哑”，吉。

六二　震来厉，亿丧贝[④]，跻于九陵[⑤]，勿逐[⑥]，七日得。

六三　震苏苏[⑦]，震行无眚[⑧]。

九四　震遂泥[⑨]。

六五　震往来，厉。亿无丧有事。

上六　震索索[⑩]，视矍矍[⑪]，征凶。震不于其躬，于其邻，无咎。婚媾有言。

【注解】

①震：雷声震动。虩虩：害怕的样子。②哑哑：拟声词，笑时发出的声音。③丧：洒落。匕：羹匙。鬯：古代的一种香酒。④亿：发语词。贝：古代的钱币。⑤跻：登。九陵：高陵。⑥逐：寻找。⑦苏苏：轻缓的样子。⑧眚：灾祸。⑨遂：同“坠”，掉落。⑩索索：哆嗦的样子。⑪视：目光。矍矍：惊恐的样子。

【译文】

《震》象征震动亨通，雷声震动，人们起先惶恐畏惧，后来笑语阵阵；雷声震惊百里，祭师却没有抖落羹匙里的一滴酒。

初九　雷声震动，人们起先惶恐畏惧，后来慎行保福笑语阵阵：可获吉祥。

六二　雷声震动，有危险，丢了很多货币，此时登上高陵之上，不用寻找，过七天会失而复得。

六三　雷声轻缓，在这样的雷声中行路，不会遭殃。

九四　雷声震动，慌不择路，掉进泥泞中。

六五　雷声阵阵，上下往来都有危险，但能知危惧而慎守中道，可以万无一失。

上六　雷声震动，极端恐惧，畏缩难以行走，目光惊恐不安；此时前行必有凶险；雷电没有打中他的身体，打中了他的邻居：无害；此时谋求婚姻会导致议论。

【原文】

《彖》曰：《震》，“亨”。“震来虩虩”，恐致福也。“笑言哑哑”，后有则也[①]；“震惊百里”，惊远与迩也[②]。出可以守宗庙社稷，以为祭主也。

【注解】

①则：秩序。②迩：近。

【译文】

《彖传》说：《震》卦说：“亨，震来虩虩”，这是说祭师克服惊吓，就能带来福运；“笑言哑哑”，这是说惊吓过后，祭祀就恢复秩序了。“震惊百里”，这是说远近的人都吓坏了。那种能够做到“不丧匕鬯”的人，出去可以守护宗庙国家，担任祭主。

震，遂泥。

【原文】

《象》曰：洊雷[①]，《震》。君子以恐惧修省。

初九　“震来虩虩”，恐致福也。“笑言哑哑”，“后”有则也。

六二　“震来厉”，乘刚也[②]。

六三　“震苏苏”，位不当也[③]。

九四　“震遂泥”，未光也。

六五　“震往来厉”，危行也，其事在中[④]，大“无丧”也。

上六　“震索索”，中未得也[⑤]。虽“凶”“无咎”，畏邻戒也。

【注解】

①洊雷：《震》卦下震上震，震是雷，二雷重叠，所以说“洊雷”。雷象征刑罚，二雷重叠，刑罚繁重，所以下文说“君子以恐惧修省”。洊：重。②乘刚：本爻六二是阴爻，居初九阳爻上，是柔凌驾刚的象征。③位不当：本爻六三是阴爻居阳位，是“位不当”。④在中：本爻六五是阳爻居上卦中位。⑤中未得：本爻上六居上卦上位，非中位，所以说“中未得”。

【译文】

《象传》说：持续地打雷，这就是《震》卦的象征。君子取法《震》卦心怀戒惧，修身自省。

初九　“震来虩虩”，这是说初九知惧而戒慎，就能带来福运；“笑言哑哑”，这是说惊吓过后，行为遵循法则不失常态。

六二　“震雷打来有危险”，这是因为六二乘凌于阳刚之上。

六三　“震苏苏”，这是因为君子地位失当。

九四　“震遂泥”，这是说其阳刚之德还没有光大。

六五　“震动之时上下往来均有危险”，这是说君子的行动遇上危险了，但因为能守中道，不会有损失。

上六　“震动之时极其恐惧以致畏缩难行”，这是因为君子未能秉守中道；君子有凶险，后来无害，这是因为畏惧邻居的那种灾祸，从而有了戒备。

艮　卦

【原文】

《艮》　艮其背[①]，不获其身[②]，行其庭，不见其人，无咎。

初六　艮其趾，无咎。利永贞。

六二　艮其腓[③]，不拯其随[④]，其心不快。

九三　艮其限[⑤]，列其夤[⑥]，厉，熏心[⑦]。

六四　艮其身，无咎。

六五　艮其辅[⑧]，言有序，悔亡。

上九　敦艮[⑨]，吉。

【注解】

①艮：止。②获：借为“护”，保护。③腓：小腿。④拯：拯借为“增”，增加。随：借为“隋”，垂肉。⑤限：腰。⑥列：通“裂”，裂开。夤：指脊背肉。⑦熏心：焦心。熏：烧灼。⑧辅：面颊。⑨敦艮：多方注意。敦：多。

【译文】

《艮》象征当止则止：止于背后，不让私欲占据身体而妄行，好似在庭院里自如地行走。必无咎害。

初六　抑止在脚趾迈出之前：无害。利于永守正固。

六二　抑止在小腿迈出之前，没有承上而随行，心里不快。

九三　抑止他的腰，致使连续人体上下的部分脊肉裂开：十分危险，像火一样烧灼心。

六四　抑止身体不妄动：无害。

六五　抑止他的面颊，说话注意有条不紊，悔恨就可以消失。

上九　以诚恳厚道的品德抑止亢进的私欲：吉祥。

敦艮。

【原文】

《彖》曰：《艮》，止也。时止则止，时行则行，动静不失其时，其道光明。艮其止[①]，止其所也[②]。上下敌应[③]，不相与也。是以不获其身，行其庭，不见其人，无咎也。

【注解】

①止：当作“背”，指担任职务。②所：指职位。③上下敌应：《艮》卦初六和六四、六二和六五、九三和上九之间，都是阴爻相对或阳爻相对，象征无论是同为小民或是同为君子，都互相敌对。所以说“上下敌应”。

【译文】

《彖传》说：艮，抑止之意。当止则止，当行则行，行止动静都能适时，就会前途光明。艮卦的抑止，是要止于当止之处。卦中各爻都上下同性相敌对而不应合，所以卦辞说：“不随身体本能之欲妄行，在庭院中自如地行走，如同没有人，没有咎害”啊！

【原文】

《象》曰：兼山[①]，《艮》。君子以思不出其位。

初六　“艮其趾”，未失正也。

六二　“不拯其随”，未退听也。

九三　“艮其限”，危“熏心”也。

六四　“艮其身”，止诸躬也[②]。

六五　“艮其辅”，以中正也[③]。

上九　“敦艮”之“吉”，以厚终也。

【注解】

①兼山：《艮》卦下艮上艮，艮是山，两山重叠，所以说“兼山”。两山并立，位置是固定不变的，象征人安守本分，所以下文说“君子以思不出其位”。②诸：之于。③中正：本爻六五居上卦中位。

【译文】

《象传》说：两山重叠，这就是《艮》卦的卦象。君子取法《艮》卦，谋事不超出本分。

初六　“艮其趾”，这是说君子没有迷失正道。

六二　不再追随他了，这是因为他不能退而听从不同的意见。

九三　“艮其限”，这是说危险使君子焦心。

六四　“艮其身”，这是说君子安守本分了。

六五　“艮其辅”，这是说君子能守中正。

上九　“很诚恳地止而不动”而“获吉祥”，是因为上九能始终保持敦厚。

渐卦

【原文】

《渐》　女归[①]吉。利贞。

初六　鸿渐于干[②]。小子厉，有言无咎。

六二　鸿渐于磐[③]，饮食衎衎[④]，吉。

九三　鸿渐于陆，夫征不复，妇孕不育，凶。利御寇。

六四　鸿渐于木，或得其桷[⑤]，无咎。

九五　鸿渐于陵，妇三岁不孕，终莫之胜，吉。

上九　鸿渐于陆，其羽可用为仪，吉。

【注解】

①归：嫁。②鸿：大雁。渐：进入。干：水边。③磐：石头。④衎衎：喜乐的样子。⑤桷：像方形椽子一样的树枝。

【译文】

《渐》象征渐进女子出嫁按礼逐步进行，吉祥，利于坚守正道。

初六　大雁飞进水边；小孩（到水边玩耍）有危险，加以责备（使他离去）：无害。

六二　大雁飞到水边石上，快乐地饮水吃鱼：吉祥。

九三　大雁飞进陆地；丈夫出征未回，妻子失贞得孕而不能育，凶险；不过却对防御敌人有利。

六四　大雁飞到高高的树上，有的停在像平稳舒展的树枝上：没有祸害。

九五　大雁飞上山峰（尽管有阻力尚未遂愿）；就像妇女几年不孕，但最终没人能替代她：吉祥。

上九　大雁飞进云路；它的羽毛可用来编织仪饰：吉祥。

【原文】

《彖》曰：《渐》之进也。“女归吉”也，进得位[1]，往有功也。进以正，可以正邦也。其位刚得中也[2]。止而巽[3]，动不穷也。

【注解】

①进得位：《渐》卦初六、六二、六四都是阴爻，初六居阳位，是不当位，六二和六四居阴位，是当位。从初六到六二、六四，爻位上升，不当位逐渐变为当位，所以说“进得位”。②刚得中：九五是阳爻居上卦中位。③止而巽：《渐》卦下艮上巽（巽是谦逊），艮是止，所以说“止而巽”。

【译文】

《彖传》说：渐，指渐进。“女归吉”，这是说君子会逐渐获得地位，前往有收获。凭着正道进取，可以安邦定国。这样的君子刚健中正，清净谦逊，行事不会途穷。

【原文】

《象》曰：山上有木，《渐》。君子以居贤德善俗。

初六　“小子”之“厉”，义“无咎”也。

六二　“饮食衎衎”，不素饱也[1]。

六三　“夫征不复”，离群丑也[2]。“妇孕不育”，失其道也。“利用御寇”，顺相保也。

六四　“或得其桷”，顺以巽也[3]。

九五　“终莫之胜吉”，得所愿也。

上九　“其羽可用为仪吉”，不可乱也。

鸿渐于干。

【注解】

①素饱：吃白饭。②丑：众。③顺以巽：本爻六四是阴爻，居九五阳爻下，是谦逊从人的象征。

【译文】

《象传》说：山上有木，这就是《渐》卦的象征。君子取法《渐》卦积累贤德，端正习俗。

初六　小孩近水是危险的，大人责备他——是说只要渐近不要危险，这理所当然是无害的。

六二　“饮食衎衎”，这是说君子不是吃白饭的。

六三　“夫征不复”，这是说丈夫离群去了；“妇孕不育”，这是因为迷失正道了；“利用御寇”，这是说人们能和顺同心地保卫家园。

六四　“或得其桷”，这是说君子能和顺而谦逊啊！

九五　“终莫之胜吉”，这是说阴阳相合的心愿实现了。

上九　“其羽可用为仪吉”——这是说其高洁的志向不能躁乱。

巽卦

【原文】

《巽》　小亨。利有攸往，利见大人。

初六　进退利武人之贞[①]。

九二　巽在床下[②]，用史巫纷若[③]，吉，无咎。

九三　频巽[④]，吝。

六四　悔亡，田获三品[⑤]。

九五　贞吉，悔亡，无不利，无初有终。先庚三日，后庚三日，吉。

上九　巽在床下，丧其资斧[⑥]，贞凶。

【注解】

①武人：军人。②巽：伏。③史巫：巫师。若：语气助词。④频：通“颦”，皱眉。⑤田：打猎。品：种类。⑥斧：斧形的铜币。

【译文】

《巽》象征谦顺：小事亨通，前往有利，见大人有利。

初六　谦顺过度而犹豫，以为进退都可，勇武之人守持贞正则有利。

九二　谦顺地伏于床下，如祝史、巫、觋一样殷勤侍奉于上：吉祥，无咎害。

九三　皱眉不乐地勉强谦顺：必有悔憾。

六四　悔恨消失，打猎获得多种猎物。

九五　坚守正固吉祥，悔恨消失，没有不利，事情开局不妙，但会有好结果；

在象征变更的庚日前三天发布新令，在庚日后三天实行，必获吉祥。

上九　（惊恐地）躲伏床下，丢了资财；坚守正固以防凶险。

【原文】

《象》曰：重巽以申命[1]。刚巽乎中正而志行[2]。柔皆顺乎刚，是以“小亨，利有攸往，利见大人”。

【注解】

①重巽：《巽》卦下巽上巽，二巽重叠，所以说“重巽”。巽是风，风象征政令，“重巽”象征重申政令。②刚巽乎中正：九五是阳爻，居上卦中位，所以说“刚巽乎中正”。巽：顺应。

【译文】

《象传》说：上下都谦顺宜于君主重申政令。君主刚健，具有谦顺而中正之美德，意志得以推行，阴柔者都能顺从于阳刚者，所以说“小亨，利有攸往，利见大人”。

频巽。

【原文】

《象》曰：随风[1]，《巽》。君子以申命行事。

初六　“进退”，志疑也。“利武人之贞”，志治也[2]。

九二　“纷若”之“吉”，得中也[3]。

九三　“频巽”之“吝”，志穷也。

六四　“田获三品”，有功也。

九五　“九五”之“吉”，位正中也[4]。

上九　“巽在床下”，“上”穷也。“丧其资斧”，正乎“凶”也。

【注解】

①随风：《巽》卦下巽上巽，巽是风，风随着风吹，所以说“随风”。风象征政令，申明政令利于办事，所以下文说“君子以申命行事”。②治：坚定。③得中：本爻九二是阴爻居下卦中位。④位正中：本爻九五是阳爻居上卦中位。

【译文】

《象传》说：风随着风吹，这就是《巽》卦的象征。君子取法《巽》卦，办事时申明政令。

巽在床下，用史巫纷若。

初六　“进退”，这是说君子心存疑惑；“利武人之贞”，这是说勇武君子心志坚定。

九二　史巫纷纷（前来为他祷告），这是吉祥的，这是因为他能秉守中道。

九三　皱眉躲伏是危险的，这是说其心志困穷。

六四　“田获三品”，这是说君子有收获了。

九五　九五说，事情吉祥，这是因为君子能守中正。

上九　“巽在床下”，这是说上级途穷了；“丧其资斧”，这是说钱丢了，此时应守持贞正以防凶险。

兑　卦

【原文】

《兑》亨。利贞。

初九　和兑①，吉。

九二　孚兑②，吉，悔亡。

六三　来兑③，凶。

九四　商兑未宁④，介疾有喜⑤。

九五　孚于剥⑥，有厉。

上六　引兑⑦。

【注解】

①和：和气。兑：兑借为“说”，说话。②孚：诚信。③来：指主动。④商：商谈。宁：定。⑤介：借为“疥”，疥疮。有喜：指病愈。⑥孚：相信。剥：剥夺者。⑦引：引诱。

【译文】

《兑》象征和悦：亨通，利于守持正固。

初九　和气待人：吉祥。

九二　诚实欣悦待人：吉祥，悔恨消失。

六三　前来曲意逢迎取悦于人当至凶险。

九四　商谈尚未定下来的事，心中很不安宁；要是隔断疾患一样的邪恶之人，则有喜事。

九五　相信消剥阳气的小人：有危险。

上六　（有人）引诱我相悦：有危险。

【原文】

《彖》曰：兑，说也①。刚中而柔外，说以“利贞”，是以顺乎天而应乎人。说以先民②，民忘其劳。说以犯难③，民忘其死。说之大，民劝矣哉④！

商兑未宁。

【注解】

①说：通“悦”，和悦。②先：引导。③犯难：赴难。④劝：奋勉。

【译文】

《彖传》说：兑，指的是和悦。君子刚健中正于内，柔顺接物于外，把利益百姓、秉守正道当成乐事，所以君子能顺应天道，应合人情。用和悦的政策引导百姓，百姓就会忘掉劳苦；用和悦的政策宣扬赴难，百姓就会舍生忘死。和悦的政策光大了，百姓就都能奋勉不息了。

【原文】

《象》曰：丽泽①，《兑》。君子以朋友讲习。

初九　“和兑”之“吉”，行未疑也。

九二　“孚兑”之“吉”，信志也。

六三　“来兑”之“凶”，位不当也②。

九四　“九四”之“喜”，有庆也。

九五　“孚于剥”，位正当也。

上六　“上六引兑”，未光也。

【注解】

①丽泽：《兑》卦下兑上兑，兑是泽，两泽相连，所以说“丽泽”。两泽相连，泽水交流融汇，水势就大；人和人交流切磋，人就进步，所以下文说“君子以朋友讲习”。②位不当：本爻六三是阴爻居阳位，是“位不当”。

【译文】

《象传》说：泽连着泽，互相附丽润泽这就是《兑》卦的象征。君子取法《兑》卦，和朋友们互相讲习切磋。

初九　和悦是吉祥的，这是因为君子行事平和正直不为所疑。

九二　诚信和悦是吉祥的，这是因为大家信赖他的心志诚信。

六三　主动跟人说话是凶险的，这是因为他居地位失当。

九四　九四中的“喜”，是说福庆临头。

九五　没落时还能诚信，这是因为九五所处的地位得当。

上六　上六说，有人引诱我说话，这是因为君子的欣悦之道尚未光大。

节卦

【原文】

《节》　亨。苦节[①]，不可贞。

初九　不出户庭，无咎。

九二　不出门庭，凶。

六三　不节若[②]，则嗟若，无咎。

六四　安节，亨。

九五　甘节[③]，吉，往有尚[④]。

上六　苦节，贞凶。悔亡。

虽然节制自己的言行很苦，但守持正固利于险凶。

【注解】

①节：节制。②若：语气助词。③甘：甘心。④尚：通“赏”，奖赏。

【译文】

《节》卦象征节制：亨通，以节制为苦：不可占问（会有凶险）。

初九　节制自守居家不出户庭：无害。

九二　（自拘于节制）不出门庭：凶险。

六三　不守节制（事情败坏），人将叹息：（但转机将来）无害。

六四　安于节制：亨通。

九五　甘于节制：吉祥，前往得奖赏。

上六　以节制为苦：利于守持正固以防凶险（但转机将来），悔恨消失。

【原文】

《彖》曰：节“亨”。刚柔分而刚得中[1]。“苦节不可贞”，其道穷也。说以行险[2]，当位以节[3]，中正以通[4]。天地节而四时成。节以制度，不伤财，不害民。

【注解】

①刚柔分：《节》卦由三枚阳爻和三枚阴爻组成，数量相等，所以说“刚柔分”。刚得中：九五、九二都是阳爻，分居上下卦中位。②说以行险：《节》卦下兑上坎，坎是险，兑是悦（说），所以说“说以行险”。③当位：六四、上六是阴爻居阴位，九五是阳爻居阳位，都是“当位”。④中正：九五是阳爻居上卦中位。

【译文】

《彖传》说：节制可致亨通。阳刚与阴柔均衡相分，而又刚健中正。以节制为苦而不守正道，君子就将途穷。君子遇险却能和悦应对，地位得当，奉行节制，道德中正，所以亨通。天地节制就形成了四季。订立制度来推行节制，就可以不损民伤财。

【原文】

《象》曰：泽上有水[1]，《节》。君子以制数度，议德行。

不出户庭，无咎。

初九　“不出户庭”，知通塞也。

九二　“不出门庭”，失时极也。

六三　“不节”之“嗟”，又谁“咎”也。

六四　“安节”之“亨”，承上道也[2]。

九五　“甘节”之“吉”，居位中也[3]。

上六　“苦节贞凶”，其道穷也。

【注解】

①泽上有水：《节》卦下兑上坎，坎是水，兑是泽，所以说“泽上有水”。泽上有水，不加节制就会泛滥成灾，社会的道理和这是一样的，所以下文说“君子以制数度，议德行”。（数度：制度；行：准则。）②承上：本爻六四是阴爻，上接九五阳爻，是柔顺从刚、下级遵从上级的象征。③居位中：本爻九五居上卦中位。

【译文】

《象传》说：泽上有水，这就是《节》卦的象征。君子取法《节》卦订立制度，议定道德的准则。

初九　“不出户庭”，这是因为君子晓得外出行或不行的道理。

九二　“不出门庭凶”，这是因为君子大大地错过时机了。

六三　由于不知节制导致叹息，这又能怪谁呢？

六四　安于节制是亨通的，因为这是遵从上位的刚中之道。

九五　甘于节制是吉祥的，这是秉守中正的表现。

上六　“苦节贞凶”，这是说君子途穷了。

中孚卦

【原文】

《中孚》　豚鱼[①]——吉；利涉大川，利贞。

初九　虞[②]吉；有它不燕[③]。

九二　鸣鹤在阴[④]，其子和之。我有好爵[⑤]，吾与尔靡之[⑥]。

六三　得敌，或鼓或罢，或泣或歌。

六四　月几望[⑦]，马匹亡，无咎。

九五　有孚挛如[⑧]，无咎。

上九　翰音登于天[⑨]，贞凶。

【注解】

①豚：小猪。②虞：安定。③燕：通“宴”，安定。④阴：树荫。⑤爵：古代的一种酒器，指美酒。⑥靡：共。⑦几：接近。望：阴历十五的圆月，指阴历十五。⑧孚：诚信。如：语气助词。⑨翰音：鸡的别名。

【译文】

《中孚》象征内心要诚信，诚信到能感动小猪和鱼：肯定吉祥；渡大河有利，有利于守持正固。

初九　心中安守诚信：吉祥；别有他求，则心中不安。

九二　鹤在树荫鸣叫，它的同类来应和；两者诚信相合，就像我有美酒，与你共饮。

六三　用心不诚，而自树敌手，有时击鼓进攻，有时停止攻击，有时畏敌而自生悲泣，有时轻敌而发出欢歌。

六四　此爻象征其地位甚佳如接近阴历十五时的月亮，但由于心不诚不专而致使马匹丢失，（但终能找回）：若能专诚则无害。

九五　诚信一以贯之：无祸害。

上九　飞鸟鸣声上达于天（虚有声名）上天：当守持正固以防凶险。

【原文】

《彖》曰：《中孚》，柔在内[①]而刚得中[②]，说而巽[③]，孚乃化邦也[④]。“豚鱼吉”，信及豚鱼也。“利涉大川”，乘木舟虚也[⑤]。中孚以“利贞”，乃应乎天也。

【注解】

①柔在内：《中孚》卦六三、六四是阴爻，爻位居中，外围都是阳爻，所以说“柔在内”。②刚得中：九五、九二都是阳爻，分居上下卦中位。③说而巽：《中孚》卦下兑上巽（巽是谦逊），兑是悦（说），所以说“说而巽”。④孚：诚信。⑤乘木舟：《中孚》卦下兑上巽，巽是木，兑是泽，木在泽水上，是乘木船的迹象。

【译文】

《彖传》说：《中孚》卦讲的是心中诚信，说的是君子心怀柔顺至诚，刚健中正，和悦谦逊，运用诚信使邦国得到了教化。“豚鱼吉”，这是说君子的诚信甚至推及豚鱼这类的小物；“利涉大川”，这是因为有木船渡河将畅行无阻；心诚对秉守正道是有利的，这是合乎天道的啊！

【原文】

《象》曰：泽上有风[①]，《中孚》。君子以议狱缓死。

初九　“初九：虞吉”，志未变也。

九二　“其子和之”，中心愿也。

六三　“或鼓或罢”，位不当也[②]。

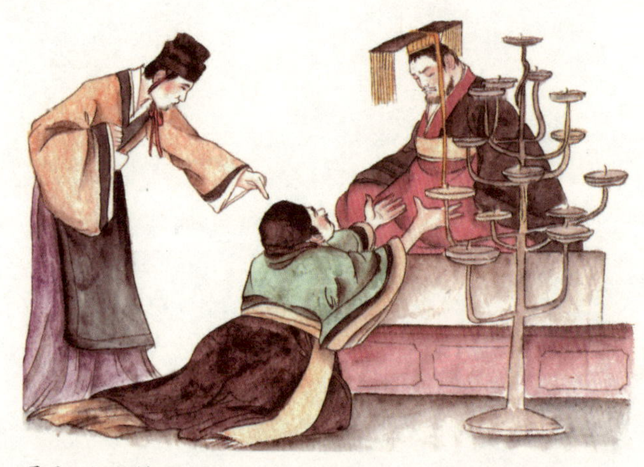

君子以议狱缓死。

六四　“马匹亡”，绝类上也。

九五　“有孚挛如”，位正当也[③]。

上九　“翰音登于天”，何可长也?

【注解】

①泽上有风：《中孚》卦下兑上巽，巽是风，兑是泽，所以说“泽上有风”。泽象征民众，风象征德教，教化民众，宜减缓刑罚，所以下文说“君子以议狱缓死”。②位不当：本爻六三是阴爻居阳位，是“位不当”。③位正当：本爻九五是阳爻居阳位，是“位正当”。

【译文】

《象传》说：泽上有风，这就是《中孚》卦的象征。君子取法《中孚》卦议定案件，宽缓死刑。

初九　初九说，君子心中安定是吉祥的，这是因为君子诚信的心志不改变。

九二　小鹤来应和，这是其心里乐意的啊。

六三　“或鼓或罢”，这是因为它地位失当。

六四　马丢了，要断绝分心之处而专心承从于上位。

九五　诚信能够一以贯之，这是因为九五地位得当。

上九　“翰音登于天”，这种状况怎能长久呢?

春秋

春秋

《春秋》是世界上最早的编年体史书，记载了上自公元前 722 年，下至公元前 481 年，合计 242 年鲁国的历史。

《春秋》

作者 孔子

时代 春秋

“春秋”因鲁国编年史《春秋》得名，始于平王东迁，为东周的第一个历史阶段。据史家推算，鲁国史书《春秋》自鲁隐公元年（公元前722年）到鲁哀公十四年（公元前 481 年），共 242 年。《左传》记载史事较《春秋》明备，下续至哀公二十七年（公元前468）终，共255年。此时期是中国历史上社会经济急剧变化，政治局面错综复杂，军事斗争层出不穷，学术文化异彩纷呈的一个变革时期，是中华文明最富生命力、创造力，思想最为自由的青春时期。

内容 最早的编年体史书

《春秋》是鲁国史，但也是把当时天下演变的情况做了广泛的记载。《春秋》全书大约 17000 字，不仅涉及诸侯国之间的征伐、会盟、朝聘等事件，也记载了如日蚀、月蚀、地震、山崩、星变、水灾、虫灾等自然现象，和祭祀、婚丧、城筑、宫室、狩猎、土田等经济文化生活。

隐公

【原文】

惠公元妃孟子①。孟子卒，继室以声子，生隐公。

宋武公生仲子。仲子生而有文在其手，曰：“为鲁夫人。”故仲子归于我②。生桓公而惠公薨③，是以隐公立而奉之。

【注解】

①惠公：名弗湦，隐公、桓公之父。元妃：元配夫人。②归：女子出嫁。我：指鲁国。③薨：周代诸侯死称薨。

【译文】

鲁惠公的元配夫人是孟子。孟子死后，娶声子为继室，生下了隐公。

宋武公生了仲子。仲子出生时手上有字样说："为鲁夫人。"所以仲子便让她出嫁鲁国。生下桓公后惠公就死了。因此隐公摄政拥立桓公为君。

【原文】

元年春，王正月①。三月，公及邾仪父盟于蔑②。

夏五月，郑伯克段于鄢③。

秋七月，天王使宰咺来归惠公、仲子之赗④。九月，及宋人盟于宿⑤。

冬十有二月，祭伯来⑥。公子益师卒⑦。

鲁惠公继室声子生隐公。

【注解】

①王正月：周历的正月。②邾：诸侯国名，在今山东邹城南。仪父：邾君的字。蔑：地名，在今山东泗水东南。③郑伯：郑庄公。段：共叔段，郑伯的同母弟。鄢：在今河南鄢陵县北。④天王：指周平王。赗：助丧之物。⑤宿：国名，在今山东东平县东南。⑥祭伯：诸侯之中在周朝担任卿士的称为祭伯。⑦公子益师：鲁孝公的儿子。

【译文】

鲁隐公元年春，周历正月。三月，隐公和邾仪父在蔑地结盟。

夏季五月，郑伯在鄢地击败共叔段。

秋季七月，周平王派宰咺来赠送惠公、仲子的助丧之物。九月，鲁国与宋国在宿地结盟。

冬季十二月，祭伯来到鲁国。公子益师去世。

【原文】

二年春，公会戎于潜①。

夏五月，莒人入向②。无骇帅师入极③。

秋八月庚辰，公及戎盟于唐④。九月，纪裂繻来逆女⑤。

冬十月，伯姬归于纪。纪子帛、莒子盟于密⑥。十有二月乙卯，夫人子氏薨。郑人伐卫。

【注解】

①会：会见。潜：地名，在今山东济宁西南。②莒：国名，在今山东莒县。向：地名，在今山东莒县南。③无骇：鲁国司空。④唐：地名，在今山东曹州东南。⑤逆：迎娶。⑥密：莒地。

【译文】

二年春，隐公在潜地会见戎人。

夏季五月，莒人进入向地。司空无骇率领军队进入极国。

秋季八月庚辰日，隐公在唐地与戎人结盟。九月，纪国大夫裂繻来迎娶鲁国女子。

冬季十月，伯姬嫁到了纪国。纪子帛与莒君在密地结盟。十二月乙卯日，惠公的夫人子氏去世。郑人讨伐卫国。

【原文】

三年春王二月，己巳，日有食之。三月庚戌，天王崩。

夏四月辛卯，君氏卒[①]。

秋，武氏子来求赙[②]。八月庚辰，宋公和卒[③]。

冬十有二月，齐侯、郑伯盟于石门[④]。癸未，葬宋穆公。

周平王驾崩，周大夫武氏子来到鲁国取助丧之物。

【注解】

①君氏：鲁隐公的母亲，名叫声子。②赙：助丧的财物。③宋公和：即宋穆公。④石门：地名，在今山东长清西南。

【译文】

三年春，周历二月己巳日，出现日食。三月庚戌日，周平王驾崩。

夏季四月辛卯日，隐公生母君氏去世。

秋季，周大夫武氏子来到鲁国收取助丧的财物。八月庚辰日，宋穆公去世。

冬季十二月，齐侯、郑伯在石门结盟。癸未日，安葬宋穆公。

【原文】

四年春王二月，莒人伐杞[①]，取牟娄。戊申，卫州吁弑其君完。

夏，公及宋公遇于清[②]。宋公、陈侯、蔡人、卫人伐郑。

秋，翚帅师会宋公、陈侯、蔡人、卫人伐郑。九月，卫人杀州吁于濮[③]。

冬十有二月，卫人立晋。

【注解】

①杞：国名，在今山东安丘东北。②清：卫邑，在今山东东阿县南。③濮：陈地名。

【译文】

四年春，周历二月，莒人讨伐杞国，攻取了牟娄。戊申日，卫国州吁杀了其国君卫桓公。

夏季，隐公与宋殇公在清地相遇。宋、陈、蔡、卫四国联合起来讨伐郑国。

秋季，大夫公子翚率军与宋、陈、蔡、卫四国一起讨伐郑国。九月，卫人在濮地杀死了州吁。

冬季十二月，卫人迎立公子晋为君。

【原文】

五年春，公矢鱼于棠①。

夏四月，葬卫桓公。

秋，卫师入郕②。九月，考仲子之宫③。初献六羽④。邾人、郑人伐宋。螟。

冬十有二月辛巳，公子弨卒。宋人伐郑，围长葛。

【注解】

①矢：陈列。棠：地名，在今山东鱼台。②郕：地名。③考：落成。④六羽：即六佾，古代乐舞八人为一列，称为一佾。爵位不同，舞队列数也不相同。

【译文】

五年春，隐公在棠地观看捕鱼。

夏季四月，安葬卫桓公。

秋季，卫国军队攻入郕国。九月，仲子之宫落成。举行落成典礼时进献六羽之乐舞。邾国和郑国联合讨伐宋国。发生虫灾。

冬季十二月辛巳日，公子弨卒。宋人攻伐郑国，包围长葛。

【原文】

七年春王三月，叔姬归于纪。滕侯卒①。

夏，城中丘②。齐侯使其弟年来聘③。

秋，公伐邾。

冬，天王使凡伯来聘。戎伐凡伯于楚丘以归④。

【注解】

①滕：国名，在今山东省滕州市西南。②中丘：地名，在今山东境内。③聘：访问。④楚丘：卫地。

【译文】

七年春，周历三月，叔姬嫁到纪国。滕侯去世。

夏季，修筑中丘城墙。齐侯派其弟来鲁国访问。

秋季，隐公讨伐邾国。

冬季，周王命令凡伯来鲁国访问。凡伯返回周朝时在楚丘被戎人捉住。

桓公

【原文】

元年春王正月，公即位。三月，公会郑伯于垂，郑伯以璧假许田①。

夏四月丁未，公及郑伯盟于越②。

秋，大水。

冬十月。

【注解】

①假：借。②越：地名，在今山东境内。

【译文】

元年春，周历正月，桓公即位。三月，桓公在垂地会见郑伯，郑伯以圭璧来换取鲁国的许田之地。

夏季四月丁未，桓公与郑伯在越地结盟。

秋季，发生水灾。

冬季十月，无事。

【原文】

二年春，王正月戊申，宋督弑其君与夷及其大夫孔父。滕子来朝。三月，公会齐侯、陈侯、郑伯于稷①，以成宋乱②。

夏四月，取郜大鼎于宋。戊申，纳于大庙。

秋七月，杞侯来朝。蔡侯、郑伯会于邓③。九月，入杞。公及戎盟于唐。

冬，公至自唐。

【注解】

①稷：地名，在今河南商丘。②成：平。③邓：地名，在今河南境内。

【译文】

二年春，周历正月戊申日，宋国的华父督杀死宋国国君以及大夫孔父嘉。

滕君前来朝见。三月，桓公在稷地会见齐侯、陈侯及郑伯，计划平定宋国的叛乱。

夏季四月，鲁国取走宋国的郜大鼎。戊申日，将鼎放入太庙之中。

秋季七月，杞侯前来朝见。蔡侯、郑伯在邓地相见。九月，鲁国派军队进入杞国。桓公与戎人在唐地结盟。

冬季，桓公由唐地回国。

【原文】

三年春正月，公会齐侯于嬴[①]。

夏，齐侯、卫侯胥命于蒲[②]。六月，公会杞侯于郕。

秋七月壬辰朔，日有食之，既[③]。公子翚如齐逆女。九月，齐侯送姜氏于讙[④]。公会齐侯于讙。夫人姜氏至自齐。

冬，齐侯使其弟年来聘。有年。

【注解】

①嬴：地名，在今山东莱芜西北。②胥命：不举行仪式的结盟。蒲：地名，在今河南境内。③既：尽。④讙：地名，在今山东宁阳县北。

【译文】

三年春，正月，桓公在嬴地会见齐侯。

夫人姜氏从齐国来到鲁国。

夏季，齐侯、卫侯在蒲地相见，双方表示彼此会信守约言。六月，桓公在郕地会见杞侯。

秋季七月壬辰日，发生日全食。桓公在讙地会见齐侯。夫人姜氏从齐国来到鲁国。

冬季，齐侯派自己的弟弟年来鲁国访问。这一年五谷皆熟。

【原文】

四年春正月，公狩于郎。

夏，天王使宰渠伯纠来聘。

秋，秦师侵芮，败焉，小之也。

冬，王师、秦师围魏，执芮伯以归。

【译文】

四年春，正月，桓公在郎地狩猎。

夏季，周王派宰臣渠伯纠来鲁国访问。

秋天，秦国的军队入侵芮国，不料遭到失败，这是由于秦军太轻视芮国的缘故。

冬天，周王的军队和秦国的军队包围魏城，俘虏了芮伯回来。

【原文】

五年春正月，甲戌、己丑，陈侯鲍卒。

夏，齐侯、郑伯如纪[①]。天王使仍叔之子来聘。葬陈桓公。城祝丘。

秋，蔡人、卫人、陈人从王伐郑。大雩[②]。螽[③]。

冬，州公如曹。

【注解】

①如纪：前往纪国。②大雩（yú）：祈雨仪式。③螽（zhōng）：飞蝗之类的昆虫。

【译文】

五年春，正月，收到陈侯甲戌、己丑两次讣告。

夏季，齐侯、郑伯前往纪国。周王派仍叔之子来鲁国访问。安葬陈桓公。修筑祝丘城墙。

秋季，蔡人、卫人、陈人跟随周王讨伐郑国。举行祈雨仪式。发生蝗灾。

冬季，州国君主前往曹国。

庄公

【原文】

元年春王正月。三月，夫人孙于齐①。

夏，单伯送王姬。

秋，筑王姬之馆于外②。

冬十月乙亥，陈侯林卒。王使荣叔来锡桓公命③。王姬归于齐。齐师迁纪郱、鄑、郚④。

【注解】

①孙：同“逊”，出奔的意思。②馆：行馆。③锡命：赐命。④郱（píng）、鄑（zī）、郚（wú）：皆是纪国的邑名。

【译文】

元年春，周历正月。三月，夫人出奔到齐国。

夏季，单伯送周王女来鲁国待嫁。

秋季，在都城的外面修筑供王姬居住的行馆。

冬十月乙亥日，陈侯林卒。周王派荣叔来鲁国追命桓公。王姬嫁到齐国。齐军强迫纪国郱、鄑、郚三个城邑的居民迁走。

【原文】

二年春王二月，葬陈庄公。

夏，公子庆父帅师伐于余丘。

秋七月，齐王姬卒。

冬十有二月，夫人姜氏会齐侯于禚。乙酉，宋公冯卒。

【译文】

二年春，周历二月，安葬陈庄公。

夏季，公子庆父率领军队讨伐于余丘。

秋七月，齐王姬卒。

冬十二月，夫人姜氏在于禚会见齐侯。乙酉日，宋公冯卒。

【原文】

夫人姜氏在祝丘宴请齐侯。

四年春王二月，夫人姜氏享齐侯于祝丘。三月，纪伯姬卒。

夏，齐侯、陈侯、郑伯遇于垂。纪侯大去其国。六月乙丑，齐侯葬纪伯姬。

秋七月。

冬，公及齐人狩于禚。

【译文】

四年春，周历二月，夫人姜氏在祝丘宴请齐侯。三月，纪国夫人伯姬卒。

这年夏天，齐侯、陈侯、郑伯在垂地相遇。纪侯离开纪国，不再回来。六月乙丑日，齐侯安葬纪国夫人伯姬。

秋七月，无事。

冬季，庄公与齐人在禚地打猎。

【原文】

五年春王正月。

夏，夫人姜氏如齐师。

秋，郳犁来来朝。

冬，公会齐人、宋人、陈人、蔡人伐卫。

【译文】

五年春，周历正月。

夏天，夫人姜氏去齐国军营拜见齐侯。

秋天，郳国君主犁来到齐国朝见。

冬季，庄公联合齐、宋、陈、蔡四国讨伐卫国。

【原文】

十有一年春王正月。

夏五月，戊寅，公败宋师于鄑①。

秋，宋大水。

冬，王姬归于齐。

【注解】

①鄑（zī 或 jīn）：鲁国之地，在宋国和鲁国之间。

【译文】

十一年春，周历正月。

夏五月戊寅日，庄公在鄑地打败宋军。

秋季，宋国发生大水灾。

冬季，王姬嫁到齐国。

【原文】

十有五年春，齐侯、宋公、陈侯、卫侯、郑伯会于鄄。

夏，夫人姜氏如齐。

秋，宋人、齐人、邾人伐郳[1]。郑人侵宋。

冬十月。

【注解】

①郳（ní）：诸侯国名，参见“五年，秋，郳犁来来朝。”。

【译文】

十五年春，齐侯、宋公、陈侯、卫侯、郑伯在鄄地相会。

夏季，夫人姜氏去了齐国。

齐侯、宋公、陈侯、卫侯、郑伯在鄄地相会。

秋季，宋、齐、邾三国联合讨伐郳国。

冬季十月，无事。

【原文】

十有九年春王正月。

夏四月。

秋，公子结媵陈人之妇于鄄[①]，遂及齐侯、宋公盟。夫人姜氏如莒。

冬，齐人、宋人、陈人伐我西鄙。

【注解】

①媵：陪嫁。

【译文】

十九年春，周历正月。

夏季四月，无事。

秋季，大夫公子结送鲁女陪嫁陈侯夫人去了鄄地，于是与齐侯、宋公结盟。夫人姜氏去了莒国。

冬季，齐、宋、陈三国进攻鲁国西部边境。

闵公

【原文】

元年春王正月。齐人救邢。

夏六月辛酉，葬我君庄公。

秋八月，公及齐侯盟于落姑。季子来归。

冬，齐仲孙来。

【译文】

元年春，周历正月。齐人援救邢国。

夏季六月辛酉日，安葬鲁君庄公。

秋季八月，闵公与齐侯在落姑结盟。公子季友从陈国回到鲁国。

冬季，齐国仲孙来到鲁国。

【原文】

二年春王正月，齐人迁阳①。

夏五月乙酉，吉禘于庄公②。

秋八月辛丑，公薨。九月，夫人姜氏孙于邾③。公子庆父出奔莒。

冬，齐高子来盟。十有二月，狄入卫，郑弃其师。

公子庆父出奔到莒国。

【注解】

①迁阳：把阳国的百姓强行迁走。②禘（dì）：古代祭祀的名称。③孙：同“逊”，出奔。

【译文】

二年春，周历正月，齐国把阳国的百姓强行迁走。

夏五月乙酉日，为庄公举行祭祀大典。

秋八月辛丑日，闵公薨。九月，夫人姜氏出奔到邾国。公子庆父出奔到莒国。

冬季，齐国高傒来鲁国订立盟约。十二月，狄人入侵卫国。郑国弃置其军队。

僖公

【原文】

元年春王正月。齐师、宋师、曹师次于聂北，救邢。

夏六月，邢迁于夷仪。齐师、宋师、曹师城邢。

秋七月戊辰，夫人姜氏薨于夷，齐人以归。楚人伐郑。八月，公会齐侯、宋公、郑伯、曹伯、邾人于柽。九月，公败邾师于偃。

冬十月壬午，公子友帅师败莒于郦，获莒拏。十有二月丁巳，夫人氏之丧至自齐。

【译文】

元年春，周历正月。齐、宋、曹三国军队驻扎在聂北，（准备）救援邢国。

夏季六月，邢国的都城迁到夷仪。齐、宋、曹三国军队帮助邢国修筑城墙。

秋季七月戊辰日，夫人姜氏在夷地被齐人杀死，齐国将其尸体送回。楚军讨伐郑国。八月，僖公在柽地与齐侯、宋公、郑伯、曹伯、邾人相会。九月，僖公在偃地打败了邾国军队。

冬季十月壬午日，公子友率军在郦地击败莒军，并俘获莒君的弟弟挐。十二月丁巳日，夫人姜氏的灵柩由齐国运回鲁国。

【原文】

五年春，晋侯杀其世子申生。杞伯姬来朝其子。

夏，公孙兹如牟。公及齐侯、宋公、陈侯、卫侯、郑伯、许男、曹伯会王世子于首止。

秋八月，诸侯盟于首止。郑伯逃归不盟。楚人灭弦，弦子奔黄。九月戊申朔，日有食之。

冬，晋人执虞公。

【译文】

五年春，晋侯杀死其太子申生。杞伯姬命令其子来鲁国朝见。

夏季，公孙兹前往牟国。僖公与齐侯、宋公、陈侯、卫侯、郑伯、许男、曹伯在首止会见王世子。

秋季八月，诸侯在首止订立盟约。郑伯逃走，不参加盟会。楚国灭掉弦国，弦君逃到黄地。九月戊申日，初一，有日食。

冬季，晋人逮捕虞公。

【原文】

十有五年春王正月，公如齐。楚人伐徐。三月，公会齐侯、宋公、陈侯、卫候、郑伯、许男、曹伯盟于牡丘，遂次于匡。公孙敖帅师及诸侯之大夫救徐。

夏五月，日有食之。

秋七月，齐师、曹师伐厉。八月，螽。九月，公至自会。季姬归于鄫。己卯晦①，震夷伯之庙②。

冬，宋人伐曹。楚人败徐于娄林。十有一月壬戌，晋侯及秦伯战于韩，获晋侯。

【注解】

①晦：每月最后一天。②震：雷击。

【译文】

十五年春，周历正月，僖公前往齐国。楚军讨伐徐国。三月，僖公与齐侯、宋公、陈侯、卫侯、郑伯、许男、曹伯相会，并在牡丘结盟，继而在匡地驻扎军队。公孙敖率领鲁军与诸侯大夫救援徐国。

夏季五月，有日食。

秋季七月，齐军、曹军讨伐厉国。八月，发生虫灾。九月，僖公从牡丘之会返回鲁国。季姬回到鄫国。己卯，三十日，雷击夷伯之庙。

冬季，宋人讨伐曹国。楚军在娄林打败徐国军队。十一月壬戌日，晋侯与秦伯在韩地开战，秦国俘获晋侯。

【原文】

二十有三年春，齐侯伐宋，围缗[①]。

夏五月庚寅，宋公兹父卒。

秋，楚人伐陈。

冬十有一月，杞子卒。

齐侯进攻宋国。

【注解】

①缗（mín）：宋邑。

【译文】

二十三年春，齐侯进攻宋国，围困缗邑。

夏季五月庚寅日，宋公兹父卒。

秋季，楚军攻伐陈国。

冬季十一月，杞子卒。

【原文】

二十有六年春王正月，己未，公会莒子、卫宁速盟于向。齐人侵我西鄙，公追齐师，至酅，弗及。

夏，齐人伐我北鄙。卫人伐齐。公子遂如楚乞师。

秋，楚人灭夔，以夔子归。

冬，楚人伐宋，围缗。公以楚师伐齐，取谷。公至自伐齐。

【译文】

二十六年春，周历正月，己未日，僖公在向地会见莒子、卫宁速，并订立盟约。

齐国侵入鲁国西部边境，僖公追击齐军，到达酅地，最终没能追上。

夏季，齐国又入侵鲁国北部边境。卫国讨伐齐国。公子遂前往楚国请求出兵伐齐。

秋季，楚国灭掉夔国，把夔国君主带回楚国。

冬季，楚国攻伐宋国，围困缗地。僖公领着楚军讨伐齐国，取得谷地。僖公由伐齐之地返回。

文公元年

【原文】

元年春王正月，公即位。二月癸亥，日有食之。天王使叔服来会葬。

夏四月丁巳，葬我君僖公。天王使毛伯来锡公命①。晋侯伐卫。叔孙得臣如京师。卫人伐晋。

秋，公孙敖会晋侯于戚。

冬十月丁未，楚世子商臣弑其君頵。公孙敖如齐。

【注解】

①锡：同"赐"。诸侯即位时，天子赐予爵位称为"赐命"。

【译文】

元年春，周历正月，文公即位。二月癸亥日，有日食。周王派叔服参加僖公的葬礼。

夏季四月丁巳日，为僖公举行葬礼。周王派毛伯前来赐予文公爵位。晋侯进攻卫国。鲁叔孙得臣前往京师。卫人攻伐晋国。

秋季，公孙敖在戚地与晋侯相会。

冬季十月丁未，楚国世子商臣杀死其君主頵。公孙敖去了齐国。

【原文】

二年春王二月甲子，晋侯及秦师战于彭衙，秦师败绩。丁丑，作僖公主。三月乙巳，及晋处父盟。

夏六月，公孙敖会宋公、陈侯、郑伯、晋士縠，盟于垂陇。

自十有二月不雨，至于秋七月。八月丁卯，大事于大庙，跻僖公。

冬，晋人、宋人、陈人、郑人伐秦。公子遂如齐纳币。

【译文】

晋侯与秦军在彭衙作战。

二年春，周历二月甲子，晋侯与秦军战于彭衙，秦师溃败。丁丑日，制作僖公的神主牌位。三月乙巳日，文公与晋国大夫处父结盟。

夏季六月，公孙敖与宋公、陈侯、郑伯、晋士縠在垂陇相会，并订立盟约。

自去年十二月至今年七月，一直没有下雨。八月丁卯日，在太庙举行大祭，把僖公的神主提升到闵公之上。

冬季，晋人、宋人、陈人、郑人联合讨伐秦国。公子遂前往齐国馈送礼物以修婚姻之礼。

【原文】

九年春毛伯来求金[①]。夫人姜氏如齐。二月，叔孙得臣如京师。辛丑，葬襄王。晋人杀其大夫先都。三月，夫人姜氏至自齐。晋人杀其大夫士縠及箕郑父。楚人伐郑。公子遂会晋人、宋人、卫人、许人救郑。

夏，狄侵齐。

秋八月，曹伯襄卒。九月癸酉，地震。

冬，楚子使椒来聘。秦人来归僖公、成风之襚。葬曹共公。

【注解】

①求金：求取贡物。

【译文】

九年春，毛伯到鲁国求取贡物。夫人姜氏前往齐国。二月，鲁叔孙得臣前往京师。辛丑日，安葬襄王。晋人杀死其大夫先都。三月，夫人姜氏自齐国返回。晋人杀死其大夫士縠及箕郑父。楚人讨伐郑国。公子遂与晋人、宋人、卫人、许人一起援救郑国。

夏季，狄国入侵齐国。

秋季八月，曹伯襄卒。九月癸酉日，发生地震。

冬季，楚君派子越椒来鲁国访问。秦人来鲁国馈送僖公、成风丧事所用的衣衾。为曹共公举行葬礼。

【原文】

十有四年春，王正月，公至自晋。邾人伐我南鄙，叔彭生帅师伐邾。

夏五月乙亥，齐侯潘卒。六月，公会宋公、陈侯、卫侯、郑伯、许男、曹伯、晋赵盾。癸酉，同盟于新城。

秋七月，有星孛入于北斗。公至自会。晋人纳捷菑于邾。弗克纳。九月甲申，公孙敖卒于齐。齐公子商人弑其君舍。宋子哀来奔。

冬，单伯如齐。齐人执单伯。齐人执子叔姬。

【译文】

十四年春，周历正月，文公自晋国回国。邾人进攻鲁国的南部边境，叔彭生率军讨伐邾国。

夏季五月乙亥日，齐侯潘卒。六月，文公与宋公、陈侯、卫侯、郑伯、许男、曹伯、晋卿赵盾相会。癸酉日，在新城结盟。

文公从晋国回国。

秋季七月，有彗星穿过北斗星所在的区域。文公自盟会返回鲁国。晋人护送邾国公子捷菑回国即位，未能为邾人接纳。九月甲申日，公孙敖卒于齐国。齐公子商人杀死其君舍。宋国君主哀投奔鲁国。

冬季，周朝卿士单伯前往齐国。齐人扣留单伯。齐人逮捕子叔姬。

宣公

【原文】

元年春王正月，公即位。公子遂如齐逆女。三月，遂以夫人妇姜至自齐。

夏，季孙行父如齐。晋放其大夫胥甲父于卫[①]。公会齐侯于平州。公子遂如齐。六月，齐人取济西田。

秋，邾子来朝。楚子、郑人侵陈，遂侵宋。晋赵盾帅师救陈。宋公、陈侯、卫侯、曹伯会晋师棐林，伐郑。

冬，晋赵穿帅师侵崇。晋人、宋人伐郑。

【注解】

①放：放逐。

【译文】

元年春，周历正月，宣公即位。公子遂前往齐国为宣公迎娶夫人。三月，公子遂从齐国迎回夫人妇姜。

夏季，季孙行父前往齐国。晋国将其大夫胥甲父放逐到卫国。宣公在平州会见齐侯。公子遂前往齐国。六月，齐人夺取济西的田地。

秋季，邾子来鲁国朝见。楚子、郑人侵犯陈国，继而侵犯宋国。晋卿赵盾率军援救陈国。宋公、陈侯、卫侯、曹伯在棐林与晋军会合，一起讨伐郑国。

冬季，晋国大夫赵穿率军侵犯崇国。晋人、宋人讨伐郑国。

【原文】

九年春王正月，公如齐。公至自齐。

夏，仲孙蔑如京师。齐侯伐莱。

秋，取根牟。八月，滕子卒。九月，晋侯、宋公、卫侯、郑伯、曹伯会于扈。晋荀林父帅师伐陈。辛酉，晋侯黑臀卒于扈。

冬十月癸酉，卫侯郑卒。宋人围滕。楚子伐郑。晋郤缺帅师救郑。陈杀其大夫泄冶。

【译文】

九年春，周历正月，宣公去了齐国。宣公自齐国回国。

夏季，仲孙蔑前往京师。齐侯讨伐莱国。

秋季，夺取根牟。八月，滕子卒。九月，晋侯、宋公、卫侯、郑伯、曹伯在扈地相会。晋国荀林父率军进攻陈国。辛酉日，晋侯黑臀卒于扈地。

冬季十月癸酉日，卫侯郑卒。宋人包围滕国。楚子讨伐郑国。晋国上卿郤缺率军援救陈国。陈国杀死其大夫泄冶。

【原文】

十年春公如齐。公至自齐。齐人归我济西田。

夏四月丙辰，日有食之。己巳，齐侯元卒。齐崔氏出奔卫。公如齐。五月，公至自齐。癸巳，陈夏征舒弑其君平国。六月，宋师伐滕。公孙归父如齐，葬齐惠公。晋人、宋人、卫人、曹人伐郑。

秋，天王使王季子来聘。公孙归父帅师伐邾，取绎。大水。季孙行父如齐。

冬，公孙归父如齐。齐侯使国佐来聘。饥。楚子伐郑。

【译文】

十年春，宣公去了齐国。宣公自齐国回国。齐人归还鲁国济西的田地。

夏季四月丙辰日，有日食。己巳日，齐侯元卒。齐国大夫崔氏出奔到卫国。宣公前往齐国。五月，宣公自齐国回国。癸巳日，陈国夏征舒杀死其君平国。六月，宋军讨伐滕国。公孙归父前往齐国，参加齐惠公的葬礼。晋人、宋人、卫人、曹人讨伐郑国。

秋季，周王派使臣来鲁国访问。公孙归父率军进攻邾国，取得绎地。发生大水灾。季孙行父去了齐国。

冬季，公孙归父去了齐国。齐侯派国佐来鲁国访问。发生饥荒。楚子讨伐郑国。

【原文】

十有五年春，公孙归父会楚子于宋。

夏五月，宋人及楚人平。六月癸卯，晋师灭赤狄潞氏，以潞子婴儿归。秦人伐晋。王札子杀召伯、毛伯。

秋，螽。仲孙蔑会齐高固于无娄。初税亩。

冬，蝝生[①]。饥。

【注解】

①蝝（yuán）：飞蝗的幼虫。

公孙归父与楚子在宋地相会。

【译文】

十五年春，公孙归父与楚子在宋地相会。

夏季五月，宋人与楚人讲和。六月癸卯日，晋军灭掉赤狄潞国，把潞国君主婴儿带回晋国。秦人讨伐晋国。王札子杀死召伯、毛伯。

秋季，有蝗灾。仲孙蔑在无娄与齐国高固相会。鲁国实行初税亩的赋税制度。

冬季，蝗虫卵化产生幼虫。发生饥荒。

成公

【原文】

元年春王正月，公即位。二月辛酉，葬我君宣公。无冰。三月，作丘甲。

夏，臧孙许及晋侯盟于赤棘。

秋，王师败绩于茅戎。

冬十月。

【译文】

元年春，周历正月，成公即位。二月辛酉日，为鲁宣公举行葬礼。没有结冰。三月，制定丘甲制度。

夏季，臧孙许与晋侯在赤棘结盟。

秋季，周王的军队战败于茅戎。

冬季十月，无事。

【原文】

三年春王正月，公会晋侯、宋公、卫侯、曹伯伐郑。辛亥，葬卫穆公。二月，公至自伐郑。甲子，新宫灾[①]。三日哭。乙亥，葬宋文公。

夏，公如晋。郑公子去疾帅师伐许。公至自晋。

秋，叔孙侨如帅师围棘。大雩。晋郤克、卫孙良夫伐廧咎如。

冬十有一月，晋侯使荀庚来聘。卫侯使孙良夫来聘。丙午，及荀庚盟。丁未，及孙良夫盟。郑伐许。

【注解】

①灾：火灾。

【译文】

三年春，周历正月，成公会合晋侯、宋公、卫侯、曹伯讨伐郑国。辛亥日，安葬卫穆公。二月，成公从伐郑战场返回。甲子日，宣公庙失火。成公和大臣们大哭三日。乙亥日，安葬宋文公。

夏季，成公前往晋国。郑公子去疾率军攻伐许国。成公由晋国返回。

秋季，叔孙侨如率军围困棘邑。举行盛大的祈雨仪式。晋国郤克、卫国孙良夫讨伐廧咎如。

冬季十一月，晋侯派荀庚来鲁国访问。卫侯派孙良夫来鲁国访问。丙午日，与荀庚结盟。丁未日，与孙良夫结盟。郑国讨伐许国。

【原文】

四年春宋公使华元来聘。三月壬申，郑伯坚卒。杞伯来朝。

夏四月甲寅，臧孙许卒。公如晋，葬郑襄公。

秋，公至自晋。

冬，城郓。郑伯伐许。

郑伯坚去世。

【译文】

四年春，宋公派华元来鲁国访问。三月壬申日，郑伯坚卒。杞伯来鲁国朝见。

夏四月甲寅日，臧孙许卒。成公前往晋国，安葬郑襄公。

秋季，成公自晋国回国。

冬季，修筑郓地的城墙。郑伯讨伐许国。

【原文】

五年春王正月，杞叔姬来归。仲孙蔑如宋。

夏，叔孙侨如会晋荀首于谷。梁山崩。

秋，大水。

冬十有一月己酉，天王崩。十有二月己丑，公会晋侯、齐侯、宋公、卫侯、郑伯、曹伯、邾子、杞伯同盟于虫牢。

【译文】

五年春，周历正月，杞叔姬被休弃，回到鲁国。仲孙蔑前往宋国。

夏季，叔孙侨如在谷地会见晋国荀首。梁山发生山崩。

秋季，发生大水灾。

冬季十一月己酉日，周王驾崩。十二月己丑日，成公会见晋侯、齐侯、宋公、卫侯、郑伯、曹伯、邾子、杞伯，在虫牢之地结盟。

襄公

【原文】

元年春王正月，公即位。仲孙蔑会晋栾黡、宋华元、卫宁殖、曹人、莒人、邾人、滕人、薛人围宋彭城。

夏，晋韩厥帅师伐郑，仲孙蔑会齐崔杼、曹人、邾人、杞人次于鄫。

秋，楚公子壬夫帅师侵宋。九月辛酉，天王崩。邾子来朝。

冬，卫侯使公孙剽来聘。晋侯使荀䓨来聘。

【译文】

元年春周历正月，襄公即位。仲孙蔑会合晋栾黡、宋华元、卫宁殖、曹人、莒人、邾人、滕人、薛人一起围困宋国的彭城。

夏季，晋国大夫韩厥率军伐郑，仲孙蔑会合齐崔杼、曹人、邾人、杞人在鄫地驻扎军队。

秋季，楚国公子壬夫率军侵犯宋国。九月辛酉日，周王驾崩。邾国君主来鲁国朝见。

冬季，卫侯派公孙剽来鲁国访问。晋侯派荀䓨来鲁国访问。

【原文】

二年春王正月，葬简王。郑师伐宋。

夏五月庚寅，夫人姜氏薨。六月庚辰，郑伯睔卒。晋师、宋师、卫宁殖侵郑。

秋七月，仲孙蔑会晋荀䓨、宋华元、卫孙林父、曹人、邾人于戚。己丑，葬我小君齐姜。叔孙豹如宋。

冬，仲孙蔑会晋荀䓨、齐崔杼、宋华元、卫孙林父、曹人、邾人、滕人、薛人、小邾人于戚，遂城虎牢。楚杀其大夫公子申。

【译文】

二年春，周历正月，安葬简王。郑军进攻宋国。

周历正月，安葬简王。

夏季五月庚寅日，夫人姜氏薨。六月庚辰日，郑伯睔卒。晋师、宋师、卫宁殖侵犯郑国。

秋季七月，仲孙蔑与晋荀罃、宋华元、卫孙林父、曹人、邾人在戚地相会。己丑日，为夫人齐姜举行葬礼。叔孙豹前往宋国。

冬季，仲孙蔑与晋荀罃、齐崔杼、宋华元、卫孙林父、曹人、邾人、滕人、薛人、小邾人在戚地相会，接着在虎牢之地筑城。楚国杀死其大夫公子申。

【原文】

十有六年春王正月，葬晋悼公。三月，公会晋侯、宋公、卫侯、郑伯、曹伯、莒子、邾子、薛伯、杞伯、小邾子于溴梁。戊寅，大夫盟。晋人执莒子、邾子以归。齐侯伐我北鄙。

夏，公至自会。五月甲子，地震。叔老会郑伯、晋荀偃、卫宁殖、宋人伐许。

秋，齐侯伐我北鄙，围成。大雩。

冬，叔孙豹如晋。

【译文】

十六年春，周历正月，安葬晋悼公。三月，襄公在溴梁与晋侯、宋公、卫侯、郑伯、曹伯、莒子、邾子、薛伯、杞伯、小邾子相会。戊寅日，各国诸侯的大夫结盟。晋人逮捕莒子、邾子回到晋国。齐侯进攻鲁国的北部边境。

夏季，襄公自盟会回国。五月甲子日，发生地震。叔老联合郑伯、晋荀偃、卫宁殖、宋人讨伐许国。

秋季，齐侯进攻鲁国北部边境，包围成邑。举行盛大的祈雨祭祀。

冬季，叔孙豹前往晋国。

【原文】

十有九年春王正月，诸侯盟于祝柯①。晋人执邾子，公至自伐齐。取邾田，自漷水②。季孙宿如晋。葬曹成公。

夏，卫孙林父帅师伐齐。

秋七月辛卯，齐侯环卒③。晋士匄帅师侵齐④，至谷，闻齐侯卒，乃还。

八月丙辰，仲孙蔑卒。齐杀其大夫高厚。郑杀其大夫公子嘉。

冬，葬齐灵公。城西郛。叔孙豹会晋士匄于柯。城武城。

春季，诸侯在祝柯结盟。

【注解】

① 祝柯：地名，在今山东长清东北。② "取邾田" 二句：夺取邾国之田而以漷水为界。漷水，即今南沙河，在山东省境内。③ 齐侯环：即齐灵公。④ 士匄：即范宣子，晋国大臣。

【译文】

十九年春，周历正月，诸侯在祝柯结盟。晋人逮捕邾国君主，襄公亲自率师攻打齐国。夺取邾田，以漷水为界。季孙宿前往晋国。安葬曹成公。

夏季，卫国孙林父率军伐齐。

秋季七月辛卯日，齐侯环卒。晋国士匄率军侵犯齐国，到达谷地，听说齐侯死了，便撤兵而回。八月丙辰日，仲孙蔑卒。齐国杀死其大夫高厚。郑国杀死其大夫公子嘉。

冬季，安葬齐灵公。修筑西郛的城墙。叔孙豹在柯地会见晋士匄。修筑武城。

昭公

【原文】

元年春王正月，公即位。叔孙豹会晋赵武、楚公子围、齐国弱、宋向戌、卫齐恶、陈公子招、蔡公孙归生、郑罕虎、许人、曹人于虢[①]。三月，取郓[②]。

夏，秦伯之弟鍼出奔晋。六月丁巳，邾子华卒。晋荀吴帅师败狄于大卤[③]。

秋，莒去疾自齐入于莒。莒展舆出奔吴。叔弓帅师疆郓田。葬邾悼公。

冬十有一月己酉，楚子麇卒。楚公子比出奔晋。

【注解】

① 虢：指东虢，郑地，在今河南郑州。② 郓：地名，在今山东沂水东北。③ 大卤：地名，在

今山西太原西南。

【译文】

元年春，周历正月，昭公即位。叔孙豹与晋赵武、楚公子围、齐国弱、宋向戌、卫齐恶、陈公子招、蔡公孙归生、郑罕虎、许人、曹人在东虢相会。三月，夺取郓地。

夏季，秦伯之弟鍼出奔到晋国。六月丁巳日，邾子华卒。晋国荀吴率军在大卤大败狄人。

秋季，莒国的去疾自齐国回到莒国。莒国的展舆出奔到吴国。叔弓率军划定郓国的疆界。安葬邾悼公。

冬季十一月己酉日，楚子麇卒。楚公子比出奔到晋国。

【原文】

六年春王正月，杞伯益姑卒。葬秦景公。

夏，季孙宿如晋。葬杞文公。宋华合比出奔卫。

秋九月，大雩。楚薳罢帅师伐吴。

冬，叔弓如楚。齐侯伐北燕。

【译文】

六年春，周历正月，杞伯益姑卒。安葬秦景公。

夏季，季孙宿出访晋国。安葬杞文公。宋国华合比出奔到卫国。

秋季九月，举行盛大的祈雨祭祀。楚国的薳罢率军讨伐吴国。

冬季，叔弓去了楚国。齐侯攻伐燕国。

【原文】

七年春王正月，暨齐平。三月，公如楚。叔孙婼如齐涖盟。

夏四月甲辰朔，日有食之。

秋八月戊辰，卫侯恶卒。九月，公至自楚。

冬十有一月癸未，季孙宿卒。十有二月癸亥，葬卫襄公。

【译文】

七年春，周历正月，燕国与齐国讲和。三月，昭公出访楚国。叔孙婼到齐国参加盟会。

夏季四月甲辰日，初一，有日食。

秋季八月戊辰日，卫侯恶卒。九月，昭公自楚国回国。

冬季十一月癸未日，季孙宿卒。十二月癸亥日，安葬卫襄公。

【原文】

十有一年春王二月，叔弓如宋。葬宋平公。

夏四月丁巳，楚子虔诱蔡侯般杀之于申[①]。楚公子弃疾帅师围蔡。五月甲申，夫人归氏薨。大蒐于比蒲[②]。仲孙貜会邾子，盟于祲祥[③]。

秋，季孙意如会晋韩起、齐国弱、宋华亥、卫北宫佗、郑罕虎、曹人、杞人于厥慭[④]。九月己亥，葬我小君齐归[⑤]。

冬十有一月丁酉，楚师灭蔡，执蔡世子有以归，用之。

【注解】

①申：楚邑，在今河南南阳。②比蒲：鲁国地名，所在不详。③祲祥：地名，在今山东曲阜。④厥慭：卫国地名，在今河南新乡。⑤小君：指侯嫡妻或诸侯母丧葬礼如制者。

【译文】

十一年春，周历二月，叔弓前往宋国。参加宋平公的葬礼。

夏季四月丁巳日，楚子虔诱骗蔡侯般并在申地杀了他。楚公子弃疾率军围困蔡国。五月甲申日，夫人归氏薨。在比蒲举行大规模的阅兵仪式。仲孙貜会见邾子，并在祲祥结盟。

楚子虔诱骗蔡侯般。

秋季，季孙意如与晋韩起、齐国弱、宋华亥、卫北宫佗、郑罕虎、曹人、杞人在厥慭相会。九月己亥日，安葬夫人齐归。

冬季，十一月丁酉日，楚国灭掉蔡国，逮捕蔡国的世子有并把他带回楚国，用来祭祀。

【原文】

十有五年春王正月，吴子夷末卒。二月癸酉，有事于武宫[①]。籥入，叔弓卒。去乐，卒事。

夏，蔡朝吴出奔郑。六月丁巳朔，日有食之。

秋，晋荀吴帅师伐鲜虞。

冬，公如晋。

【注解】

①武宫：鲁武公庙。

【译文】

十五年春，周历正月，吴国君主夷末卒。二月癸酉日，在武宫举行祭祀。在表演羽龠之舞时，叔弓卒。停止奏乐，完成祭祀。

夏季，蔡朝吴出奔到郑国。六月丁巳日，初一，出现日食。

秋季，晋国荀吴率军攻伐鲜虞。

冬季，昭公前往晋国。

【原文】

二十有二年春齐侯伐莒。宋华亥、向宁、华定自宋南里出奔楚。大蒐于昌间①。

夏四月乙丑，天王崩②。六月，叔鞅如京师，葬景王。王室乱。刘子、单子以王猛居于皇③。

秋，刘子、单子以王猛入于王城。

冬十月，王子猛卒。十有二月癸酉朔，日有食之。

【注解】

①昌间：地名，在今山东泗水。②天王：指周景王。③皇：地名，在今河南洛阳东。

【译文】

二十二年春，齐侯讨伐莒国。宋国的华亥、向宁、华定从宋国的南里逃亡到楚国。在昌间举行大的阅兵礼。

夏季四月乙丑日，周景王驾崩。六月，叔鞅前往京师，参加周景王的葬礼。周王室发生内乱。刘子、单子带着王子猛进入皇地。

秋季，刘子、单子带着王子猛进入王城。

冬季十月，王子猛卒。十二月癸酉日，初一，出现日食。

【原文】

三十有二年春王正月，公在乾侯。取阚①。

夏，吴伐越。

秋七月。

冬，仲孙何忌会晋韩不信、齐高张、宋仲几、卫世叔申、郑国参、曹人、莒人、薛人、杞人、小邾人城成周。十有二月乙未，公薨于乾侯。

【注解】

①阚：鲁国地名，如今已经为南旺湖所淹。

【译文】

三十二年春，周历正月，昭公居住在乾侯。夺取阚地。

夏季，吴国讨伐越国。

秋季七月，无事。

冬季，仲孙何忌会合晋国的韩不信、齐国的高张、宋国的仲几、卫国的世叔申、郑国的国参、曹人、莒人、薛人、杞人、小邾人在成周筑城。十二月乙未日，昭公薨于乾侯。

吴国讨伐越国。

定公

【原文】

元年春王①。三月，晋人执宋仲几于京师。

夏六月癸亥，公之丧至自乾侯。戊辰，公即位。

秋七月癸巳，葬我君昭公。九月，大雩。立炀宫②。

冬十月，陨霜杀菽。

【注解】

①王：此处不写“王正月”，这是因为鲁定公于六月即位。②炀宫：炀公庙。炀公为鲁国的先君，伯禽之子。

【译文】

元年春，周历。三月，晋人在京师逮捕了宋国的仲几。

夏季六月癸亥日，昭公的丧车从乾侯回到鲁国。戊辰日，定公即位。

秋季七月癸巳日，为鲁昭公举行葬礼。九月，举行盛大的祈雨祭祀。修建炀公庙。

冬季十月，天降严霜害死很多豆类作物。

【原文】

二年春王正月。

夏五月壬辰，雉门及两观灾①。

秋，楚人伐吴。

冬十月，新作雉门及两观。

雉门及两观发生火灾。

【注解】

① 雉门：诸侯之宫的南门。

【译文】

二年春，周历正月。

夏季五月壬辰日，雉门及两观发生火灾。

秋季，楚人讨伐吴国。

冬季十月，重建雉门及两观。

【原文】

六年春王正月癸亥，郑游速帅师灭许，以许男斯归。二月，公侵郑。公至自侵郑。

夏，季孙斯、仲孙何忌如晋。

秋，晋人执宋行人乐祁犁。

冬，城中城[1]。季孙斯、仲孙忌帅师围郓。

【注解】

① 中城：内城。

【译文】

六年春，周历正月癸亥日，郑国的游速率军灭了许国，俘虏许国君主斯回到郑国。二月，定公入侵郑国。定公从侵郑前线返回鲁国。

夏季，季孙斯、仲孙何忌去了晋国。

秋季，晋人逮捕宋国的外交官乐祁犁。

冬季，修缮内城。季孙斯、仲孙何忌率军围困郓地。

【原文】

十有四年春，卫公叔戌来奔。卫赵阳出奔宋。二月辛巳，楚公子结、陈公孙佗人帅师灭顿[1]，以顿子牂归。

夏，卫北宫结来奔。五月，于越败吴于槜李[2]。吴子光卒。公会齐侯、卫侯于牵[3]。公至自会。

秋，齐侯、宋公会于洮[4]。天王使石尚来归脤[5]。卫世子蒯聩出奔宋。卫公孟彄出奔郑。宋公之弟辰自萧来奔。大蒐于比蒲。邾子来会公。城莒父及霄[⑥]。

【注解】

①顿：国名，在今河南项城南。②槜李：地名，在今浙江嘉兴南。③牵：地名，在今河南浚县北。④洮：地名，在今山东鄄城西南。⑤归：通“馈”。脤：祭祀之肉，用脤器盛起来，以赏赐同姓诸侯。⑥莒父：地名，在今山东莒县境内。霄：地名，亦在今山东莒县境内。

【译文】

十四年春，卫国的公叔戌逃至鲁国。卫国的赵阳逃到宋国。二月辛巳日，楚国的公子结、陈国的公孙佗人率军灭了顿国，俘获顿国君主牂而归。

夏季，卫国的北宫结逃到鲁国。五月，越国在槜李大败吴军。吴子光卒。定公在牵地会见齐侯、卫侯。定公从会盟地返回鲁国。

秋季，齐侯、宋公在洮地相会。周天子派石尚来鲁国馈赠祭祀之肉。卫国的世子蒯聩逃到宋国。卫国的公孟彄逃到郑国。宋公的弟弟辰自萧逃往鲁国。在比蒲举行盛大的阅兵仪式。邾子来会见定公。在莒父和霄地筑城。

哀公

【原文】

元年春王正月，公即位。楚子、陈侯、随侯、许男围蔡。鼷鼠食郊牛，改卜牛。

夏四月辛巳，郊。

秋，齐侯、卫侯伐晋。

冬，仲孙何忌帅师伐邾。

【译文】

元年春，周历正月，哀公即位。楚子、陈侯、随侯、许男包围蔡国。鼷鼠咬伤郊祭之牛，改卜其他的牛代替。

夏季四月辛巳日，举行郊祀之礼。

秋季，齐侯、卫侯讨伐晋国。

冬季，仲孙何忌率军讨伐邾国。

【原文】

二年春王二月，季孙斯、叔孙州仇、仲孙何忌帅师伐邾，取漷东田及沂西田[①]。癸巳，叔孙州仇、仲孙何忌及邾子盟于句绎[②]。

滕子来鲁国朝见。

夏四月丙子，卫侯元卒。滕子来朝。晋赵鞅帅师纳卫世子蒯聩于戚[③]。

秋八月甲戌，晋赵鞅帅师及郑罕达帅师战于铁[④]，郑师败绩。

冬十月，葬卫灵公。十有一月，蔡迁于州来[⑤]。蔡杀其大夫公子驷。

【注解】

①漷东：漷水之东。漷，即今南沙河。沂西：沂水之西。沂，即西沂河，源出山东邹城，入于泗水。②句绎：地名，在今山东邹城东南。③戚：地名，在今河南濮阳北。④铁：地名，在今河南濮阳西北。⑤州来：地名，在今安徽凤台。

【译文】

二年春，周历二月，季孙斯、叔孙州仇、仲孙何忌率军讨伐邾国，攻取漷水以东的土地及沂水以西的土地。癸巳日，叔孙州仇、仲孙何忌与邾国君主在句绎结盟。

夏季四月丙子日，卫侯元卒。滕子来鲁国朝见。晋国的赵鞅率军护送卫国世子蒯聩进入戚邑。

秋季八月甲戌日，晋国的赵鞅率军与郑国罕达的军队战于铁地，郑军溃败。

冬季十月，安葬卫灵公。十一月，蔡国迁到州来。蔡国人杀死自己的大夫公子驷。

【原文】

六年春，城邾瑕[①]。晋赵鞅帅师伐鲜虞。吴伐陈。

夏，齐国夏及高张来奔。叔还会吴于柤[②]。

秋七月庚寅，楚子轸卒。齐阳生入于齐。齐陈乞弑其君荼。

冬，仲孙何忌帅师伐邾。宋向巢帅师伐曹。

【注解】

①邾瑕：地名，在今山东济宁南。②柤：地名，在今江苏邳州市北。

【译文】

六年春，在邾瑕筑城。晋国的赵鞅率军讨伐鲜虞。吴国攻伐陈国。

夏季，齐国的国夏及高张逃到鲁国。叔还在柤地会见吴人。

秋季七月庚寅日，楚君轸卒。齐国的阳生回到齐国。齐国的陈乞杀死自己的君主荼。

冬季，仲孙何忌率军攻伐邾国。宋国的向巢率军讨伐曹国。

【原文】

十有二年春，用田赋。

夏五月甲辰，孟子卒。公会吴于橐皋①。

秋，公会卫侯、宋皇瑗于郧②。宋向巢帅师伐郑。

冬十有二月，螽。

【注解】

①橐皋：地名，在今安徽巢县西。②郧：地名，在今山东莒县南。

【译文】

十二年春，实行田赋制度。

夏季五月甲辰日，孟子卒。哀公在橐皋与吴人会面。

秋季，哀公在郧地会见卫侯和宋国的皇瑗。宋国的向巢率军讨伐郑国。

冬季十二月，发生蝗灾。

【原文】

十有三年春，郑罕达帅师取宋师于嵒。

夏，许男成卒。公会晋侯及吴子于黄池①。楚公子申帅师伐陈。于越入吴。

秋，公至自会。晋魏曼多帅师侵卫。葬许元公。九月，螽。

冬十有一月，有星孛于东方②。盗杀陈夏区夫。十有二月，螽。

【注解】

①黄池：地名，在今河南封丘南。②孛：指彗星。

【译文】

十三年春，郑国的罕达率军在嵒地歼灭宋军。

夏季，许君成卒。哀公在黄池会见晋侯及吴子。楚国的公子申率军讨伐陈国。越军攻入吴国。

秋季，哀公从会盟地回国。晋国的魏曼多率军入侵卫国。安葬许元公。九月，发生蝗灾。

冬季十一月，有彗星在东方出现。强盗杀死陈国的夏区夫。十二月，发生蝗灾。

【原文】

十有四年春，西狩获麟[①]。小邾射以句绎来奔[②]。

夏四月，齐陈恒执其君，置于舒州[③]。庚戌，叔还卒。五月庚申朔，日有食之。陈宗竖出奔楚。宋向魋入于曹以叛。莒子狂卒。六月，宋向魋自曹出奔卫。宋向巢来奔。齐人弑其君壬于舒州。

秋，晋赵鞅帅师伐卫。八月辛丑，仲孙何忌卒。

冬，陈宗竖自楚复入于陈，陈人杀之。陈辕买出奔楚。有星孛。饥。

【注解】

① 麟：麒麟，传说中的一种瑞兽。② 句绎：在今山东邹县东南。③ 舒州：在今河北大城。

【译文】

十四年春天，在西部狩猎，获得麒麟。小邾射带着句绎逃亡到鲁国。

夏天四月，齐国的陈恒拘留他的君主，安置在舒州。庚戌日，叔还卒。五月庚申朔日，有日食现象发生。陈国的宗竖逃亡到楚国。宋国的向魋进入曹而据以叛宋，莒君狂卒。六月，宋国的向魋从曹逃亡到卫国。宋国的向巢逃亡到鲁国。齐人在舒州杀掉了自己的国君壬。

秋天，晋国的赵鞅率师讨伐卫国。八月辛丑日，仲孙何忌卒。

冬天，陈国的宗竖从楚国再次回到陈，陈人把他杀了。陈国的辕买出逃到楚国。有彗星出现。发生饥荒。

陈辕买出奔楚。

礼记

礼记

我们中华民族有着五千年灿烂的文化传统，其文化核心之一就是“礼”，而“三礼”：《仪礼》《礼记》和《周礼》集中表述了“礼”的思想。

《礼记》

作者 戴圣

《礼记》是中国古代一部重要的典章制度书籍。该书编定是西汉礼学家戴德和他的侄子戴圣。戴德选编的八十五篇本叫《大戴礼记》，在后来的流传过程中若断若续，到唐代只剩下了三十九篇。戴圣选编的四十九篇本叫《小戴礼记》，即我们今天见到的《礼记》。这两种书各有侧重和特色。东汉末年，著名学者郑玄为《小戴礼记》作了出色的注解，后来这个本子盛行不衰，并由解说经文的著作逐渐成为经典，到唐代被列为“九经”之一，到宋代被列入“十三经”之中，为士者必读之书。

时代 西汉

《礼记》成书于汉宣帝时期。汉宣帝长期在民间生活，深知民间疾苦，他在位时期，勤俭治国，整肃吏治，政治清明，社会经济繁荣。为了巩固统治，宣帝进一步确定儒家地位，召集著名儒生在未央宫讲论五经，并组织学者进一步整理研究儒家著述。继汉武帝“罢黜百家，独尊儒术”之后，儒家学说在宣帝时期得到了进一步的阐释和发扬。

内容 春秋

记录孔子和孔门弟子的言行及时事

《孔子闲居》《檀弓》《曾子问》等篇。

解释《仪礼》

《冠义》《婚义》《乡饮酒义》《射义》《聘义》《丧服四制》等篇。

格言名句

《曲礼》《少仪》《儒行》等篇。

记录古代制度礼节，并加以考辨

《王制》《曲礼》《玉藻》《明堂》《月令》《礼器》《郊特牲》《祭统》《祭法》《大传》《丧大记》《丧服大记》《奔丧》《问丧》《文王世子》《内则》《少仪》等篇。

通论礼仪和学术

《礼运》《经解》《乐记》《学记》《大学》《中庸》《坊记》《表记》《缁衣》等篇。

《礼记》

曲礼

【原文】

凡奉者当心，提者当带。

执天子之器，则上衡[①]；国君，则平衡；大夫，则绥之[②]；士，则提之。

凡执主器，执轻如不克。执主器，操币圭璧，则尚左手[③]；行不举足，车轮曳踵；立则磬折，垂佩[④]。主佩倚，则臣佩垂；主佩垂，则臣佩委。执玉，其有藉者则裼，无藉者则袭。

国君不名卿老、世妇[⑤]。大夫不名世臣、侄娣[⑥]。士不名家相、长妾[⑦]。

君大夫之子，不敢自称曰“余小子”[⑧]。大夫、士之子，不敢自称曰“嗣子某”[⑨]，不敢与世子同名[⑩]。

君使士射，不能，则辞以疾，言曰：“某有负薪之忧[⑪]。”

侍于君子，不顾望而对，非礼也。

君子行礼，不求变俗。祭祀之礼，居丧之服，哭泣之位，皆如其国之故，谨修其法而审行之[⑫]。

去国三世，爵禄有列于朝，出入有诏于国，若兄弟宗族犹存，则反告于宗后[⑬]。

去国三世，爵禄无列于朝，出入无诏于国，唯兴之日[⑭]，从新国之法。

君子已孤不更名；已孤暴贵[⑮]，不为父作谥。

居丧未葬，读丧礼。既葬，读祭礼。丧复常，续乐章。居丧不言乐，祭事不言凶，公庭不言妇女。

振书、端书于君前[⑯]，有诛。倒策、侧龟于君前，有诛。

龟策、几杖、席盖、重素、袗绤绤[⑰]，不入公门。苞屦、扱衽[⑱]、厌冠[⑲]，不入公门。书方、衰、凶器[⑳]，不以告，不入公门。

公事不私议。

君子将营宫室，宗庙为先，厩库为次，居室为后。凡家造，祭器为先，牺赋为次[㉑]，养器为后。

无田禄者，不设祭器。有田禄者，先为祭服。君子虽贫，不粥祭器[㉒]；虽寒，不衣祭服；为宫室，不斩于丘木。

大夫、士去国，祭器不逾竟，大夫寓祭器于大夫[㉓]，士寓祭器于士。

大夫、士去国，逾竟，为坛位，乡国而哭；素衣，素裳，素冠；彻缘[㉔]，鞮屦[㉕]，素幂[㉖]；乘髦马，不蚤鬋[㉗]，不祭食；不说人以“无罪”；妇人不当御；

三月而复服。

大夫、士见于国君，君若劳之，则还辟，再拜稽首[28]；君若迎拜，则还辟，不敢答拜。

大夫、士相见，虽贵贱不敌，主人敬客则先拜客；客敬主人则先拜主人。凡非吊丧，非见国君，无不答拜者。

大夫见于国君，国君拜其辱[29]。士见于大夫，大夫拜其辱。同国始相见，主人拜其辱。君于士，不答拜也；非其臣，则答拜之。大夫于其臣，虽贱，必答拜之。

男女相答拜也。

国君春田不围泽[30]，大夫不掩群，士不取麛卵[31]。

岁凶，年谷不登，君膳不祭肺[32]，马不食谷，驰道不除，祭事不县[33]；大夫不食粱，士饮酒不乐。

君无故玉不去身，大夫无故不彻县，士无故不彻琴瑟。

士有献于国君，他日君问之曰："安取彼？"再拜稽首而后对。

大夫私行出疆，必请，反必有献。士私行出疆，必请，反必告。君劳之，则拜；问其行，拜而后对。

国君去其国[34]，止之曰："奈何去社稷也？"大夫[35]，曰："奈何去宗庙也？"士，曰："奈何去坟墓也？"

国君死社稷，大夫死众[36]，士死制。

君天下，曰"天子"。朝诸侯，分职授政任功，曰"予一人"。践阼[37]，临祭祀，内事曰"孝王某"，外事曰"嗣王某"。临诸侯，畛于鬼神[38]，曰"有天王某甫"。崩，曰"天王崩"。复，曰"天子复矣"。告丧，曰"天王登假"。措之庙，立之主，曰"帝"。天子未除丧，曰"予小子"。生名之，死亦名之。

天子有后，有夫人，有世妇，有嫔，有妻，有妾。

天子建天官，先六大[39]，曰大宰、大宗、大史、大祝、大士、大卜，典司六典。天子之五官，曰司徒、司马、司空、司士、司寇，典司五众。天子之六府，曰司土、司木、司水、司草、司器、司货，典司六职。天子之六工，曰土工、金工、石工、木工、兽工、草工，典制六材。

五官致贡曰享[40]。五官之长曰伯，是职方。其摈于天子也，曰"天子之吏"。天子同姓，谓之"伯父"；异姓，谓之"伯舅"，自称于诸侯，曰："天子之老"。于外，曰"公"；于其国，曰"君"。

九州之长[41]，入天子之国，曰"牧"。天子同姓，谓之"叔父"；异姓谓之"叔舅"。于外，曰"侯"；于其国，曰"君"。

其在东夷、北狄、西戎，南蛮，虽大曰"子"。于内，自称曰"不穀"[42]；

于外，自称曰“王老”。

庶方小侯，入天子之国，曰“某人”。于外，曰“子”，自称曰“孤”。

天子当依而立[43]，诸侯北面而见天子，曰觐。天子当宁而立[44]，诸公东面，诸侯西面，曰朝。

诸侯未及期相见，曰遇；相见于郤地[45]，曰会。诸侯使大夫问于诸侯，曰聘；约信，曰誓；涖牲，曰盟。

凡执主器，执轻如不克。

诸侯见天子，曰“臣某侯某”[46]。其与民言，自称曰“寡人”。其在凶服，曰“适子孤”。临祭祀，内事，曰“孝子某侯某”；外事，曰“曾孙某侯某”。死曰“薨”，复，曰“某甫复矣”。既葬，见天子，曰“类见”[47]。言谥曰“类”。

诸侯使人使于诸侯，使者自称曰“寡君之老”。

天子穆穆，诸侯皇皇，大夫济济，士跄跄，庶人僬僬。

天子之妃曰后，诸侯曰夫人，大夫曰孺人，士曰妇人，庶人曰妻。公侯有夫人，有世妇，有妻，有妾。夫人自称于天子，曰“老妇”；自称于诸侯，曰“寡小君”；自称于其君，曰“小童”。自世妇以下，自称曰“婢子”。

子于父母，则自名也。

列国之大夫，入天子之国，曰“某士”；自称曰“陪臣某”。于外曰“子”，于其国曰“寡君之老”。使者，自称曰某。

天子不言出。诸侯不生名。君子不亲恶。诸侯失地，名；灭同姓，名。

为人臣之礼，不显谏。三谏而不听，则逃之。子之事亲也，三谏而不听，则号泣而随之。

君有疾饮药，臣先尝之。亲有疾饮药，子先尝之。医不三世，不服其药。

儗人必于其伦[48]。

问天子之年，对曰：“闻之，始服衣若干尺矣。”问国君之年，长，曰：“能从宗庙社稷之事矣。”幼，曰：“未能从宗庙稷社之事也。”问大夫之子，长，曰：“能御矣。”幼，曰“未能御也”。问士之子，长，曰：“能典谒矣[49]。”幼，曰：“未能典谒也。”问庶人之子，长，曰：“能负薪矣。”幼，曰：“未能负薪也。”

问国君之富，数地以对，山泽之所出。问大夫之富，曰：“有宰食力[50]，

为人臣之礼，不显谏。三谏而不听，则逃之。

祭器衣服不假。”问士之富，以车数对，问庶人之富，数畜以对。

天子祭天地，祭四方，祭山川，祭五祀，岁遍。诸侯方祀，祭山川，祭五祀，岁遍。大夫祭五祀，岁遍。士祭其先。

凡祭：有其废之，莫敢举也；有其举之，莫敢废也。非其所祭而祭之，名曰淫祀[51]。淫祀无福。

天子以牺牛，诸侯以肥牛，大夫以索牛，士以羊、豕。

支子不祭，祭必告于宗子。

凡祭宗庙之礼，牛曰一元大武[52]，豕曰刚鬣[53]，豚曰腯肥”[54]，羊曰柔毛，鸡曰翰音，犬曰羹献，雉曰疏趾，兔曰明视；脯曰尹祭[55]，槁鱼曰商祭[56]，鲜鱼曰脡祭[57]；水曰清涤，酒曰清酌；黍曰芗合[58]，粱曰芗萁，稷曰明粢[59]，稻曰嘉蔬；韭曰丰本，盐曰咸鹾[60]；玉曰嘉玉，币曰量币[61]。

天子死曰崩，诸侯死曰薨，大夫曰卒，士曰不禄，庶人曰死。在床曰尸，在棺曰柩。

羽鸟曰降，四足曰渍。

死寇曰兵。

祭王父曰皇祖考，王母曰皇祖妣。父曰皇考，母曰皇妣，夫曰皇辟。

生曰父，曰母，曰妻；死曰考，曰妣，曰嫔。

寿考曰卒，短折曰不禄。

天子视不上于袷[62]，不下于带。国君绥视[63]，大夫衡视，士视五步。凡视，上于面则敖，下于带则忧，倾则奸。

君命，大夫与士肄。在官言官[64]，在府言府[65]，在库言库[66]，在朝言朝。朝言不及犬马。辍朝而顾，不有异事，必有异虑。故辍朝而顾，君子谓之固[67]。在朝言礼，问礼对以礼。

大飨不问卜，不饶富。

凡挚，天子鬯[68]，诸侯圭，卿羔，大夫雁，士雉，庶人之挚匹。童子委挚而退。

野外军中无挚，以缨、拾、矢，可也。

妇人之挚：椇，榛，脯，脩，枣，栗[69]。

纳女于天子，曰“备百姓”[70]；于国君，曰“备酒浆”；于大夫，曰“备扫洒”。

【注解】

①衡：平的意思。此指平正当心的位置。②绥（tuǒ）之：指低于心的位置。③尚：上。④磬折：指臣子为表示恭敬而佝偻着身子，样子像磬的背一样。⑤世妇：指两媵，其地位仅次于夫人而贵于诸妾。⑥世臣、侄娣：世臣，指父亲时代的老臣。侄，指妻子兄长的女儿。娣，指妻子的妹妹。⑦家相、长妾：家相，又叫家宰，是帮助治理家事的家臣的首领。长妾，指家中生有儿子的妾。⑧余小子：天子居丧时的自我称呼。君大夫的儿子应当避讳。⑨嗣子某：诸侯守丧时的自我称呼。大夫、士的儿子应当避讳。⑩世子：天子、诸侯的嫡长子。⑪负薪之忧：这是有病的谦虚的说法。⑫修：循，遵循的意思。⑬反告：是指冠、娶妻必通报，死亡必奔丧。⑭兴：是指被国君起用为卿大夫。⑮暴贵：指士庶被起用为诸侯，有连升数级的意思。⑯振书：书，指文书。振书，是指去掉文书上的灰尘。⑰袗（zhěn）：单也。⑱扱（chā）衽：将上衣前襟插入腰带中，是为初丧父母所服的丧服。⑲厌冠：即丧冠，因形状低伏而称厌冠，厌者，伏也。⑳凶器：指冥器，古代的殉葬器物。㉑牺赋：牺，指祭祀用的牺牲，大夫所用牺牲可以向人民征收，因此叫牺赋。㉒粥：通“鬻”，卖。㉓寓：藏，寄放。㉔缘：衣服的滚边。㉕鞮（dī）屦：革屦。㉖素幦（mì）：素，白狗皮。幦，车轼上的覆盖物。㉗蚤、鬋：蚤，通“爪”。鬋，通“剪”，指剃治须发。㉘稽首：古代的一种拜礼，其拜法是用手扶地，头先拜至手，然后再把头碰至地上，完成这一套动作就叫一稽首。㉙拜其辱：拜其自屈辱至此。㉚泽：指猎场。㉛麛（mí），幼鹿，此泛指幼兽。㉜祭肺：周人重肺，因此，吃牲肉前先用牲的肺行食前祭礼，即从肺的末端掐取一小块儿，放进祭器里祭祀先人。㉝县：通“悬”，悬挂。㉞去其国：指出国征伐。㉟大夫：“大夫去其国”的省略说法，指大夫因获罪于国君而被迫离开祖国。㊱众：指讨贼御敌。㊲践阼：指上下庙堂和郊坛（设于郊外以祭祀天地、山川诸神之坛）的主阶。㊳畛（zhěn）：告诉，祷告。㊴大：太。㊵享：献。㊶九州之长：天下九州，天子于每一州中选择一位诸侯中的贤才，加之一等官爵，使他主持一州之内的列国。取牧养下民之义，故叫作牧。㊷不穀：谦称。穀是善的意思，不穀即不善之人。㊸依：通“扆”，又名斧依，户牖之间绣有斧纹的屏风。㊹宁：古代宫殿的门、屏之间，为群臣朝帝王的地方。㊺郤地：郤，间也，指两国之间的边境。㊻臣某侯某：上“某”代表国名，下“某”代表诸侯名。㊼类见：类，像也。类见，指类似于正式朝见天子的礼节，但又不是正式的朝见礼节。㊽儗：拟，比。㊾谒：请的意思。㊿宰：通“采”，采食力，指采集土地的租税，收集老百姓的贡赋。(51)淫祀：过多而滥的祭祀。(52)一元大武：元，头也。武，迹也。牛若肥则脚大，因此，一元大武，犹言一头大肥牛。(53)刚鬣（liè）：鬣，指猪鬃。猪肥大则鬃硬长。(54)腯：肥。(55)尹祭：尹者正也，指将脯裁截方正后用于祭祀。(56)商祭：商者量也。祭用干鱼，应当干湿适中。(57)脡（tǐng）祭：脡者直也。用活鱼祭祀必须是鲜鱼。鱼鲜煮熟才能挺直。(58)芗合：芗，通“香”。合，指黍熟后则黏聚不散。芗合指煮熟的黍饭。(59)明粢：明，洁白。粢，稷。(60)咸鹾（cuó）：盐的咸味比较浓。(61)量币：量者度也，币者帛也。(62)袷（jié）：古代人所穿中衣的交领。(63)绥：通“妥”，绥视，指视于面部以下。(64)官：放版图文书之处。(65)府：放宝藏货贿之处。(66)库：车马兵甲之处。(67)固：固陋，指鄙野不懂礼节。(68)鬯（chàng）：酒名。用黑黍酿制，其味芳香。(69)椇（jǔ）榛（zhěn）：两种植物的果实。(70)备：充数。以下几句都是谦卑之辞，不敢以伉俪期望，仅充数而言。

【译文】

凡捧东西的人要捧在当心处，提东西的人要提至腰带处。

为天子拿器物，就要高过胸口；为国君拿器物，要和胸口一平；为大夫拿器物，要低于胸口；为士人拿器物，提到腰际就可以了。

凡为主人拿器物，要举轻若重，即使东西很轻，也要做出不胜重负的样子（以表示小心恭敬）。为主人拿器物，如币、圭、璧等物时，要左手在上（右手在下）；

行走时，不要高抬脚步，要像车轮辗地一样脚跟擦地而行。站立时，上身要微向前倾，使佩玉悬垂下来。如果主人直立，腰佩依贴在身上，臣下就要弯腰，使腰佩悬垂下来。如果主人弯腰，腰佩悬垂下来，臣子就要俯身使腰佩垂到地上。（行聘礼时）手拿玉器，如果玉器衬垫有束帛，就要袒露出里面的裼衣；如果没有衬托，就要披上外衣。

国君不直接呼唤上卿、世妇的名字。大夫不直接呼唤世臣、侄娣的名字。士人不直接呼唤家相、长妾的名字。

君大夫的儿子，不敢自称“余小子”，大夫、士的儿子不敢自称“嗣子某”，不敢和世子同名。

如果国君使士与自己一块儿射箭，而士不会射，就应当以有病为托辞，说：“我有负薪之忧。”

侍奉君子，如果君子发问，（应当观察一下在座诸位有无超过自己的，然后再做回答。）如果目中无人，抢先回答，这便是失礼了。

徙居他国的君子，不可改变原来的礼俗。祭祀的礼仪，守丧的服制，哭泣死者的位置，应当一如祖国的礼法，并谨慎地遵循，认真地实行。

如果离开母国已经三代了，但族人中仍然有人在朝居官，那么出入来往别国仍然需要向国君报告。如果本国仍有宗族兄弟，自己遇有婚丧诸事，也应当回去告诉族长。

如果离开母国已经三代了，族中已经没有人在朝廷做官，出入来往别国就不需要再向国君报告，但只有做了别国的卿大夫，才可以遵从新国的礼法。

君子在父亲过世后不可更换名字。父亲过世后，即使能够大富大贵，也不为亡父追赠谥号。

守丧而未下葬，应当研读有关丧礼的书；下葬之后就要研读祭礼的书；除丧恢复正常之后，就可以研读诗书了。守丧期间不谈论乐事，祭祀当中不谈论凶事，公庭之上不谈论妇女。

到国君面前（才）拂去书簿上的尘土，整理散乱的书籍，是要治罪的。当着国君的面，颠倒筮策、翻倒卜龟，也要受到处罚。

卜问吉凶的龟策，老人使用的几杖，丧车专用的席盖，以及穿戴纯白色的衣冠和露出身体的单内衣，都不能进国君的宫门。穿丧鞋，戴丧冠，孝服装束，也不能进入国君的宫门。记录宾客赠送葬礼的方板、丧服以及丧葬所用的冥器，不事先禀告，也不得拿进国君的宫门。

凡是公家的事情，不许私下议论。

君子将要营建宫室，首先应建造宗庙，其次是马厩和库房，最后才建自己的住房。大夫家中制造器具，要先造祭器，其次造祭牲的圈牢，最后造日常使用的饮食器皿。

没有田地俸禄的人，可以不置备祭器；有田地俸禄的人，要先制作祭服。君子即使贫穷，也不能出卖祭器；即使天气寒冷，也不能随便穿上祭服。营造宫室，不砍伐墓地的树木。

父亲过世后，即使能够大富大贵，也不为亡父追赠谥号。

士、大夫离开自己的国家，不可把祭器带出国外。大夫的祭器应寄放在大夫家中，士的祭器则应存放于士的家里。

大夫、士离开自己的母国，一出国境，就应当设置祭坛，面向母国伤心地哭泣；应当穿素衣、素裳，戴素冠；要拆去衣裳和帽子的镶边，穿生皮革做的鞋，用白狗皮覆盖车轼；要乘不修剪毛的马，不能修剪手脚指甲和胡须头发，吃饭之前也不用行食前祭礼；不向人辩解自己冤屈无罪；不同妇女行房事。这样经过三个月后，才可以恢复原来的生活。

大夫、士晋见国君，如果国君亲自对他们表示慰问，大夫、三就应当后退避让，并两次稽首拜谢国君。国君如果迎接大夫、士并行拜礼，大夫、士就应该后退避让，并且不敢回礼答拜（以此表示自己不敢接受国君的拜礼）。

大夫、士相见，彼此虽然贵贱悬殊，但如果主人尊敬客人，就可以先拜客人；如果客人尊敬主人，就可以先拜主人。除非吊丧和进见国君这两种情况，受过拜礼都要回拜答礼。

大夫去见别国国君，国君要拜谢他屈尊来访。士去见别国大夫，大夫要拜谢士屈尊来访。同国之人初次相见，主人要拜谢客人驾临寒舍。但是，国君对于士则可以不回礼答拜。如果是别国的士，国君就要答拜。大夫对于自己的家臣，即使家臣地位卑贱，也一定要回礼答拜。

男女之间一定要互相回礼答拜。

国君春天打猎不合围猎场，大夫打猎不对群处的野兽赶尽杀绝，士打猎时不获取幼兽和鸟卵。

灾荒年月，收成不好，国君用膳不杀牲，喂马不用谷物；驰道不加修整，祭祀不悬钟磬；大夫不吃稻粱饭，士请客饮酒不奏乐。

国君无故不让佩玉离身，大夫无故不撤去钟磬，士无故不撤掉琴瑟。

士向国君献礼。如果有一天国君问：“（你）是从哪里得来这些东西的？”士先要跪拜叩头，然后再回答。

大夫因私出国，行前必先请示君王，回来后一定要对君王有所馈献。士因私出国，行前必先请示君王，回来后一定要向君王报告。国君慰劳他们，他们应该拜谢；国君询问他们旅途的见闻，他们应该先下拜，然后回答。

国君离开自己的国家，群臣应该劝止他说："为什么要抛弃自己的社稷呢？"大夫离开自己的国家，应当劝止说："为什么要离开自己的宗庙呢？"如果是士，就应当劝止说："为什么要抛弃自己的祖坟呢？"

国君应当为社稷效死，大夫应当为黎民百姓效死，士应当为国家法制效死。

君临天下称为"天子"。朝会诸侯，分派官职，授予政事，委任事功，（天子在行使这些政务时）就称"予一人"。以主人身份主持祭祀，如果祭祖宗，就称"孝王某"；如果祭天地神祇，就称"嗣子某"。天子临幸诸侯国内，祭祀鬼神时就称"天王某"。天子去世，要说"天王崩"。为天子招魂，要说："天王，魂兮归来。"为天子讣告天下，要称"天王升天了"。将天子的神灵安置于宗庙，敬立牌位，要称"帝"。天子守丧而未除，要称"予小子"。活着守丧如此称呼，未除丧而去世也如此称呼。

天子的女官，有后，有夫人，有世妇，有嫔，有妻，有妾。

天子设立治天道、事鬼神的官职，名为六太，即太宰、大宗、太史、太祝、太士、太卜，其职责是掌管六种法典制度。天子设立的五官名叫司徒、司马、司空、司士、司寇，其职责是管理五个方面的臣属。天子设立的六府之官名叫司土、司木、司水、司草、司器、司货，其职责是掌握分类职事。天子设立的六种工匠之官名叫土工、金工、石工、木工、兽工、草工，负责六个方面的器材和制作。

公、侯、伯、子、男五等诸侯向天子呈献各自的政绩，称为"享"。诸侯之长称做"伯"，主管一方的政事。他辅佐天子治理天下，因此又称"天子之吏"。伯如果与天子同姓，就称为"伯父"；如果与天子异姓，就称为"伯舅"。伯对诸侯们自称"天子之老"，在封国之外称"公"，在封国之内称"君"。

九州之长进入天子京畿内，就称为"牧"。如果他同天子同姓，就称为"叔父"。如果与天子异姓，就称为"叔舅"。在封国之外称"侯"，在封国之内称"君"。

其他诸如东边的夷人、北边的狄人、西边的戎人、南边的蛮人，即使拥有广袤的土地，也只能称"子"。他们在国内自称"不穀"，在国外自称"王老"。

诸侯北面而见天子，曰觐。

作为荒蛮之地的方国小侯，进入天子王畿就称"某人"。他们在国内自称"子"，在国外自称"孤"。

天子背对着屏风南面站立，诸侯面朝北而见天子叫作觐。天子站在屏风和路门之间，诸公站在天子的西边面朝东、诸侯站在天子的东边面朝西叫作朝。

诸侯之间未曾预约见面时间和地点而相见叫遇，按约定时间在两国边境附近相见叫作会。诸侯派大夫向别国诸侯慰问叫作聘。诸侯之间以言语相互约束以取信叫作誓。面对神灵杀牲缔约叫作盟。

诸侯去见天子，自称“臣某侯某”。对臣民讲话，自称“寡人”。服丧期间会见外国宾客，自称“嫡子孤某”。在宗庙主持祭祀，自称“孝子某侯某”。在郊坛主持祭祀自称“曾孙某侯某”。诸侯去世叫作“薨”，招魂时要说：“某甫回来吧。”诸侯下葬后，嗣君未除丧而见天子叫“类见”。将要出葬时向天子请赐谥号叫“请类”。

诸侯派使者出使别的诸侯国，使者要自称“寡君之老”。

天子的仪容，幽深和敬；诸侯的仪容，雄壮显明；大夫的仪容，齐齐整整；士的仪容洒脱舒扬；庶人的仪容，忙忙匆匆。

天子的配偶叫作后，诸侯的配偶叫作夫人，大夫的配偶叫作孺人，士的配偶叫作妇人，庶人的配偶叫作妻。公侯有夫人，有世妇，有妻，有妾。公、侯的夫人对天子自称为“老妇”，向别国诸侯自称“寡小君”，对自己的国君自称“小童”。从世妇以下，都自称“婢子”。

子女在父母面前都自称名。

各诸侯国的大夫，进入天子的畿内就称为“某士”；自己称为“陪臣某”。在别国被称为“子”，对本国被称为“寡君之老”。使者出使别国，应称为“某”。

史书记载天子的事迹不用“出”字。诸侯去世，史书不直呼其名。君子不原谅作恶的天子与诸侯。因此，如果诸侯丧失自己的国土，或者攻灭自己的同胞，史书记载这些事情时可以直呼其名。

作为臣子，不当面指责国君的过错（应当微言讽谏以劝国君纠正错误）。但是，如果再三劝谏，君王死活听不进去，做臣子的就可以离开国君而出走。然而，作为儿子，在侍奉父母的时候，如果再三劝谏，父母仍不听从，就应当号啕哭泣跟从父母（而不能离他们而去）。

国君有病需要吃药，做臣子的应当预先尝一下。父母有病需要吃药，做儿子的应当预先尝一下。行医治病相传不过三代的医生，不服用他的药物。

要比较一个人，必须把他置于同类人中间（如大夫同大夫相比，士与士相比）。

询问天子的年龄，如果年长，可以说：“听说可以穿多大的衣服了。”询问国君的年龄，如果年长，可以说：“能主持宗庙祭祀和国家大事了。”如果国君年幼，则可以说：“还不能主持宗庙祭祀和国家大事。”询问大夫儿子的年龄，如果儿子年龄已大，就可以说：“（您儿子）可以驾车了吧？”如果儿子年纪尚幼，则可以说：“（您儿子）还不会驾驶车吧？”问询士的儿子的年龄，如果儿子尚幼，就可以问：“（您儿子）还不能主持接待宾客的事吧？”如果儿子已经长大，就可以问：“（您儿子）可以主持接待宾客的事了吧？”询问庶人的儿子的年龄，如果儿子已经长大，就可以说："（您儿子）可以背柴薪了吧？"如果儿子年纪尚幼，则可以说："（您儿子）还不能背柴薪吧？"

问询国君的财富，应当历数国土上山川、土地出产的物产，然后再作回答；问询大夫的财富，应当回答说："有采地可以收取租赋，祭祀时不需向人求借祭器和祭服。"问询士的家财，就用有多少车轫来回答。问询庶人的家产，就用有多少牲畜来回答。

天子应当祭祀天地之神，四方神灵，山川之神，以及户神、灶神、溜神、门神、行神等五祀之神。一年要祭祀一遍。诸侯应当祭祀封国之内的山川之神，以及户神、灶神、溜神、门神、行神等五祀之神，一年也要遍祭一次。大夫应当祭祀户神、灶神、溜神、门神、行神等五祀之神，一年也要遍祭一次。士则只需要祭祀各自的祖先。

凡是祭祀，（应当注意把握以下原则：）如果有已经废弃不再祭祀的，就不敢再祭祀；如果已经开始祭祀，就不敢再废弃了。不是自己应该祭祀的神而加以祭祀，就叫"淫祀"，淫祀不会给祭祀者带来福音。

天子祭祀用纯一毛色的牛，诸侯祭祀用经过精心饲养的牛，大夫祭祀可以用临时挑选的牛，士祭祀可以用羊和猪。

庶出的子孙不主持祭祀，（如果有特殊情况需要）主持祭祀，必须事先报告嫡系子孙。

凡祭祀宗庙所用的礼物（牲物都有特殊的称号）：牛叫作"一元大武"，猪叫作"刚鬣"，小猪叫作"腯肥"，羊叫作"柔毛"，鸡叫作"翰音"，狗叫作"羹献"，野鸡叫作"疏趾"，兔叫作"明视"，干肉叫作"尹祭"，干鱼叫作"商祭"，鲜鱼叫作"脡祭"，水叫作"清涤"，酒叫作"清酌"，黍叫作"芗合"，粱叫作"芗萁"，稷叫作"明粢"，稻叫作"嘉蔬"，韭叫作"丰本"，盐叫作"咸鹾"，玉叫作"嘉玉"，币叫作"量币"。

天子死叫作"崩"，诸侯死叫作"薨"，大夫死叫作"卒"，士死叫作"不禄"，庶人死叫作"死"。死人放在床上叫作"尸"，装进棺材里叫作"柩"。

有羽毛的鸟死叫作"降"，四脚的动物死叫作"渍"。

抵御贼寇而死叫作"兵"。

祭祀祖父称为"皇祖考"，祭祀祖母称为"皇祖妣"，祭祀父亲称为"皇考"，祭祀母亲称为"皇妣"，祭祀丈夫称为"皇辟"。

当他们在世时就分别称为父、母、妻；死后就称为考、妣、嫔。

长寿而死叫作"卒"，短寿夭折叫作"不禄"。

瞻望天子，视线往上不可高于他的交领，往下不可低于衣带。瞻望国君，视线要稍低于面部。至于士人，视线可以旁及士周围五步以内的地方。凡是瞻望他人，视线高于对方的面部就显得傲慢，低于衣带就显得忧愁，歪着头、乜斜着眼睛看人就显得似有奸邪之心。

国君有命令，士和大夫要认真研究学习。在官署就谈论官署的事，在府中就谈论府中的事，在库中就谈论库中的事，在朝廷就谈论朝廷的事。在商讨国家政事的地方，不谈论犬马等私事。退朝之后，（臣子们应当各自退去，不要回头观望：）如果回头观望，则不是另有他事，就是心里转换了别的念头，因此退朝而回头看，君子称之为“固”。上朝时，言谈举止都应该符合礼仪：提问题要有礼，回答问题同样要有礼。

天子设宴大飨诸侯，事先不必预卜吉日；（所用酒食器物）符合飨礼即可，无须奢侈浪费。

凡是送见面礼，天子用鬯，诸侯用圭，卿用小羊，大夫用雁，士用野鸡，庶人用鸭。儿童送见面礼，把礼物放在地上就应该退避到一旁去。

在野外行军打仗，没有别的见面礼，就可以用马缨、射箭时束袖的臂套或箭代替。

妇女的见面礼，用橡子、榛子、肉脯或干肉、枣子、栗子等物。

把女儿嫁给天子时应当说“备百姓”，嫁给国君时应当说“备酒浆”，嫁给大夫时应当说“备扫洒”。

学记

【原文】

发虑宪[①]，求善良，足以谀闻[②]，不足以动众。就贤体远，足以动众，未足以化民。君子如欲化民成俗，其必由学乎！

玉不琢，不成器。人不学，不知道。是故古之王者建国君民，教学为先。《兑命》曰[③]：“念终始典于学[④]。”其此之谓乎！

虽有嘉肴，弗食，不知其旨也；虽有至道，弗学，不知其善也。是故学然后知不足，教然后知困。知不足，然后能自反也；知困，然后能自强也。故曰“教学相长”也。《兑命》曰“学学半”[⑤]。

君子安其学而亲其师。

其此之谓乎？

古之教者，家有塾，党有庠，术有序，国有学[6]。比年入学，中年考校。一年，视离经辨志。三年，视敬业乐群。五年，视博习亲师。七年，视论学取友，谓之小成。九年，知类通达，强立而不反，谓之大成。夫然后足以化民易俗，近者说服而远者怀之。此大学之道也。《记》曰："蛾子时术之[7]。"其此之谓乎？

大学始教，皮弁、祭菜[8]，示敬道也。《宵雅》肄三[9]，官其始也[10]。入学鼓箧，孙其业也[11]。夏、楚二物[12]，收其威也。未卜禘[13]，不视学[14]，游其志也。时观而弗语，存其心也。幼者听而弗问，学不躐等也[15]。此七者，教之大伦也。《记》曰："凡学，官先事，士先志。"其此之谓乎？

大学之教也，时。教必有正业，退息必有居。学：不学操缦[16]，不能安弦；不学博依[17]，不能安诗；不学杂服[18]，不能安礼；不兴其艺[19]，不能乐学。故君子之于学也，藏焉修焉[20]，息焉游焉。夫然，故安其学而亲其师，乐其友而信其道，是以虽离师辅而不反［也］。《兑命》曰："敬孙务时敏[21]，厥修乃来[22]。"其此之谓乎？

今之教者，呻其占毕[23]，多其讯[24]言，及于数进而不顾其安[25]，使人不由其诚，教人不尽其材。其施之也悖，其求之也佛[26]。夫然，故隐其学而疾其师，苦其难而不知其益也。虽终其业，其去之必速。教之不刑[27]，其此之由乎？

大学之法：禁于未发之谓豫，当其可之谓时，不陵不节而施之谓孙[28]，相观而善之谓摩。此四者，教之所由兴也。

凡学之道，严师为难。师严，然后道尊。

发然后禁，则扞格而不胜[29]。时过然后学，则勤苦而难成。杂施而不孙，则坏乱而不修。独学而无友，则孤陋而寡闻。燕朋逆其师[30]。燕辟废其学[31]。此六者，教之所由废也。

君子既知教之所由兴，又知教之所由废，然后可以为人师也。故君子之教喻也。道而弗牵，强而弗抑，开而弗达。道而弗牵则和，强而弗抑则易，开而弗达则思。和易以思，可谓善喻矣。

学者有四失，教者必知之。人之学也，或失则多，或失则寡，或失则易，或失则止。此四者，心之莫同也。知其心，然后能救其失也。教也者，长善而救其失者也。

善歌者，使人继其声。善教者，使人继其志。其言也约而达，微而臧㉜，罕譬而喻，可谓继志矣。

君子知至学之难易，而知其美恶，然后能博喻㉝；能博喻，然后能为师；能为师，然后能为长；能为长，然后能为君。故师也者，所以学为君也㉞，是故择师不可不慎也。《记》曰："三王四代唯其师㉟。"此之谓乎？

凡学之道，严师为难。师严，然后道尊。道尊，然后民知敬学。是故君之所不臣于其臣者二：当其为尸，则弗臣也；当其为师，则弗臣也。大学之礼，虽诏于天子，无北面，所以尊师也。

善学者，师逸而功倍，又从而庸之㊱。不善学者，师勤而功半，又从而怨之。善问者如攻坚木，先其易者，后其节目，及其久也，相说以解。不善问者反此。善待问者如撞钟，叩之以小者则小鸣，叩之以大者则大鸣；待其从容，然后尽其声。不善答问者反此。此皆进学之道也。

记问之学，不足以为人师。必也其听语乎？力不能问㊲，然后语之。语之而不知，虽舍之可也。

良冶之子，必学为裘㊳。良弓之子，必学为箕㊴。始驾马者反之，车在马前㊵。君子察于此三者，可以有志于学矣。

古之学者，比物丑类㊶。鼓无当于五声㊷，五声弗得不和。水无当于五色㊸，五色弗得不章。学无当于五官㊹，五官弗得不治。师无当于五服㊺，五服弗得不亲。

君子曰："大德不官，大道不器，大信不约，大时不齐。"

察于此四者，可以有志于学[本]矣。三王之祭川也，皆先河而后海，或源也，或委也，此之谓务本。

【注解】

①宪：法则。②谀（xiǎo）闻：小有名气。③《兑命》：《尚书》中的篇名。兑，当为"说（yuè）"。④典：经常。⑤学（xiào）学半：前一学指教学。学学半，意思是说，教别人，一半也是向人学习。⑥"家"至"学"：塾、庠、序、学，均为学校的名称。术，当为"遂"，古代五百

家为党，一万二千五百家为遂。⑦蛾子时术：蛾，即蚁。术，为“術”字之误。⑧皮弁：皮弁服。祭菜：指举行释菜礼祭祀先师、先圣。⑨《宵雅》肄三：《宵雅》，即《小雅》，《诗经》中的篇名。肄三，指学习《小雅》中的三篇诗歌，即《鹿鸣》《四牡》《皇皇者华》。⑩官其始：以居官受任的优越之处诱导人们致力于学习。⑪孙：顺也，指恭顺的意思。⑫夏、楚：古代惩罚学生用的教鞭。夏，指用榣木做的教鞭；楚，指用荆条做的教鞭。⑬卜禘：禘，大的祭祀。在举行禘祭之前要进行占卜，因此称为卜禘。⑭视学：考校学校的优劣。⑮躐（liè）：越过，超越。⑯操缦：练习弹奏音乐的指法。⑰博依：即博喻，指博通于鸟兽、草木、天时、人事之情状。⑱杂服：指洒扫、应对、投壶、沃盥等细碎的小事。⑲兴：喜欢。⑳臧：心怀学习之志。㉑敬：敬道。孙：逊，顺业。务：努力学习。敏：快速。㉒厥修乃来：指所修习的学业学有所成。㉓呻其占毕：呻，吟诵。占，看视。毕，简册，书籍。㉔多其讯：讯者难也。指教师自己并不通晓义理，在外面又不肯承认，因此假装知识丰富，向学生们提问一些疑难问题，以掩饰自己的无知。㉕数：指名物制度。㉖佛：通“拂”，违背。㉗刑：成功。㉘陵节：超过限度。㉙扞（hàn）格：互相抵触，格格不入。㉚燕朋：燕者亵也。指不正当、不庄重的朋友。㉛燕辟：指贪图享受玩乐。㉜臧：善，美。㉝博喻：此指广泛地因材施教。㉞所以学为君：指向教师学习做国君的品德。㉟三王四代：三王，指夏、商、周。四代，指夏、商、周、虞。㊱庸：功劳。㊲力不能问：指学生的能力不足于回答教师的提问。㊳良冶之子，必学为裘：孔《疏》曰：“善冶之家，其子弟见其父兄世业陶铸金铁，使之柔合以补治破器，皆令全好，故此子弟仍能学为裘袍补续兽皮，片片相合，以至完全也。”㊴良弓之子，必学为箕：孔《疏》曰：“言善为弓之家，使干角挠曲调和成其弓，故其子弟亦观其父兄世业，仍取柳和软挠之成箕也。”㊵车在马前：指将初学驾车的马拴在车后面，使之熟悉驾车之事。㊶丑：比。㊷五声：宫、商、角、徵、羽。㊸五色：青、赤、黄、白、黑。㊹五官：泛指各级政府官员。㊺五服：斩衰、齐衰、大功、小功、缌麻。

【译文】

思考问题先考虑到法度，热衷于求得贤才，这样的人可以取得一点名气，但却不足以感动民众。亲近贤良的人，体察关心关系疏远的人，就足以感动民众，但却不足以教化人民。君子如果要想教化人民，移风易俗，就一定要从办学兴教做起！

玉石不经过雕琢，不能成为（精美的）玉器。人不经过学习，不会懂得（世间的）道理。所以说，古代的君王，建立国家，统治人民，都会把办学兴教放在第一位。《说命》里说：“应该自始至终经常地想着学习。”说的大概就是这个意思吧？

即使有美味佳肴，不亲口尝一尝，就不会知道它的滋味；即使有非常好的道理，不去认真学习，就不会懂得它的美妙。因此，通过学习，才知道自己的不足；通过教育别人，才能发现自己的学识哪里还有未通达的地方。知道了自己的不足，然后才能自我反省；知道了自己还有未通达的地方，然后才能自强不息，不断进步。因此说，教和学是互相促进的。《说命》里说：“教育别人，同时也是在增长自己的知识。”大概说的就是这个意思吧？

古代的教育，家里有私塾，党中有学校，遂中和国都有学校。学子们每年入学一次，隔年考试一次。学习一年过后，要考察学子们读经断句的能力以及他们的学习志趣；学习三年过后，要考察学子们是否专心致力于学业以及是否与同学们和乐相处；学习五年过后，要考察学子们是否能够广博地学习并亲敬师长；学习七年过后，要考察学子们谈论学问的深浅以及结交什么样的朋友，至此，学子们的学习便可以称之为学业小成。学习九年过后，学子们要能够触类旁通，有自己独立的见解而不违反师道，这就可以称之为学业大成。这之后，就可以教化人民，移风易俗，使自己身边的人心悦诚服，使远方的人也都慕名归附，这便是大学教育的宗旨。《记》中说："蚂蚁随时都在衔泥，(久而久之)也就积成土堆。"大概说的就是这层意思吧？

即使有美味佳肴，不亲口尝一尝，就不会知道它的滋味。

大学开学的时候，要头戴皮弁帽身穿皮弁服，用释菜礼祭祀先圣、先师，用来表示尊师重道之意。教学子们学习并歌唱《诗·小雅》中的《鹿鸣》《四牡》《皇皇者华》三首诗歌，以居官受任的优越处诱导人们致力于学习。学生入学，学官要击鼓召集学生，打开书箱发放书籍，以使学子们以恭敬顺从的态度对待自己的学业。教鞭是用来鞭笞不听教的学子，以整肃校风。国君不举行卜禘活动，不到学校考察学生的学业，目的在于让学生们从容畅游地用心学习。老师时时对学子们认真观察而不轻易开口解说，目的在于使学生们心存疑问（从而激起学子们努力学习的动力）。低年级的学子们只听（教师）讲解而不提出问题，是因为学习应当一级一级上升而不能一蹴而就。以上七项，便是教学的大原则。《记》中说："凡教学，学官应当安排好教学的相关事宜，学子们则要先树立学习的志向。"大概讲的就是以上的道理吧？

大学的教学，一定要按照季节时令安排教学内容，所教内容一定要是古籍经典，课后休息一定要有固定的场所。学习（要循序渐进，不能急于求成）：不练习弹奏音乐的指法，就不能演奏琴瑟；不广泛地学习博喻比兴手法，就学不会作诗；不学习各种服饰细碎的制度，就学不好礼仪；对技艺的学习缺少兴趣，就不可能掌握这些技艺。因此，君子对于学习，心中常怀向学的志向，经常修整学习思路而不废弃，无论是休息时间，还是闲暇游乐的时候都能如此。这样的话，所以便能够安心向学而亲敬师长，与同学和乐友善而笃信道义，因此，即使离开了老师和同学，也不会违背道义。《说命》中说："重视道义，顺从学业，努力学习，不断精进，不断实践，那么他修习的学业也就可以取得成功了。"大概说的就是上面的道理吧？

现如今的教师，只会照本宣科，（却不懂得其中的深奥道理；）还经常向学生提一些疑难问题，（以掩盖自己的无知；）还只讲那些名物制度，（而不去深究其中的义理；）只顾盲目地赶教学进度，而不考虑学子们的接受能力；教育学生时也并不竭尽所能地把自己的知识毫无保留地传授给学生，而是有所保留；教授给学生们的知识错误百出，向学生们提出的问题也不符合情理。像这样下去的话，学生们学得不清不楚，对老师又心怀怨恨，苦于学习的艰难而又不知道学习到底有什么用处，虽然最后毕业了，学过的知识也一定就很快忘记了。教育的不成功，大概就是这个缘故吧？

大学的教育方法：在学子们的邪念还没有萌发之前就能够及时制止便称之为“预防”，在学子们到了适龄的时候及时开始教育便称之为“适时”，不超越阶段而循序渐进地开展教育叫作“顺序”，相互观察学习对方身上的优点长处就叫作“观摩”。以上四个方面，便是教育兴盛成功的方法。

如果坏事发生了之后才加以制止，就会互相抵制、格格不入而难以奏效；错过了适学年龄才开始学习，就会既费工夫力气而又难有所成；如果杂乱无章地而不是循序渐进地教学，教学秩序就会变得混乱不堪；如果一个人独自学习而没有良师益友，就会孤陋寡闻。结交不正当的朋友，就会违背师教；沉溺在享受游乐中，就会荒废自己的学业。以上六者，是教育失败的原因所在。

君子知道了兴盛教育的办法，又懂得了造成教育失败的原因，这样之后就可以作为教师去从事教学了。因此，君子教育学生的方法，是去引导学生而不是强制灌输，是去鼓励学生进取而不是去抑制思维，是去多方面加以启发且又不说透的教学方法。加强引导而不强制，就能使学生心平气和地学习；鼓励进取而不抑制，就会使学生感到知识容易接受；加以启发且不说透，就会使学生勤于思索。学生在学习过程中就能够做到心平气和地学习，而且感到学习起来比较容易，而又养成了勤于思索习惯，这就可以称之为善于教学了。

学生容易犯四种错误，教师在教学过程中一定要注意。人们在学习过程当中，有的失于贪多，有的失于求少，有的失于求易，有的失于半途而废。以上四者，心理变化都是不一样的，各有各的特点。只有了解学生们的各种心理，才能纠正他们容易犯的各种错误。教育目的的根本，就在于使人的长处得到发扬、使他们的错误得到纠正。

善于唱歌的人，能够吸引别人跟着自己一块儿唱；善于教学的人，能够影响别人继承自己的治学志向。老师的语言应该言简意赅，含蓄精妙，比喻要少用且明白易懂，（能做到以上几点）就可以称得上能使人继承他的志向了。

君子懂得治学上的难易，而又知道学问上的是非，这样以后就能够广泛地因材施教。能广泛地因材施教，就能够为人师表；能够做别人的老师，就能够做国家的官吏；能够做官吏，就可以做一国之君。因此，跟随老师学习，就是在向他学习做国君的道理。因此，选择老师一定要慎重。《记》中说：“三王四代（时的君主之所以圣明）就是因为他们选择了优秀的老师。”说的大概就是这个意思吧？

大凡在求学的过程中，学生尊敬老师是最难做到的。只有老师受到了尊敬，他所教授的道理才能受到尊重；道理被人尊重了，人们才会懂得崇尚学习，养成学习之风。因此，只有两种情况国君才可不以对待臣子的礼仪对待臣下：一是当

君子知至学难易而知其美恶，然后能博喻；能博喻，然后能为师；能为师，然后能为长。

臣子充当尸的时候，国君不把他当成臣子；再就是当臣子担任自己的老师时，也不把他当臣子看待。根据大学的礼仪，老师即使被召到国君那儿去讲学，也不面朝北坐在臣子的位置上，这都是为了表现对老师的尊敬。

善于学习的人，老师无须费多少力气力就可以取得事半功倍的效果，而且还能够将功劳归于老师。不善于学习的人，老师辛辛苦苦的教学也只能取得事倍功半的效果，而且还会怨恨老师。善于提问题的人，如同砍削坚硬的木头，先从比较容易砍削的部位入手，然后再是较难的结节处，砍到一定程度后，木头自然就会分解。不善于提问题的人，就刚好与此相反。善于回答问题的人就像撞钟一样，轻轻地撞击会发出轻微的声音，重重地撞击就会发出震耳的轰鸣，等到钟声渐渐消失，问题也就迎刃而解了。不善于回答问题的人，刚好与此相反。所有这些，都是促进学业进步的办法。

死记硬背书上的一些内容来等待学生的提问，作为老师就不合格。必须等学生提出问题，再（根据这些问题）一一解答才行。只有当学生们没有能力提出问题时才能够直接给他讲解；如果讲解之后他们仍然不能理解，这个问题就可以先放弃不用管了。

优秀的铁匠的儿子，一定先学会缝补衣裘。优秀的弓匠的儿子，一定先学会编制畚箕。刚开始学习驾车的小马驹，要将它拴在车子的后面（以逐渐适应驾车）。君子明白这三件事情里面的道理，就可以树立学习的志向了。

古代的学者，在各类事物的类比上都很擅长。鼓声，并不能归入五声之中，但若缺了鼓声，五声就难以和谐。水，并不能归入五色之中，但若缺少了水，五色就不可能鲜亮。学习，并不能归入五官的分内职能之事，但若缺少了学习，各级官吏就难以掌管好自己的职事。老师，并不属于五服之亲的任何一种，但若没有老师的教育，五服之亲就不会懂得相亲相爱这个道理。

君子说：具有大德行的圣人，不会局限在一官一职；掌握大道理的贤才，不会专于一种才能；拥有大信用的人，无须订盟立约；懂得把握大时机的人，绝不讲究整齐划一。明白了这四个方面的道理，就可以明确学习的根本、确立学习的志向了。

三王在祭祀河流的时候，都是先祭祀河流，后祭祀大海。河是海的源头，海是河的归宿，这种祭祀就叫作致力于根本。

冠义

【原文】

凡人之所以为人者，礼义也。礼义之始，在于正容体，齐颜色，顺辞令。容体正，颜色齐，辞令顺，而后礼义备，以正君臣、亲父子、和长幼。君臣正，父子亲，长幼和，而后礼义立。故冠而后服备，服备而后容体正、颜色齐、辞令顺。故曰：冠者礼之始也。是故古者圣王重冠。

古者冠礼：筮日、筮宾，所以敬冠事；敬冠事所以重礼，重礼所以为国本也。

故冠于阼，以著代也；醮于客位，三加弥尊，加有成也。

已冠而字之，成人之道也；见于母，母拜之，见于兄弟，兄弟拜之，成人而与为礼也；玄冠玄端，奠挚于君，遂以挚见于乡大夫、乡先生，以成人见也。

成人之者，将责成人礼焉也。责成人礼焉者，将责为人子、为人弟、为人臣、为人少者之礼行焉。将责四者之行于人，其礼可不重与！

故孝弟忠顺之行立，而后可以为人；可以为人，而后可以治人也。故圣王重礼。故曰：冠者礼之始也，嘉事之重者也。

是故古者重冠，重冠故行之于庙。行之于庙者，所以尊重事。尊重事，而不敢擅重事，不敢擅重事，所以自卑而尊先祖也。

【译文】

人之所以成为人，是因为有礼仪。礼仪的肇始，是在于使举动端正，使态度端庄，使言谈恭顺。举动端正，态度端庄，言谈恭顺，然后礼仪才算齐备；并用来使君臣各安其位，使父子相亲，使长幼和睦。君臣各安其位，父子相亲，长幼和睦，然后礼仪才算建立。所以戴上成人的帽子，然后能够举动端正、态度端庄、言谈恭顺。所以说，冠礼是成人之礼的开始。因此，古代圣王很重视冠礼。

古时举行冠礼要占卜日期和选择主持人，这是用来表示对冠礼之事的恭敬。对冠礼之事表示恭敬，因而重视守礼法；而重视礼法，又是用以立国的根本。

所以在主人阼阶上加冠，是用来显示加冠者将要替代父亲成为一家之长。又请他站在客位上，并向他敬酒，加冠三次，愈加愈贵重，则是勉励他往后有所成就。

既已加冠，就要用字称呼他，这是对待成人的道理。见了母亲，拜母亲，母亲也答拜他；见于兄弟，兄弟要再次拜见他，这是因为他已成人，而都得跟他行礼。

穿戴上黑色的帽子和朝服去拜见国君，将见面礼物放在地上，（表示不敢直接交给国君；）又带了礼物去拜见乡大夫、乡先生，都是以成人的身份去拜见。

已经是成人的人，就要求他行成人之礼，就是要求他以后能有作为他人儿子、兄弟、臣下、晚辈的合于礼的行为。

所以为人子能孝，为人弟能悌，为人臣能忠，为人晚辈能顺，然后可以成人；可以成人了，然后才可以管治别人。所以圣王都重视冠礼。所以说，冠礼是成人之礼的开始，是嘉礼中最重要的。

因此古时候很重视冠礼。因为重视冠礼，所以要在宗庙里举行。在宗庙举行冠礼，是表示尊崇大事。尊崇大事就不敢专擅它。不敢专擅大事，是表示辈分低微而尊敬祖先。